博弈论

策略互动、信息与激励

夏大慰——编著

Game Theory

Strategic Interaction,
Information and Incentives

机械工业出版社
CHINA MACHINE PRESS

本书以通俗易懂的语言和鲜活的案例，阐述博弈论的基本理论框架和主要知识点。全书分成四大部分：第一部分主要论述在同步一次囚徒困境博弈中，尽管合作对整体而言是最优的，但不合作却是个体的最优策略。书中对困境的机理及其在现实社会生活中的具体表现做了分析，还介绍了同步一次博弈的其他一些有趣场景和案例。第二部分讨论重复博弈，围绕如何从困境走向合作展开，重点介绍在重复博弈中，自利行为和长期主义可以催生合作这一重要原理及其具体应用。同时还介绍了混合策略的基本思想。第三部分讨论序贯博弈。参与者行动有先后顺序，那些与自身利益相冲突的决策，会在其他参与者行动之后发生变化。参与者可以通过承诺行动改变竞争对手的预期，以促使其选择对自己有利的行动。第四部分是不完全、不对称信息下的博弈，主要阐述人们如何通过信号传递、信息甄别和机制设计，来缓解因信息不对称导致市场失灵所带来的逆向选择和道德风险问题，从而增进个体与社会利益。

图书在版编目（CIP）数据

博弈论：策略互动、信息与激励 / 夏大慰编著 .

北京：机械工业出版社，2025. 5 (2025.8 重印).

ISBN 978-7-111-78131-8

Ⅰ. O225-49

中国国家版本馆 CIP 数据核字第 2025TL7063 号

机械工业出版社（北京市百万庄大街 22 号　邮政编码 100037）

策划编辑：石美华　　　　　　　　　责任编辑：石美华　　戴樟奇
责任校对：赵玉鑫　马荣华　景　飞　责任印制：单爱军
中煤（北京）印务有限公司印刷

2025 年 8 月第 1 版第 3 次印刷

170mm × 230mm · 24.5 印张 · 1 插页 · 370 千字

标准书号：ISBN 978-7-111-78131-8

定价：99.00 元

电话服务　　　　　　　　　　　　网络服务

客服电话：010-88361066　　　　机　工　官　网：www.cmpbook.com

　　　　　010-88379833　　　　机　工　官　博：weibo.com/cmp1952

　　　　　010-68326294　　　　金　书　网：www.golden-book.com

封底无防伪标均为盗版　　　　机工教育服务网：www.cmpedu.com

要想在现代社会做一个有文化的人，你必须对博弈论
有一个大致的了解。

| 序言 |

在我四十年的从教生涯中，我曾经先后给本科生、硕士生和博士生讲授过多门经济、管理类课程。在所有这些课程中，我觉得最值得向各位读者推荐的就是博弈论。

博弈论（game theory）又称对策论或赛局理论，它研究人们如何在互动的情境下进行决策，是一门充满智慧和趣味的学问。博弈论可以教会我们用一种全新的视角去剖析、理解现实社会生活中的各种复杂现象和问题，提升我们的经济学直觉，帮助我们更睿智地制定各种应对策略和行动方案。下面我们不妨举几个例子。

作家六六老师曾经在朋友圈里分享过一件小趣事，说的是她在京东商城订购了一些家庭日常用的卫生洗涤用品，陆续送到后整理时发现少了洗涤剂。她估计是京东漏送了，于是就给客服发了信息。1分钟后她接到电话，对方什么都不过问，就说第二天补发。然后新订单就发到她手机上了。这时她惊讶地发现，地址是她的另一处住址。想到可能之前自己下单的地址就不对，于是立刻向那一住址的家人打电话，答曰洗涤剂此前已经收到了。她赶紧再致电售后，让他们货照送，她主动补上货款。

在这个例子中，为什么买家只是向商家反映了一下，商家没有认真核实就把货补送了过来呢？如果有不良买家有意为之，商家不就亏大了吗？实际上我们都知道，这里买家和商家的交易不是一次性买卖，用博弈论的话来说，是重复博弈，不是一次博弈。如果是一次博弈，为了最大化自身的利益，双方都有可能采取机会主义的短期行为，但是在重复博弈中，商家根据历史交易数据对买家有充分的信任。而买家之所以长期重复购买，也是因为该商家所提供商品的质量、价格和服务能够满足她的需求。双方都从这种长期交易中获得了好处，短期的不诚信行为会损害自己的声誉，影响长期利益。因此，诚信成了他们彼此的最优选择。

所以在博弈论看来，人们之间的诚信与合作，与其说是道德使然，不如说是一种理性选择，是短期和长期成本收益盘算下的结果。今天的京东商城、淘宝、拼多多等电商平台之所以能促成成千上万陌生人之间的交易，实际上就是建立在重复博弈这一长期主义基础之上的。

第二个例子是经济学家张五常经常讲到的"纤夫的故事"。在少年时代，为躲避入侵的日寇，张五常曾跟母亲一起，在广西沿着柳江逃难。那时，逆水行船完全得靠纤夫。他们坐的大船要雇用十多个纤夫，在岸上用绳子拉着船航行，有一个拿着鞭子的人负责监督，鞭打偷懒的纤夫。张五常的母亲有参与雇用这些苦力的议价。船航行后，母亲对他说："阿常，你猜得中吗？那个持鞭者是那些要被鞭打的纤夫联合聘用的！"

纤夫们居然会主动花钱"找抽"，这确实是挺不可思议的。但从博弈论的视角看，这种行为有它的合理性。拉纤是一项极其艰苦的劳作，不仅要求每个纤夫奋力拉纤不得偷懒，而且集体之间还要能相互协调配合。特别是在穿越一些激流险滩时，如果操作不当甚至会给船只和纤夫带来危险。那么，纤夫们为什么就不能齐心协力、自觉地尽力尽责，这样既可免受皮肉之苦，又能省下监工费用，却偏偏要花钱雇人来监督自己呢？这一定是因为做不到，是人性使然，才使得纤夫们做此无奈之举。

我们都知道，在纤夫拉纤的过程中，由于每个纤夫的努力程度难以衡量，纤夫间又无法监督其他同伴是否偷懒，因此每个纤夫都会有"搭便车"的动机，希望自己少出力而让其他纤夫多出力。当每个纤夫都这样想的时候，拉纤作业就很难顺利完成。这就是纤夫们要花钱雇用监工的原因所在。尽管在拉纤前，或许每个纤夫都会承诺自己在拉纤过程中做到尽力尽责，但是这种承诺并不一定是可信的。而有了监工以后，情况就完全不一样了。每个纤夫都知道，这时如果他懈怠，就会挨鞭打，不仅自己要遭受皮肉之苦，还会受到同伴们的鄙视。这样一来，偷懒会挨鞭打就成了"可信的威胁"，使得每个纤夫即便已经筋疲力尽，也只能奋力拉纤。因此，花钱"找抽"这种行为看起来匪夷所思，但符合纤夫们的共同利益。实际上这就是博弈论中承诺行动基本思想的体现，即通过预先花费成本（在这个例子中是雇用监工），使自己在未遵守承诺时会遭受惩罚或损失，从而确保彼此间合作的承诺变得可信。

再分享一个 1983 年美洲杯帆船比赛上发生的故事，普林斯顿大学教授迪克西特和耶鲁大学教授奈尔伯夫在著作《妙趣横生博弈论》[⊖]中也专门分析过这个例子。美洲杯帆船比赛以往都是澳大利亚队夺冠，美国人很不甘心。在这一年，他们拉了许多赞助，更新了团队和装备，还聘请了富有航海经验的丹尼斯·康纳做船长，准备夺回美国人失落多年的桂冠。比赛刚开始，美国队一路领先，眼看着就要到达终点了，但这时海上风向变了。帆船的动力依靠风力，风向变了，就要调转船帆来适应风向。海上的风有两种，一种是阵风，如果一直刮阵风，美国队就应该调帆；还有一种是旋风，它的特点是刮过去之后还会刮回来，如果是旋风那就不能调帆。那么，究竟刮的是阵风还是旋风，谁又能知道呢？这时，康纳船长凭借丰富的海上经验，判断说这大概率是阵风，我们调帆吧！万万没想到，刮来的是旋风，美国队的船只原地不动，只能大费周章重新调帆。而澳大利亚队没调帆，很快超越了美国队。美国队再一次与冠军

⊖ 本书中文版机械工业出版社已出版。

无缘。

失利的消息在美国引起轩然大波，一位博弈论学者主张，应该由康纳船长承担全部责任。这时很多人打抱不平："天气变化有不确定性，你去当船长就能保证百分之百成功吗？"博弈论学者就说了："我能！你管它是什么风呢！你就看澳大利亚队，他们调帆你就调，他们不调你就不调，这不稳赢吗？"

在这个例子中，美国队的失利并不是由于运气不行，也不是技术不行，而是策略不行，即互动情境下的决策失误。博弈论告诉我们在一些对抗性竞赛中，有时领先者需要模仿追随者。按照迪克西特和奈尔伯夫的话来说，即便追随的船只采用一种显然不太高明的策略，领先船只也会照样模仿。也就是说，如果你有领先优势，那么维持领先地位的最可靠的策略或许就是：看见对手怎么做，你就跟着怎么做。从这个意义上，如果联想到这几年美国所提出的一系列先进制造业产业政策与长期被其诟病的中国产业政策越来越相似，是不是会觉得很有意思！

这样有趣的例子不胜枚举，容我们在书中慢慢道来。很多扑朔迷离的社会现象实际上都是可以用博弈论来分析的。这种思考问题的角度，相信对大多数人来说都是非常新颖且颇具启发性的。"人生无处不博弈"，当你学会运用博弈论去分析问题、解决问题时，你可能就会觉得这个世界变得更加有趣了。

由于博弈论源于数学，最初是由一些数学家开始展开研究的，因此博弈论的教科书中大都充满了数学公式。尽管用数学表达在理论上最为严谨和科学，但使得大多数非学术背景的读者望而却步。这也是博弈论如此重要又充满魅力，而真正能够比较系统且准确理解博弈论的人却甚少的原因所在。这不得不说是一大缺憾！因此，用非技术性的表述方法，通俗易懂地将博弈论的基本理论框架和思想精髓介绍给广大读者，是一件非常有意义但颇具挑战性的事情。

2012年我从学校行政岗位上退下来以后，先后分别给上海国家会计学院与美国亚利桑那州立大学合作金融EMBA项目、与上海交通大学上海高等金融学院合作EMBA项目、与香港中文大学合作EMPAcc项目、清华大学五道口金融学院 EMBA 项目、台湾政治大学 EMBA 项目，以及财政部全国会计领军人才培养项目和中欧国际工商管理学院首席财务官项目等其他高管培训项目开设过博弈论课程，前后有近一百个班级，深受学员们的欢迎。这本《博弈论：策略互动、信息与激励》就是由我的授课 PPT 和课堂录音稿经整理充实而成的。

与一般学术类博弈论教材的"完全信息静态博弈—完全信息动态博弈—不完全信息静态博弈—不完全信息动态博弈"结构框架稍有不同，本书是按照"从一次到重复、从同步到序贯、从完全信息到不完全信息"这一脉络展开分析的。全书共分四个部分，即首先介绍同步一次博弈及其扩展，之后是重复博弈，然后介绍序贯博弈，最后是不完全、不对称信息下的博弈（包括信息经济学、机制设计理论和拍卖理论）。从多年的教学实践来看，这种讲解安排的最终效果与传统经典方式并没有什么不同，但它的好处是，在授课过程中可以让学员循序渐进、由浅入深地理解和掌握博弈论的基本原理和概念，避免一开始就是大量专业术语的狂轰滥炸，使课程变得枯燥乏味。

为了让学习博弈论不再是一个艰难的过程，而是一个充满好奇且轻松愉悦的心灵旅程，本书在内容安排上，将主要集中在那些对分析现实社会经济问题最有用的博弈理论，并尽可能用一些故事化的模型、生活中直观的案例和游戏来取代纯理论化的阐述。每个章节的基本理论和重要概念，都会用一些精心选择的例子来帮助理解和消化，力图将博弈论的深邃思想和重要洞见从原来数学的表现形式，转化为能够被大多数读者容易理解的日常语言的表述，而又不失博弈论基本理论体系的完整性。全书中除了在介绍博弈论最初发展过程中的几个经典模型——古诺模型、斯塔克尔伯格模型以及求解混合策略时，运用了最简单的微积分求导公式以外⊖，没有那些复杂的数学推导过程，使得读者即便在没有任何高等数学和概率论等知识基础的情况下，也能基本领会博弈论的精髓。同时，在每一部分中特地编写了一个专门的案例用于课堂讨论，要求大家

⊖ 对于没有高等数学知识基础的读者，即便跳过这几部分内容中的求导过程，只阅读其中的文字描述和结论，也不会影响对这些知识点的理解。

综合运用所学到的原理，用分组讨论的方式对该案例进行分析。实践表明，这种互动和分享对更好掌握课程内容很有效，而且还活跃了课堂的学习气氛。另外，在开始阅读每个章节时，读者可能会觉得博弈论的某些概念比较新颖，不太容易掌握，但这不要紧，慢慢读下去！随着阅读的深入，你就会自然而然地理解和把握这些概念的基本含义。

本书从形成文字初稿到正式出版历经多年。我首先要感谢上海国家会计学院的张各兴博士、扬州大学商学院的吴万宗博士和上海海事大学经济管理学院的李笑影博士，是他们帮助我整理了课堂录音稿。我尤其要感谢复旦大学管理学院的罗云辉博士，他不仅提供了许多有价值的内容和资料，还完成了全书的图表绘制和许多文字修改工作，为本书的最后定稿贡献了大量时间和精力。我还要感谢在授课和写作过程中给我提供资料、建议和帮助的同事和学生们，他们是：李眺、熊红星、孙经纬、陈代云、史东辉、杜煊君、郭晓曦、孔安妮、王娟、周天天、赵春光、刘凤委、郑德渊、吉瑞、李泓、杨贵荣、田蓓、傅秋莲、邱铁、石坤、王颖、张涛、刘廷和、王子元、王烨、陈静、姚雨生等。可以说没有大家的帮助，本书的出版恐怕会一拖再拖。

最后，尽管几位博弈论学者都说过类似的话，但我还是想再重复说一遍：博弈论的授课与写作过程给予了我太多快乐，我希望本书能给更多读者带来阅读的乐趣和思考的愉悦。

衷心希望博弈论能让你的生活更美好！

| 目录 |

I 第一部分
同步一次博弈及其扩展

II 第二部分
重复博弈

III 第三部分 序贯博弈

IV 第四部分
不完全、不对称信息下的博弈

第 1 章

导论

在最近几十年出现的新兴经济理论和方法体系中，博弈论无疑是最闪耀的明珠。博弈论是关于理性的且利益关联的各方在竞争性活动中制定最优策略的理论。博弈论提出了在原理上适用于一切互动行为的方法，并且考察了这些方法在具体应用上会产生何种结果。博弈论加深了我们对人类行为的理解，是理解高度互动的人类社会的一种特别重要的思想方法和分析工具，可以帮助我们在竞争与合作中更好地做出理性选择。

1.1　互动情境与策略思维

博弈论中有很多游戏，这些游戏不仅有趣，而且还可以帮助我们理解什么是博弈。我们的课程通常都会从以下两个游戏开始。

1.1.1　从两个游戏开始

游戏 1　三个火枪手

有三个火枪手，他们需要进行决斗。甲的枪法不佳，命中率只有 30%；乙的枪法较好，命中率在 80% 左右；丙是神枪手，命中率为 100%。假设每个人的枪里各有两发子弹，每次只能打一枪，弱者先行，即射击次序按甲、乙、丙进行。打完一轮之后，如果还有幸存者，按照上述次序再打一轮。假定他们都是绅士，完全按照规则出枪。现在问题是：如果你是甲的话，你会先打谁？

我们来分析甲的不同策略选择可能导致的结果。如果甲向乙开枪的话，有 30% 的概率把乙打死，接下来会由丙开枪，则甲必死无疑！而甲要是向丙开枪的话，即使把丙打死了，接下来乙向甲开枪，甲还有 20% 的存活概率。如果甲没有把丙打死，接下来由乙开枪，乙必然会向丙开枪，而无论乙是否击中丙，甲都会有机会再一次开枪。显然，甲先选择向丙开枪的存活概率会比向乙开枪更大一些。也就是说，甲应该先向丙开枪。

让我们想一想，还有没有更好的办法？实际上，甲的最优策略应该是放空枪！如果甲放空枪，接下来由乙开枪，乙肯定会选择向丙开枪，并且有80%的概率把丙打死。如果乙把丙打死了，接下来一轮又由甲开枪，甲还有30%的概率打中乙，从而存活下来。如果乙没有把丙打死，丙这时候也会向乙开枪，接下来甲还能向丙开枪。我们很容易算出来，甲放空枪存活概率更高。

这是一个很简单的游戏，但告诉我们的道理很深刻。首先，最先死的往往是谁？最强的那个！因为他对别人的威胁最大，往往会成为别人重点关注的对象。这就是人们常说的，木秀于林，风必摧之。其次，弱者并不一定处于弱势，一个对任何人没有构成威胁的弱者，反而更有可能幸存下来。当然弱者也要善于运用策略，有时甚至要懂得放弃，放弃有可能意味着更多的机会。最后，由于甲的行为的结果不仅取决于自己选择什么策略，还取决于对手采取什么策略，所以甲进行策略选择的时候，不仅要考虑自己的枪法，还必须考虑对手的反应。

这就是策略互动（strategic interaction），或者叫策略相互依赖。在这种互动情境下，你的行为的结果不仅取决于你自己的策略，还取决于对手的策略。我们知道，当人们在森林伐木时，树木的倒向是有规律的，伐木者防范被树砸到的决策是单向非互动的，因而也是相对简单的。但是在拳击场上就不一样了，搏击的胜负不仅取决于拳击手出拳的速度、力量和时机，还取决于对手会如何应对。在社会生活中，我们是在与人打交道，时刻处于这种互动情境中，这就需要我们在决策时必须充分了解博弈中其他对手的想法及其相互影响。这点非常重要。

这看上去似乎是很简单的事情，但在现实中，人们未必总能考虑周全。我们通过下面这个游戏来展示这一点。

游戏 2　纸币拍卖

我们再来看一个简单的纸币拍卖游戏。有时候在课堂上，我会拿出一张20元人民币的纸币进行模拟拍卖。游戏规则是从1元起拍，大家相互竞价，竞拍者都能看到其他人的出价。最后，出价最高者赢得此 20 元，并支付其出价的全额。同时，出次高价者也须向我支付他出价的全额。

这个游戏借鉴了由耶鲁大学教授舒比克（Shubik）最先提出的美元拍卖（dollar auction）游戏，后来很多商学院的课程都用过这个游戏。这个游戏不同于一般拍卖的关键在于存在次高价付费。从课堂拍卖现场观察，开始时同学们竞拍情绪高涨，2 元、3 元、4 元……竞价声此起彼伏，但一旦到了 10 元以上时，竞价节奏往往会慢下来。因为这时候竞拍者开始意识到：如果我报 13 元，其他人报 14 元，若他赢得拍卖，会净赚 6 元，而我净亏 13 元；如果我在他的报价上多加 1 元，若我赢的话，就可以净赚 5 元。二者相比较，自然选择加价。但问题是，你这么聪明，其他人也不傻，当每个人都这样决策时，竞拍报价就会依次轮番上升，最后往往会出现非理性的竞价。从笔者上过的近 100 个班级的竞拍结果看，这个游戏中的拍卖者稳赚不赔，而且溢价通常会达到 4~5 倍，最高的甚至达到 200 多元（10 多倍）。[⊖]

1.1.2 几个策略互动的例子

上述游戏表明，在互动情境中，个体行为的结果不仅取决于其自身的行为，还取决于其他参与者的行为。而人们往往习惯于单纯从自我的角度出发做决策，导致很多行为的结果并非所愿，在我们的日常生活中有非常多这样的例子。

比如，曾几何时，在有的城市的人流密集处，我们有时会看到残疾儿童跪坐乞讨。有些小孩身体残缺，令人不忍直视，我们慈悲心起，经常会给一些施舍。然而正是这种出于善念的施舍，在很大程度上反而助长了这种悲惨局面的发生，这是典型的好心被滥用。由于残疾儿童较易得到人们的施舍，因此他们往往成了一些不法分子的敛财工具。历史上有一个词叫"采生折割"，是指一些不法分子获得幼儿的非法支配权后，将其致残，变为一种获人同情的乞讨

⊖ 当然，游戏结束之后，我们都会钱归原主。

工具，那些支配儿童乞讨的人却因此获利盖起了大房子！如果从策略互动角度考虑，就如公益广告里面所讲的"没有买卖就没有伤害"那样，若大家都不施舍，这种极不人道的行当就持续不下去。实际上，在一些国家和地区向乞讨儿童施舍是违法的，这就是为切断利益链，从制度上避免这一现象的发生。当然，由于执法和社会救助的跟进，这一现象在我国已趋于销匿。

又如，20世纪80年代中后期，笔者在上海财经大学任教，我们曾得到国际基金的资助，研究日本第二次世界大战后的技术转移。为此，我们曾将日本的主要家电和汽车企业几乎跑了个遍。记得有一次去松下电器公司，访谈结束后对方接待人员邀请我们一起用餐。在觥筹交错的氛围中，双方的交流也越来越坦率。当听我说起松下电视机在中国内地非常热销时，没成想竟然被对方告知，松下电器公司实际上并没有向内地批量出口电视机！我们听闻后都大吃一惊。

原来那时内地电视机进口关税很高，而且还有配额。尽管在当时日本电视机深受内地老百姓喜爱，但由于收入低、消费能力有限，含税后的价格很难打开内地市场。当时日本电器公司的做法是在内地电视台黄金时段大量投放广告，随后中国香港地区的订单就会蜂拥而至，日本电器公司将大量电视机销往香港——尽管他们清楚香港本地市场消化不了这么多。这些电视机到香港后直接就用快船由内地多个口岸走私到内地。那一段时期我国沿海地区家电、汽车等市场紧俏商品走私猖獗，造成了大量关税的流失。

为了打击走私，政府加强了海关缉私队伍的建设。但在1994年以前，中国的财政基础较为薄弱。由于缺少对海关缉私队伍的足额拨款，缉私装备和船只性能都比较落后，尤其是一些走私集团采用高速摩托艇进行走私，这种快艇性能好的最高速度可以达到40节，而海关的缉私艇根本追不上。为解决这个问题，当时就规定，从各地海关缉私罚没收入中按一定比例留成，用作海关缉私的经费。

这一政策的初衷很好：海关打击走私越有力，罚没收入就越多，罚没留存收入越多，缉私装备水平就越高，这样就可以更有效地打击走私，保障国家关税权益。但如果我们从策略互动角度考虑的话，这里的问题是：一旦将缉私经费与罚没收入相联系，一些海关可能就缺少彻底铲除走私行为的动力，因为那相当于断了自己的经费来源。所以，有些海关对小型走私不抓，养大了再抓；今年抓够了就不抓了，因为抓得太多明年留存比例可能就下降了。这样一来，走私集团就把满足海关罚没收入的部分纳入走私成本，而所有的成本都要通过更多的走私来弥补。在这种选择性缉私的情况下，一些地区的某些海关人员甚至和走私集团逐渐形成默契、相互勾结，以至于走私愈演愈烈。像厦门、汕头、湛江等地的某些海关人员与走私集团之间的相互勾结，引发多起震动一时的大案要案。直到 20 世纪 90 年代后期，国家出重拳，才把这轮猖獗的走私打掉。

缉私罚没收入留成的政策初衷固然很好，但由于欠缺从策略互动角度的考虑，导致了不合意的结果。类似的情形在我们日常生活中不胜枚举。

比如社会上对我国 2008 年实施的《中华人民共和国劳动合同法》（以下简称"劳动合同法"）中对无固定期限劳动合同企业条款存在较多争议。尽管在法律层面，无固定期限劳动合同与固定期限劳动合同一样，也可以依法解除劳动合同，但是在实际操作层面，企业担心一旦与劳动者签署了无固定期限劳动合同，会面临被某些劳动者套牢的风险。这部分劳动者尽管不努力工作，但也没有大的差错，企业就难以找到法定解除劳动合同的理由和依据，结果导致"逆向选择"[○]，使得企业内部躺平的人越来越多。因此，企业为了规避签署无固定期限劳动合同可能带来的风险，对劳动用工慎之又慎，可招可不招的尽量不招，一定要招的也大都通过第三方劳务派遣。有数据显示，《劳动合同法》生效前，我国劳务派遣劳动者约 2000 万人，而到了 2010 年，劳务派遣劳动者就增加到了 6000 万人。[○]尽管立法初衷是为了保护劳动者的权益，但结果很可能是劳动者并没有得到好处。更何况劳务派遣也是需要花费成本的，这些交易成本的增加最终还是要企业和劳动者来承担。

所以说，一项好的政策，仅有好的出发点是不够的，还必须考虑这一政策会导致所涉及的各类决策主体由此会产生的行为。我们要知道，这些决策主体的行为也是理性的，是趋利避害的，各自的选择相互作用，会对政策实施效

○ 有关"逆向选择"参见本书第 13 章。
○ 章晓明：规制与规避：《劳动合同法》"强制缔约"与其"解雇保护"条款的检讨与调适，《经济法论坛》，2021 年第 1 期。

果产生重要影响。我们在这方面有太多教训。这也表明，在互动情境中，我们需要学会策略性思考，不能仅从自己的角度思考问题，而是需要把对手也纳入思考框架。要站在对手立场，考虑他会怎么做，再反过来找出自己最恰当的策略。这种互动中的策略性思考，就是所谓的策略思维（thinking strategically）。

1.1.3　策略思维

研究策略思维的科学就是博弈论。诺贝尔经济学奖得主保罗·萨缪尔森曾经说过："要想在现代社会做一个有文化的人，你必须对博弈论有一个大致的了解。"这句话的意思可以这样理解，你可能不一定要明白博弈论理论中繁杂的数学推理过程，但有必要掌握它的基本概念、模型和思想中那些闪耀着人类智慧光芒的东西。理解了这些知识，并能够在现实中运用它去思考、决策，才能更好适应现代社会经济生活。

在更早的时候萨缪尔森曾经说过："我们可以把一只鹦鹉培育成一个经济学家，你只要告诉它两个词就行了——供给和需求。"也就是说，只要通过供给、需求这两个概念，就能把经济问题分析明白。后来博弈论学者坎贝尔引申了萨缪尔森这句话，他说如果要把这只鹦鹉培养成一个"现代"经济学家，光知道"供给"和"需求"已经不够了，它还必须知道第三个词，即博弈论最基础的概念：纳什均衡。也就是说，在今天大学课堂上讲解经济学，供给、需求和纳什均衡都不可或缺了。

我们知道，在完全竞争市场中，企业只需根据市场的均衡价格来决定自己的产量，它的收益只依赖于自己的选择，并不直接依赖于其他企业的选择，也就无须考虑竞争对手的决策和彼此间的互动影响。

在垄断行业中，由于完全垄断企业没有竞争对手，也不存在互动影响，垄断企业仅仅需要根据需求状况和企业成本，决定最优价格和产量。

现实中的情况大多介于这两者之间。在一些行业中，可能少数几家大企业就占据了大部分市场份额，它们的决策就需要考虑彼此之间的相互竞争和相互影响。比如上海—北京的航线，国航和东航占据了85%左右的商务客市场。

如果两家公司在这一航线上都涨价 15%，对商务客流量的影响并不大。因为其中很大一部分乘客的机票款可以报销，对价格并不敏感。但是如果东航涨价而国航不涨价，就意味着国航降价，这会导致商务客更多选择国航，很可能造成国航增收而东航减收的结果。所以我们看到了这个市场中这种策略互动的影响，东航涨价行为的结果要看国航怎么应对，即东航的收益不仅依赖于东航自己的选择，还依赖于国航的选择。

在真实的市场中，某个行为主体的决策往往会或多或少地影响其他行为人的决策，他的决策同样也会受到其他行为人决策的影响，而博弈论就是专门分析这种人类社会互动关系的重要方法。博弈论研究在策略互动中行为主体应该如何做出自己的最优决策以及这种决策的均衡问题，它完全是人格化的策略思维，而不仅仅是黑板上简单的供求曲线。

总而言之，每一个博弈都是一个你中有我、我中有你的情形。不同的博弈参与者可以选择不同的策略，但由于互动作用，一个博弈参与者的收益不仅取决于自己采取的策略，也取决于其他博弈参与者所采取的策略。策略思维的核心在于这种互动情境下的理性换位思考，即在选择你的策略时不仅考虑你的收益，还应该站在对方的立场上，用他的收益去推测他的策略，进而做出最有利于自己的决策。

1.2 博弈论的起源和形成

任何一门学科的诞生和发展都离不开智者的推动，博弈论也不例外。虽然博弈论是一门很年轻的学科，高手大师不及哲学家群体那般灿若星河，但是回顾现代经济学发展的历程，我们仍然能够感受到这些博弈论大师超群的智慧和洞察力。

大数学家希尔伯特曾说过，真正的数学大师是能够在乡间小路上向偶遇的农夫讲清楚什么是微分几何的人。与此相似，一些博弈论大师也往往会用通俗的语言，以讲故事的方式阐明这门学问。尽管许多理论在形式上非常复杂，但是其背后的思想是简洁、深刻且普遍的。掌握这些思想和方法有助于提升我们的心智水平。在这一节，我们将通过简要梳理博弈论的起源与发展，带大家初步领略一个精彩的博弈世界。

1.2.1 博弈论的起源

博弈论的思想渊源至少可以追溯到两千多年前。在我国春秋战国时代的《孙子兵法》《三十六计》，西方基督教的《圣经·旧约》等诸多典籍中，都蕴含着非常丰富的博弈论的原始思想。这也表明自从人类进入文明社会以后，人与人之间的利益冲突和协调合作就成了社会活动的永恒主题。我们在《史记·孙子吴起列传》中的"田忌赛马"、《圣经·旧约》中的"所罗门王断案"以及巴比伦《塔木德》中的"三妻分产"等许多历史故事里，都可以感受到博弈的智慧及其思想的具体运用。然而在相当长的历史进程中，人们对这些原始博弈思想的把握只停留在经验层面上，更多是作为一种古老智慧和传说散落在各种典故之中，并没有向理论层面发展，更遑论进行形式化建模。

将博弈思想引入经济行为的分析始于19世纪。1838年，被后人誉为第一个建立阐明经济现象数学模型的法国经济学家奥古斯丹·古诺（Augustin Cournot），在《财富理论的数学原理的研究》一书中提出了双寡头产量竞争模型，即博弈论的第一个经典模型：古诺模型。古诺模型被认为是寡头理论分析的出发点，它阐述了两个没有共谋的寡头企业的产量决策如何相互影响，从而产生一个介于完全竞争和完全垄断之间的均衡结果。该模型中的古诺均衡是纳什均衡的最早版本，比纳什均衡的提出早了100多年。

1883年，另一位法国经济学家约瑟夫·伯特兰（Joseph Bertrand）提出了不同于古诺模型的伯特兰模型。在伯特兰模型中，寡头企业将其产品的价格而不是产量作为竞争手段和决策变量，通过制定最优价格来实现利润最大化。根据伯特兰模型，价格低的寡头企业将赢得整个市场，因此寡头企业之间会相互竞底，直至价格等于边际成本为止。

到了20世纪30年代，德国经济学家斯塔克尔伯格（H. Von Stackelberg）在古诺模型的基础上提出了斯塔克尔伯格模型。该模型比古诺模型和伯特兰模型更进一步，分析的是具有不对称性和动态性的市场竞争（行业中有一家企业是领导者，处于支配地位，其他企业是跟随者）。领导者首先确定自身产量，跟随者在观察到领导者的产量之后，再确定产量以最大化自己的利润。这里的关键是领导者会预期到自己的产量决策对跟随者的影响，由此可以制定一个对自己最为有利的产量，然后跟随者在此基础上做出自己的产量决策。这种"预判别人的预判"的做法，很好地体现了策略思维的思想。

虽然这些博弈模型的提出，在当时未能发展出更为一般的体系化的博弈理论，但这些研究揭示了经济活动过程中蕴含着博弈的本质特征，对博弈论的产生和发展有着直接的推动作用。

1913 年，泽梅罗（Ernst Zermelo）发表了《关于集合论在国际象棋博弈理论中的应用》一文，证明了最优的国际象棋策略是严格确定的，并提出了"逆向归纳法"这样一种具有一般意义的分析方法。1920 年，法国数学家博雷尔（Émile Borel）首次从应用数学角度分析了博弈问题，引进了"纯策略"和"混合策略"概念，并考察棋类游戏和其他许多具体决策问题中的"最优策略"。1928 年，约翰·冯·诺伊曼（John von Neumann）发表了《关于棋盘游戏理论》，给出了扩展式博弈的定义，证明了两人零和博弈中的"最大最小定理"。这些研究为博弈论的创立铺平了道路。

1.2.2　博弈论的形成

1944 年，诺伊曼和奥斯卡·摩根斯顿（Oskar Morgenstern）合作出版了《博弈论与经济行为》一书。他们在书中写道："我们的思考将把我们引向策略博弈的数学理论应用上。这一理论是我们两人在 1928 年、1940～1941 年相继发展起来的。这一理论将为一系列尚未解决的经济学问题提供一种全新的思考方法。我们必须以某种方式把博弈论与经济理论联系起来，并找出它们的共同之处。博弈论是建立经济行为理论的最恰当的方法。典型的经济行为问题完全等价于恰当的数学概念上的策略博弈。"该书首次给出了博弈论的基本框架和概念术语，引入了博弈的标准式和扩展式的表示方式。作为博弈论的开山之作，该书有 641 个公式，晦涩难懂，5 年的销量不足 4000 本，$^{\ominus}$但依然被公认为 20 世纪改变人类思想最重要的著作之一，它的出版标志着博弈论这一学科体系的诞生。

对于诺伊曼来说，博弈论只是他诸多研究领域中的一部分。这位天才数学家喜欢并擅长同时开展几个完全不同领域的研究工作，他的研究改变了人们的生活，甚至影响了历史的进程。他不仅是 20 世纪最伟大的数学家之一，是现代博弈论的创建者，同时也是"电子计算机之父"、"曼哈顿计划"的重要参与者。他的同事、诺贝尔物理学奖得主汉斯·贝特（Hans Bethe）甚至这样评价他："我有时在思考，诺伊曼这样的大脑，是否暗示着存在比人类更高级的物种。"

诺伊曼出生于匈牙利，父亲是一位成功的犹太银行家。诺伊曼从小就显示出惊人的才智和过目不忘的天赋。3 岁时就能背诵父亲账本上的所有数字，6 岁时能心算 8 位数除法，8 岁时学会了微积分。10 岁时他花费数月将 48 卷的世界史百科全书读完，在和大人谈论政治事件和战争策略时，经常可以引经据典。据说他 11 岁时，父亲在匈牙利首都布达佩斯的报纸上刊登启事，以 10 倍于一般教师的酬金为他招聘家庭教师，居然没有一人前往应聘。他的同学维格纳（Eugene Wigner）的数学特别好，但跟他做同学后，就不再着力学数学，而是改学物理学了，后来作为量子力学的创始人之一，获得了诺贝尔物理学奖。1930 年，诺伊曼受聘于美国普林斯顿大学，1931 年成为该校第一批终身教授。1933 年，他转到该校的高等研究院，成为包括爱因斯坦在内的 6 位大师中最年轻的一位。1957 年，诺伊曼因患癌症去世，年仅 54 岁。

最早运用博弈论的是美国空军建立的研究机构兰德公司，主要是研究洲际核战争的战略。当时在兰德公司聚集了一批顶尖的数学家，诺伊曼也是该机构的顾问。从第一次世界大战到第二次世界大战，似乎每隔一段时间就会发生一次大规模的战争。但是当原子弹在日本广岛、长崎爆炸之后，全世界都无比震惊。在一些美国人看来，如果让他们认为的所谓"邪恶国家"获得核武器的话，一旦再发生世界大战，人类可能就毁灭了。有些美国和欧洲人士（包括

$\ominus$ 庞德斯通. 囚徒的困境：冯·诺伊曼、博弈论和原子弹之谜 [M]. 吴鹤龄，译. 北京：北京理工大学出版社，2005.

诺伊曼在内）甚至提出，与其最后一起毁灭，不如发动一场"先发制人的战争"（preventive war），消灭那些"邪恶国家"。这种荒谬言论自然遭到大多数人的反对。但也正是因为拥核国家中，任何一个国家若发起核攻击，另一个国家将以核反击做出回应，导致双方都面临毁灭性后果，使得拥核大国都不敢贸然发动核战争，甚至尽量避免会导致核战争的摩擦行为。这种拥有核报复能力，从而确保彼此毁灭的可信威胁，使得世界大战在一定程度上被避免，这就是所谓的相互保证毁灭（mutual assured destruction，MAD）理论。

这一时期合作博弈研究取得了一系列丰硕成果。例如1950～1952年，纳什提出了讨价还价博弈的公理化解法，是合作博弈理论的最重要解概念之一；又如1952～1953年，夏普利（Lloyd Shapley）和吉利斯（Donald Gillies）提出了"核"作为合作博弈的一般解概念，夏普利还提出了合作博弈的夏普利值概念等，这些研究成果都对博弈论的发展起到了非常重要的推动作用。

与此同时，非合作博弈理论也开始创立。特别是纳什关于非合作博弈的均衡解——纳什均衡的提出，以及普林斯顿大学教授艾伯特·塔克（Albert Tucker）在兰德公司的两位数学家梅里尔·弗勒德（Merrill Flood）和梅尔文·德雷舍（Melvin Dresher）研究基础上构建的"囚徒困境"，开创性地奠定了非合作博弈的理论基础，极大影响了20世纪后半期博弈论和现代经济学的发展进程。

约翰·纳什（John Nash）在1950～1951年发表了《N人博弈中的均衡点》《讨价还价问题》和《非合作博弈》三篇具有划时代意义的学术论文。纳什所提出的纳什均衡概念，是古诺模型中均衡概念理论意义上的一般化抽象。⊖纳什均衡和纳什均衡存在性定理的提出，将博弈论从零和博弈扩展到了非零和博弈，是大多数经济分析的起点，被诺贝尔经济学奖得主迈尔森誉为20世纪可以和生命科学中发现DNA双螺旋体结构相媲美的人类最重要的智力贡献之一。

纳什有着非常传奇而又悲情的一生。他出生在美国西弗吉尼亚州的一个中产阶层家庭，从小性格孤僻，但天资聪慧，尤其对数学有着自己独到的理解。他的老师、卡内基技术学院教授达芬发现了纳什的特殊才能，于是推荐他去攻读博士，在他的推荐信上就写了一句话："此人是天才。"

⊖ 有迹象表明，纳什事先并没有注意到古诺的研究成果。

　　1948 年，20 岁的纳什进入普林斯顿大学攻读数学博士学位。当时普林斯顿大学大师云集，被称为"数学的宇宙中心"，爱因斯坦、诺伊曼等都在这里。据纳什的同学后来回忆，他们根本想不起来曾经什么时候和纳什一同完完整整地上过一门课。他经常旷课，却广泛涉猎拓扑学、代数几何学、博弈论等诸多数学领域。当时，尽管由诺伊曼等创建的博弈理论解决了零和博弈问题，但这种一方所得必定是另一方所失的零和博弈，应用范围相当有限。在现实中，国与国、企业与企业之间往往是既竞争又合作的，而这种非零和博弈问题在诺伊曼的著作中却涉及甚少。纳什很快就选择了这一课题，并在两年后完成了他那篇总共仅 27 页的博士学位论文《非合作博弈》。1951 年，该论文在《数学年报》上发表。在这篇论文中，纳什区分了合作博弈和非合作博弈，证明了两人以上非合作博弈均衡点的存在，为非合作博弈理论的发展完成了奠基性的工作。纳什曾经带着他的想法去拜见诺伊曼，却遭到断然否定，在此之前他也受到了爱因斯坦的冷遇。不过，他的论文一经发表，立刻就引起了轰动，并且在 43 年以后为他赢得了博弈论领域的第一个诺贝尔经济学奖。

　　纳什从普林斯顿大学毕业后，获得了麻省理工学院（MIT）的终身教职。1958 年，因其在数学领域的优异表现，被《财富》杂志评为新一代天才数学家中最杰出的人物。但是在 30 岁时，他得了妄想型精神分裂症，经常出现奇怪的言行，甚至总觉得有人要加害于他。此后，他辞去了 MIT 的教职，还差点放弃美国国籍。好在在纳什病症严重的时候，他的同学哈罗德·库恩（Harold Kuhn）等帮助了他。库恩是普林斯顿大学的教授，也是博弈论的先驱之一，他认为纳什的大脑是上帝赐给人类的珍宝。如果让纳什这样的人游荡在社会中，最终会被关进疯人院，死在疯人院。他游说普林斯顿大学校方把纳什招了进来。库恩知道在普林斯顿大学，人们看到纳什这样神经兮兮的人物在校园里，会觉得这一定是个了不起的人，大家就会包容他、帮助他。当时纳什和妻子艾丽西亚已经离婚，但是艾丽西亚始终对纳什不离不弃，并且一直用自己微薄的工资抚养他们唯一的儿子，后来两人复婚。在艾丽西亚和同事们的关心和照料下，30 多年后纳什奇迹般地康复了。20 世纪 80 年代以后，博弈论已经声名鹊起，诺伊曼已经去世，纳什获得诺贝尔奖也就当之无愧了。

纳什获奖后，作为一位曾经患有精神分裂症的数学天才，在爱情和理智的帮助下，凭借顽强意志和不懈努力，历经数十年艰难困苦逐渐自愈的感人故事，就在社会上传开了。他的故事被写成书，后来改编成电影《美丽心灵》，并斩获 4 项奥斯卡金像奖。2015 年，纳什荣获数学最高奖之一的阿贝尔奖，成为唯一一位同时获得诺贝尔奖和阿贝尔奖的科学家。然而让人唏嘘不已的是，领取阿贝尔奖 4 天后在返家途中的出租车上，夫妻俩不幸遭遇车祸同时遇难。

作为非合作博弈理论研究的基石，纳什均衡概念的提出大大促进了博弈论的发展和应用。在此基础上，博弈论开始逐渐加深微观经济学的研究，越来越多地应用于政治学、心理学、进化生物学等诸多领域，并涌现出一大批享誉世界的优秀学者及重要的理论成果。其中极为重要的是莱因哈德·泽尔腾（Reinhard Selten）和约翰·海萨尼（John Harsanyi）所做的工作。

泽尔腾（1965）将纳什均衡由静态博弈向动态博弈扩展，建立了"子博弈精炼纳什均衡"概念，以剔除那些不可信和缺乏动态一致性的纳什均衡。海萨尼（1968）则把不完全信息纳入博弈论方法体系，提出了"虚拟参与者（自然）""海萨尼转换"和"贝叶斯纳什均衡"等重要概念。这些具有里程碑意义的研究成果，标志着从静态博弈到动态博弈、从完全信息博弈到不完全信息博弈这一非合作博弈理论框架的基本形成，极大扩展了博弈论的分析和应用范围。

进入 20 世纪 70 年代以后，博弈论获得空前发展，其理论本身在诸多领域都取得了重要进展，比如重复博弈、序贯均衡、合作博弈、声誉理论、博弈学习理论和进化博弈理论等，进一步完善了博弈论的科学体系，也为博弈论的广泛应用奠定了坚实的理论基础，使其日益成为社会科学最强大和最有影响力的工具箱。尤其是冷战结束以后，西方发达国家对财富的获取，更多通过贸易、资本市场和货币手段，国与国之间的博弈也越来越聚焦于经济领域。博弈论在经济学中得到了更加广泛的应用，其全新的方法论和思维方式成为经济思想史上的又一次重大革命。

1.2.3　博弈论的发展与诺贝尔经济学奖

1994 年，在诺伊曼和摩根斯顿出版《博弈论与经济行为》五十周年之际，诺贝尔经济学奖颁给了纳什、海萨尼和泽尔腾三位博弈论学者，以表彰他们在"非合作博弈的均衡分析理论方面做出了开创性的贡献，对博弈论和经济学产生了重大影响"。这也是博弈论领域的学者第一次获得诺贝尔奖。

仅仅两年之后，诺贝尔经济学奖再次颁给了博弈论学者——詹姆斯·莫里斯（James Mirrlees）和威廉·维克里（William Vickrey），以表彰他们"在不对称信息下对激励经济理论做出的奠基性贡献"。莫里斯为委托－代理理论构筑了基本分析框架，对"隐藏行动""隐藏信息"这两类不对称信息下的合约制定有开创性的研究。莫里斯的数学老师曾经希望他能成为数学家，但他却走上了研究经济学的道路。1996年他获奖后接受记者采访时被问道："如果您做了数学家，是不是就没有今天的诺贝尔奖了？"莫里斯风趣地回答："也许我转向经济学是想证明数学家也能获得诺贝尔奖。因为诺贝尔绝不会让数学家拿诺贝尔奖，当年诺贝尔曾向一位女士求婚，结果这位女士嫁给了一位数学家。这次数学家找到了一个间接获得诺贝尔奖的方法。"

维克里是拍卖理论的奠基者。他最早研究拍卖中的博弈问题，开创性地分析了四种标准拍卖方式，得出了对拍卖理论发展具有里程碑意义的"收益等价定理"。他最为人熟知的工作就是提出了"维克里拍卖"，证明在这种机制下，每个人都会说真话，从而得以解决信息不对称问题。遗憾的是，维克里在获奖后仅三天，就因突发心脏病溘然长逝。

2001年的诺贝尔经济学奖颁给了乔治·阿克洛夫（George Akerlof）、迈克尔·斯宾塞⊖（Michael Spence）和约瑟夫·斯蒂格利茨（Joseph Stiglitz）。这三位学者的主要贡献是创立了不对称信息下的市场分析方法，开拓了一门全新的经济学分支——信息经济学。阿克洛夫成名于其柠檬市场理论。柠檬在英语语境中有次品的含义，柠檬市场理论是用来分析在一个信息不对称的市场中劣品是如何驱逐良品，从而导致逆向选择使得市场失灵的。斯宾塞和斯蒂格利茨的贡献则在于揭示人们如何通过信号传递或信息甄别来抵消或阻止这种逆向选择以增进自己与市场的利益。这些贡献发展了博弈论的方法体系，拓宽了其经济解释范围。

———————

⊖ 也译作迈克尔·斯彭斯。

2005 年的诺贝尔经济学奖颁给了罗伯特·奥曼（Robert Aumann）和托马斯·谢林（Thomas Schelling），以表彰他们"通过博弈论分析促进了人们对冲突与合作的理解"。奥曼在合作博弈、相关均衡、共同知识等方面都曾做出过开创性贡献，特别是在 1959 年发表的一篇论文中，证明了重复博弈中自利行为确实可以催生合作这一重要原理。奥曼的研究会用到一些艰深的数学方法，而谢林恰恰相反，特别是在他后期的绝大部分论著中，几乎不用数学，而是用通俗的语言将博弈论的某些思想精髓展现出来。他的研究涉及美苏战略稳定、种族隔离、有组织犯罪，以及能源、环境和气候变化问题。另外，表述博弈最基础的博弈矩阵就是由谢林发明的，这让博弈分析有了非常简明的工具，使得博弈论可以更方便地运用到其他领域。他们的理论被应用在解释社会中不同性质的冲突、贸易纠纷、价格之争以及寻求长期合作的模式等经济学和其他社会科学领域。

2007 年的诺贝尔经济学奖授予了利奥尼德·赫维茨（Leonid Hurwicz）、埃里克·马斯金（Eric Maskin）和罗杰·迈尔森（Roger Myerson），以表彰他们在创立和发展机制设计理论方面所做出的贡献。该理论的一般性框架最初由赫维茨开创性地提出，他也因此被誉为"机制设计理论之父"。随后，马斯金和迈尔森在此基础上，分别提出和发展了显示原理和实施理论，进一步扩充和完善了机制设计理论。这一理论有助于经济学家、各国政府和企业识别在哪些情况下市场机制有效，哪些情况下市场机制失效。此外，借助机制设计理论，人们还可以确定最佳和最有效的资源配置方式。

2012 年的诺贝尔经济学奖颁给了阿尔文·E. 罗思（Alvin E. Roth）和劳埃德·S. 夏普利，以表彰他们在"稳定配置理论及市场设计实践"研究方面做出的贡献。这两位诺贝尔奖得主都在合作博弈、市场设计和实验经济学领域做出了显著贡献。

2014 年诺贝尔经济学奖得主是法国经济学家让·梯若尔（Jean Tirole）。他最主要的贡献是系统阐述了如何理解和监管由少数力量强大的企业控制的行业，即"对市场力和规制的分析"。他用博弈论的方法重新改写了产业组织理论，是现代产业经济学的主要奠基人。梯若尔原来的长期合作者拉丰，博弈论学术造诣也极其深厚，只可惜 54 岁就英年早逝了。

2020 年的诺贝尔经济学奖颁给了保罗·R. 米尔格罗姆（Paul R. Milgrom）和罗伯特·B. 威尔逊（Robert B. Wilson），获奖理由是"对拍卖理论的改进和发明了新拍卖形式"。他们开创性地提出了共同价值和关联价值拍卖的概念，拓展了不同信息结构如何影响市场运行方式的分析框架，并将拍卖理论研究与现实需求相结合，设计了配置无线电频谱等公共资源的新的拍卖机制。

以上是因为对博弈论及相关领域的研究和应用做出杰出贡献而获得诺贝尔经济学奖的主要学者，当然有些学者的研究范围和得奖理由比较广泛。在经济学的某个领域，摘取一两次诺贝尔奖已属不易，这么多获奖者的获奖原因都与博弈论有关，博弈论在当代经济学中的地位由此可见一斑。或者可以这样说，在传统经济学方法框架内，很多研究领域处于瓶颈期了，要有新的建树，必须有新的方法，而博弈论就是这样一种新方法。这些优秀的经济学家运用这一工具几乎重构了经济学。这样的方法论非常有魅力，而且它基于现实、立足解决问题，值得我们付出心力认真学习。

1.3　博弈论的基本概念

本书不涉及高深的数学公式与推导证明，但有关博弈论的一些基本概念，作为先导知识需要有所了解，以便为读者阅读后面的章节做必要的铺垫。当然，一开始大家可能对这些概念没有多少认识，随着阅读的深入，在大量的案例背景下，你会不断地加深对这些概念的理解。

1.3.1　博弈的表述形式

非合作博弈的表述形式主要有两类：标准式（normal form）和扩展式（extensive form），分别用矩阵和博弈树来表示。从理论上而言，这两种表述形式几乎是完全等价的，但为方便分析，我们在本书中用标准式表述参与者同时行动的同步博弈（见图 1-1）。

图 1-1　标准式博弈：矩阵

用扩展式表述参与者行动有先后次序的序贯博弈（见图 1-2）。

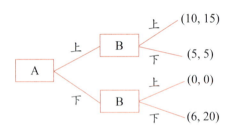

图 1-2　扩展式博弈：博弈树

1.3.2　博弈的分类

博弈的英文 game 意思是游戏。汉语中，"博"有赌博、博彩的含义，"弈"即下棋。两种语言的表达都很传神。诺伊曼等学者最早就是从扑克、国际象棋这些游戏里提炼人们的决策行为的。比如，人们玩游戏往往会从长计议、揣摩对方，甚至采用故弄玄虚、欲擒故纵等蒙骗对方的手法。实际上人与人之间、国与国之间也会如此。他们对博弈论的研究就是从分析扑克等游戏的数学结构开始的，所以博弈的有些分类是跟游戏有关的。

我们通常按照不同的标准对博弈进行分类。首先，根据参与者在博弈中的行为是否达成一个具有约束力的合约，可将博弈划分为合作博弈（cooperative game theory)和非合作博弈（non-cooperative game theory）。如果达成一个具有约束力的合约，就是合作博弈；反之则是非合作博弈。本书主要讨论非合作博弈。需要指出的是，这里的非合作博弈，是指各参与者是基于其个人利益独立地行动，但并不意味着在非合作博弈中参与者就不会合作。非合作博弈的结果可能是无效率的，也可能是有效率的。实际上，就如我们在后面的分析中所能看到的那样，非合作博弈中的参与者在个人利益驱使下也能在某些情形下达成合作。

其次，依据参与者的行动顺序，可将博弈分为同步博弈（simultaneous move games）和序贯博弈（sequential move games）。同步博弈是指参与者在彼此不知道对方决策的情况下同时做出决策。比如"石头、剪刀、布"游戏，博弈双方都知道各自有三个策略，但在不知道对方实际选择哪个策略的情况下同时做出选择。而序贯博弈指的是参与者行动有先后，一方可以观察到对方行动之后再采取行动，比如下象棋、下围棋。

再次，博弈还可分为一次博弈（one-shot games）和重复博弈（repeated games）。有的博弈只能进行一次，比如之前提到的纸币拍卖游戏。如果同样的游戏再来一次，结果会怎么样？很可能是同学们会相互串通，用1元钱把老师的20元拍走，所以对于老师而言这个博弈只能进行一次。但很多博弈会重复进行，比如商业中企业与供货商和客户的价格谈判、生活中夫妻间的博弈等。

重复博弈包括无限重复博弈（infinitely repeated games）和有限重复博弈（finitely repeated games）。举个例子，现代都市人工作大都比较辛苦，对不少年轻人而言，回家用餐后最不想做的事可能就是洗碗。一些同学告诉我，他们通常会用猜拳来决定由谁洗。如果他们处于稳定恋爱关系中，每当不想洗碗时就用这个方法来决定由谁洗的话，这种博弈就是无限重复博弈。如果过着过着因为某种原因要分手，而找到房子搬出去不会那么快，可能就得约定好一段时期后一方再搬出去。在这个阶段，双方有时还会一起吃饭，还是用猜拳决定谁洗碗，这就是有限重复博弈。

有一次上课时有同学告诉我，现在他们很少用猜拳，而改用掷骰子了，还送了一个骰子给我。这种骰子的六个面中，五个面分别是买菜、做饭、洗碗、洗衣和打扫，剩下一个面是发呆。掷骰子似乎很公平，但过去用猜拳的方式，一方发呆的概率是 50%，现在只有 1/6，几乎天天干活！由此可见，博弈中谁制定游戏规则太重要了。博弈不仅要知道策略互动，更高层次的博弈还应该要能够参与制定游戏规则。谁制定了规则谁就掌握了博弈的主动权。

按照收益的特征，博弈还可以分为零和博弈（zero-sum games）和非零和博弈（non-zero-sum games）。零和博弈就像纸币拍卖那样，一方收益必然意味着另一方损失，博弈双方的收益相加为零。非零和博弈则不同，双方可以是共赢，也可以是双输。可以设想，如果一项改革是零和博弈的话，会触发部分成员利益受损，改革就会有很大的阻力。所以我们常说"发展是硬道理"，通过发展，通过做增量来进行的改革是非零和博弈，做得好对涉及改革的各方都有好处，由此产生的阻力就会较小。

另外，根据博弈的时间或参与者的行动顺序，我们把博弈分为静态博弈（static games）和动态博弈（dynamic games）。静态博弈是指参与者同时行动，或者虽非同时但后行动者并不知道先行动者采取什么行动；动态博弈是指参与者的行动有先后顺序，且后行动者能够观察到先行动者所采取的行动。同步、一次博弈属于静态博弈，而序贯博弈属于动态博弈。重复博弈则比较特殊，从重复博弈的每一次博弈来看，它大多具有静态博弈的特征，但是从它重复进行且当前行动会影响未来行动这个角度看，它又更多地具有动态博弈的特征。通常我们把重复博弈看作动态博弈的特例。

最后，根据参与者所拥有的关于博弈的信息知识，可将博弈分成完全信息博弈（games of complete information）和不完全信息博弈（games of incomplete information）。完全信息博弈是指所有参与者对博弈各方的特征、策略、收益等信息结构（information structures）有完全的了解，不存在任何事前不确定性，否则就是不完全信息博弈。当不完全信息主要表现为博弈参与者在信息方面的不对称时，不完全信息博弈也被称为不对称信息（asymmetric information）博弈。

游戏 3 换钱游戏

下面我们通过一个简单的游戏，来看看如何进行策略互动。假设两个红包所含的金额可能是 5 元、10 元、20 元、40 元、80 元或者

160元，对此参与人都知晓。特别之处是，如果一个红包里是20元的话，另外一个红包里一定是相邻的10元或者40元。现在，我们把这两个红包分别送给两位同学，他们事先都不知道红包里金额的大小。每个人在拆开自己红包知道金额之后，可以决定是否与对方交换。如果两个人都同意交换，就可以成交。

设想如果一个同学得知自己的红包里是20元的话，他是否应该选择交换？考虑到另一位同学的红包里有50%的概率是10元，有50%的概率是40元，交换的期望收益是（10+40）/2＝25元，似乎应该换。如果另一个同学的红包里是40元，则交换的期望收益为（20+80）/2＝50元，似乎也应该换。问题是，这里的交换本身并没有创造价值，怎么两个人都觉得自己赚了呢？推理过程哪里出错了呢？

本章小结 ✔️

博弈论研究在策略互动中行为主体应该如何做出最优决策以及这种决策的均衡问题。在这种互动中，个体行为的结果是相互依赖的，它不仅取决于其自身的行为，还取决于其他参与者的行为。人们比较习惯于从自我的角度出发做决策，往往造成很多行为的结果并非所愿，在我们日常生活中这样的例子比比皆是。

博弈论的精髓在于基于这种互动情境下的策略思维。你选择策略追求你最大利益的时候，要知道你的对手也在最大化他的利益，而他为此采取的策略将直接影响到你的收益。因此，你应该站在对方的立场上，用他的收益去推测他的行动，进而做出最有利于自己的决策。

本章重要术语 ✔️

策略互动　策略思维　相互保证毁灭　合作博弈　非合作博弈　标准式
扩展式　同步博弈　序贯博弈　一次博弈　重复博弈　无限重复博弈
有限重复博弈　零和博弈　非零和博弈　静态博弈　动态博弈
完全信息博弈　不完全信息博弈

I

GAME THEORY
Strategic Interaction, Information
and Incentives

第一部分

同步一次博弈
及其扩展

第 2 章

纳什均衡与囚徒
困境博弈

　　博弈论的本质在于参与者决策的互动依存，这种互动影响通过两种形式表现出来：一种互动形式是同时行动，即同步博弈；另一种互动形式是相继行动，即序贯博弈。在第一部分中，我们将首先讨论同步一次博弈。完全信息条件下的同步一次博弈是一种最基本、最简单的博弈，也叫完全信息静态博弈。在这种博弈中，每个参与者对其他参与者的特征、策略及收益等信息结构有完全的了解，所有参与者同时采取一次行动就结束了，而且每个参与者是在不知道其他参与者行动的情况下做出自己的选择。

　　尽管同步一次博弈较为简单，但是对它的分析可以展示出许多博弈论的重要概念和思想精髓。另外，我们在介绍一些具体案例时，也会根据需要适当放松对同步一次博弈的基本假设，以便帮助读者更好地理解这些知识点，扩展其在现实生活中的应用范围。

2.1　纳什均衡和占优策略

　　在本节，我们将用一个简单的博弈矩阵介绍什么是纳什均衡，以及纳什均衡的求解方法。作为博弈论尤其是非合作博弈论的中心概念和赖以建立的基石，纳什均衡是完全信息静态博弈解的一般概念，也是其他所有类型博弈解的基础。这部分内容虽然简单，但特别重要，如果你能很好理解纳什均衡的基本概念并掌握求解方法，那么本书随后的阅读就会比较轻松。

2.1.1　纳什均衡

　　我们用标准式博弈矩阵来表示一个简单的同步一次博弈。

　　在这里我们有两个参与者：参与者 1 和参与者 2。我们假定参与者 1 有三个策略：a、b、c，参与者 2 也有三个策略：A、B、C。○假如参与者 1 选择 a、参与者 2 选择 A 的话，我们假定参与者 1 的得益为 3，参与者 2 的得益为 2。

○　这些字母在这里只是代表不同的策略而没有任何其他含义，后面我们在分析具体场景时就会有具体的含义。

在这里参与者可以得到多少收益，不仅取决于他自己的策略，还取决于博弈对方的策略。比如参与者 1 同样选择 a，参与者 2 选择 A 时他的得益为 3，选择 B 时可以得 4，选择 C 时可以得 5。双方的策略组合及对应的得益见图 2-1。

参与者2

策略	A	B	C
a	3, 2	4, 3	5, 4
b	2, 1	1, 2	3, 3
c	1, 6	1, 4	4, 5

参与者1

图 2-1　一个简单的博弈

这样，我们就给出了博弈的三个最基本要素：参与者、策略和得益。

参与者（players）是博弈的决策主体，可以是生活中的自然人，也可以是企业或组织甚至国家。一个博弈通常至少有两个参与者，比如象棋，当然也可以是多人参与，比如掼蛋等。通常我们假设所有参与者都是完全理性的，每个参与者在博弈中的目标就是在博弈规则约束下，通过选择策略使自身的利益最大化。

策略（strategy）又称战略，是参与者在每一个博弈环节上的行动计划或规则。策略是针对参与者在博弈中面对的所有可能性制订的行动计划，是行动选择的规则和依据。参与者所有可能的策略被称为策略空间。

得益（payoff）又称支付，是参与者从博弈中获得的利益，也是参与者决策行为的主要依据。得益可以是金钱等物质收益，也可以是社会地位、成就感等精神方面的满足。不同的策略组合有相应的得益组合，所有的得益组合构成一个得益矩阵。矩阵中前面的数字是参与者 1 的，后面的数字是参与者 2 的。数字为正代表收入、利润或效用，数字为负代表支出、亏损或负效用。

由此，我们也能够引出更一般的得益函数的概念，即对应博弈中的任一参与者与其他参与者的特定策略组合，该参与者获得的利益。从这个稍显拗口的概念里，我们能够知道，与得益矩阵相比，得益函数能够涵盖连续型策略，比如投资额、产量水平、征税比例等。在第 4 章、第 8 章中，我们会应用到这个概念。另外，得益函数也突出了参与者的得益不仅与自己的策略选择有关，也取决于其他参与者的策略。

现在我们的问题是：参与者 1 应该选择什么策略？参与者 2 应该选择什么策略？他们的策略组合在哪个点上是稳定的，即怎样的策略组合会形成一种稳定格局呢？所谓稳定，就是不存在参与者有偏离该策略组合的动力，这在经济学被称为均衡。

下面我们进行均衡分析。

首先考虑参与者 1。由于得益取决于双方的选择，为优化自己的策略，参与者 1 需要顾及参与者 2 的选择，参与者 1 知道参与者 2 有 A、B、C 三个策略，如果参与者 2 选择 A，参与者 1 应该选择 a 策略，因为 a 对应的得益 3 大于选择 b 对应的得益 2 或选择 c 对应的得益 1。也就是说，选择 a 是参与者 1 对参与者 2 选择 A 的最优反应。同样的思路，如果参与者 2 选择 B 或 C，参与者 1 的最优反应还是选择 a。显然，不管参与者 2 是选择 A、B 还是 C，参与者 1 都会选择 a，a 是比 b、c 更有优势的策略，我们称之为占优策略（dominant strategy）。换句话说，不管对方选择什么，占优策略是能够使得参与者获得最高得益的策略。显然，在博弈中如果你有占优策略，就应该选择占优策略（见图 2-2）。

参与者2

策略	A	B	C
a	3, 2	4, 3	5, 4
b	2, 1	1, 2	3, 3
c	1, 6	1, 4	4, 5

参与者1

图 2-2　均衡分析

再来看参与者 2 的选择。与之前类似，参与者 2 的选择需要考虑参与者 1，如果参与者 1 选择 a 或 b，参与者 2 选择 C 得益最大；如果参与者 1 选择 c，则参与者 2 选择 A 得益最大。可见，参与者 2 没有占优策略。在这种情形下，参与者 2 应该选择什么策略呢？参与者 2 还是需要站在参与者 1 的视角想问题，他知道尽管自己没有占优策略，但参与者 1 有占优策略，参与者 1 必然会选择其占优策略 a。给定参与者 1 选择 a，参与者 2 选择 C 策略最佳。于是，{a, C} 就构成了这个博弈的纳什均衡。

从图 2-3 我们可以发现，除了 {a, C}，其他点都是不稳定的，因此都不构成均衡。比如，若一开始两位参与者的策略选择是 {a, A} 的话，参与者 2 是有动机去改变其选择的——无论选择 B 或 C，他都可以获得更高得益。与此类似，若两位参与者初始选择是 {b, B}，如果给定参与者 2 选择 B，参与者 1 选择 a 得益会更高，因此 {b, B} 也是不稳定的，也不构成均衡，其他点也都如此。唯有在 {a, C} 下，给定对方的选择，没有一方有动机去改变自己的策略，因为任何单方面的改变都不可能使自己变得更好。此时，选择 a 是参与者 1 对参与者 2 选择 C 的最优反应，选择 C 是参与者 2 对参与者 1 选择 a 的最优反应——这个结果就是纳什均衡（nash equilibrium）。

参与者2

策略	A	B	C
a	3, 2	4, 3	5, 4
b	2, 1	1, 2	3, 3
c	1, 6	1, 4	4, 5

参与者1

图 2-3　均衡分析

通过这个例子我们知道，判断博弈的某一结果是不是纳什均衡，就看参与者是否可以单方面地通过改变自己的策略而受益。如果还有其他策略可以让参与者获得更多得益，那么他就会有偏离现有策略组合的动机，该策略组合就不会是稳定的，不可能构成纳什均衡。因此，所谓纳什均衡，就是在给定所有其他参与者策略的情况下，没有任何一个参与者能够单方面通过改变自己的策略而使其得益提高，从而没有人有积极性偏离这种均衡。

纳什均衡是理性的参与者对博弈将会如何进行的一致性（consistent）预测，我们可以把纳什均衡想象成一种自我实施的信念（belief）。如果每个参与者都预测到一个特定的博弈结果会出现，那么所有人都不会去选择与预测结果不一致的策略就会成为大家的一种信念。当所有参与者都不约而同地预测并选择了相应的策略时，这个预测结果就成了该博弈的必然结果。

以上就是我们介绍的如何通过寻找占优策略来找出纳什均衡。首先要检查一下你是否存在占优策略，如果有就选择占优策略；如果你没有占优策略，那么就要从对手的角度考虑。如果对手有占优策略，就按照给定对手选择占优策略时来确定你的最优策略，这样各方的最优策略组合就构成了纳什均衡。用通俗的话说，就是给定你所做的，我所做的是最好的，给定我所做的，你所做的是最好的，这就是纳什均衡。当然有很多博弈并没有占优策略，我们后面会介绍寻找纳什均衡的其他方法。

2.1.2　米塔尔购并安赛乐案中的占优策略

上一节我们介绍了如何通过寻找占优策略来求解纳什均衡。我们知道，每一个博弈中的参与者通常都拥有多个策略，参与者所有可能策略的集合，构成了该参与者的策略空间。在参与者各自的策略空间中，如果存在一个无关乎其他参与者选择的最优选择，这个最优选择就是占优策略。换句话说，对一个给定博弈中的参与者而言，占优策略就是不管博弈对手采取什么策略，都能使你获得最高得益的策略。在前面的分析中，我们都假定博弈参与者的策略是已知的，因此占优策略是显而易见的。但是在日常生活中特别是在实际商业博弈中，往往需要参与者通过深入分析和精心谋划来发现和构建占优策略，从而使自己在博弈中处于有利地位。我们用米塔尔购并安赛乐的例子来说明。

在中国宝武钢铁集团合并重组之前，米塔尔钢铁公司（Mittal Steel，以下简称米塔尔公司）是世界上规模最大的钢铁公司，由印度米塔尔家族创办。1957年现任董事长拉科什米·米塔尔的父亲老米塔尔，在孟买创办了一家年产量5万吨的小型轧钢厂。由于当时印度政府限制民营企业发展钢铁业，老米塔尔就于1976年在印度尼西亚投资兴建了一家年产量6.5万吨的小型轧钢厂，派19岁的米塔尔去管理。米塔尔把自己长期在印度尼西亚耐心专注于钻研经营和技术的岁月，形容为"能量爆棚的10年"。他带领的团队不仅在印度尼西亚打开了局面，10年间产能增加了10倍，而且逐步摸索出一套独特的低成本生产方法。1989年，米塔尔公司在特立尼达和多巴哥收购了一家亏损严重的国有钢厂，并且很快就让它转亏为盈。这次收购成功使米塔尔公司开启了利用自己的低成本生产技术优势，通过购并重组缔造钢铁王国的征途。

米塔尔公司在购并时机的选择上，充分利用了钢铁行业的周期性特征。从1992年开始的10多年间，米塔尔公司在钢铁行业下行周期以非常低的对价，在墨西哥、爱尔兰、德国、哈萨克斯坦、波兰、捷克、罗马尼亚等多个国家，先后收购了几十家钢厂。米塔尔公司精心选择的这些钢厂往往技术装备水平较高，但由于组织臃肿、管理低效，又遇上行业不景气，大都处于亏损甚至濒临破产的境地。米塔尔公司趁势将这些价值低估的钢厂纳入自己的全球供应链体系，并通过注资改造、输出技术和管理，不断复制自己的低成本生产技术优势，使得吨钢成本大幅降低，经营活力得以充分激发，收购的钢厂大都用一年左右的时间就转亏为盈。米塔尔公司将这些释放出现金流的钢厂，通过旗下上市公司吸收合并或者打包上市的方式，在钢铁行业周期上行时从纽约、阿姆斯特丹和巴黎证券交易所等世界各地资本市场上赚取市值溢价。

凭借独特的低成本生产技术优势和利用周期性特征的购并策略，米塔尔公司的扩张获得了巨大成功。2005年4月，米塔尔公司出资45亿美元收购美国国际钢铁公司，收购完成后米塔尔公司年生产量达到7000万吨，一举成为全球规模最大的钢铁企业。但是最大并不意味着最强，与国际上一些先进钢铁企业相比，米塔尔公司在技术上仍存在着不小的差距。为此，米塔尔公司开始将购并的目标锁定技术领先的企业。

2006 年 1 月 27 日，米塔尔公司宣布出价 180 亿欧元收购安赛乐公司（Arcelor），拉开了钢铁行业有史以来规模最大购并案的序幕。米塔尔公司这一出价折合每股价格 28.21 欧元，比安赛乐公司 1 月 26 日收盘价溢价 27%。安赛乐公司总部位于卢森堡，年产钢材 4000 多万吨，是当时全球第二大钢铁公司。与米塔尔公司主要生产普通、低价钢材不同，作为世界钢铁行业先进技术引领者之一的安赛乐公司，以高技术含量、高附加价值为标志，主要生产高端、精品钢材。在欧洲，每两辆汽车就有一辆使用安赛乐公司生产的钢材，2005 年营业收入达 326 亿欧元。

米塔尔公司的收购要约使安赛乐公司高层大为震惊。2006 年 1 月 29 日，安赛乐公司董事会一致拒绝了米塔尔公司提出的收购要约，称其为 150% 的恶意收购（hostile takeover），并以毒丸计划（poison pill）作为反收购措施。安赛乐公司设置的毒丸计划是，一旦恶意收购发生，董事会有权向战略投资者定向增发不超过总股本 50% 的股份。定义恶意收购并弹出毒丸，对安赛乐公司来说是一项占优策略——如果能通过稀释股权来增大收购难度并达到阻止野蛮人收购的目的，自然最好不过。但是米塔尔公司是购并老手，它应该知道安赛乐公司一定会弹出毒丸，在这种情况下，如果米塔尔公司仍势在必得，那就意味着它需要付出更高的收购对价。

2006 年 3 月，安赛乐公司主动向宝钢集团提出战略合作的意向。当时，笔者恰受国务院国资委委派，在作为央企第一家规范董事会建设试点单位的宝钢集团担任外部董事。董事会讨论后一致认为，安赛乐公司是全欧洲钢铁技术最先进的企业，如果能通过股票互换并支付一部分现金而成为安赛乐公司的主要股东，对宝钢集团未来技术升级和国际市场开拓意义重大。不过当时我们有个疑问，米塔尔公司虽然是印度家族公司，但注册地在荷兰，总部在伦敦。安赛乐公司不欢迎米塔尔公司，那它会欢迎中国的国有企业吗？显然，安赛乐公司引入宝钢集团作为战略投资者，很可能是为了促成宝钢集团与恶意收购者的收购竞价。只要能给出让原有股东足够满意的价格，最后安赛乐公司很可能依然会花落米塔尔公司。那么，如果是这样的话，宝钢集团应该采取什么策略呢？

我们知道，在购并市场中有一种叫"给报酬才加入"的策略。宝钢集团与安赛乐公司的战略合作，无论是否达成最终协议，都会为安赛乐公司做出有价值的贡献。如果最终因安赛乐公司而未果，则宝钢集团可在签订合作协议时，按照购并市场惯例设置终止赔偿条款，规定如果安赛乐公司最终接受米塔尔公司的收购要约而终止与宝钢集团的战略合作协议，就需要向宝钢集团支付一笔不菲的终止赔偿费。这种安排可以使得宝钢集团对安赛乐公司的战略投资成为一种占优策略：要么成功入股安赛乐公司，为宝钢集团走向国际化布下一枚重要棋子；要么让安赛乐公司为宝钢集团这种有价值的加入支付高额的报酬。这意味着对宝钢集团来说，即便不能在这场购并博弈中最后胜出，依然可以入场获益。

遗憾的是，当时政府主管部门对央企"走出去"的看法还不太一致，到了谈判最后截止期限，审批流程还没走完。2006年5月，安赛乐公司宣布与俄罗斯北方钢铁公司签订了合作协议。按照这个协议，俄罗斯北方钢铁公司将以其钢铁资产和12.5亿欧元现金，换取安赛乐公司32%的股份，每股作价40欧元。为了应对安赛乐公司管理层的这一举动，米塔尔公司和高盛联手，在争取到超过20%的安赛乐公司股东支持下，要求召开特别股东大会，股东大会最终投票否决了安赛乐公司和俄罗斯北方钢铁公司的合作协议。

尽管合作协议被否决，激烈的竞价博弈还是迫使米塔尔公司为这次收购付出了更高的代价。2006年6月，米塔尔公司将收购报价从最初的180亿欧元提升到270亿欧元，提高了50%，每股安赛乐公司股票支付1.0833股米塔尔公司股票加12.55欧元现金，折合每股报价从原来的28.21欧元提高到40.37欧元。安赛乐公司最终接受了这一报价。合并后新公司的名称为安赛乐米塔尔，总部设在卢森堡，其中安赛乐公司的股东持有新公司50.6%的股份，米塔尔公司的股东持有49%的股份。

米塔尔公司通过这次购并终于实现了缔造技术领先钢铁王国的梦想，安赛乐公司则通过实施占优策略获取了更高对价，俄罗斯北方钢铁公司的战略入股虽然最终未能实现，但得到了安赛乐公司因终止协议而支付的1.3亿欧元赔偿金，这场世纪购并以博弈各方都得到了自己比较满意的结果落下帷幕。

2.1.3 制药公司的销售大战

下面我们用一个具体案例，看看如何通过寻找占优策略来求解纳什均衡，这是一个刊登在《华尔街日报》上的案例⊖。

斯特恩巴赫是费城的一个家庭保健医生，她对辉瑞公司（Pfizer）的五位推销员反复到她的诊所推销同样的止痛药——Betra 及 Celebrex 感到困惑。她的贮藏室里一个像冰箱大的柜子里已装满了这两种药。她说："众多推销员重复推销同样的产品，没有任何新意，实在是离奇。"

长达 10 年的招聘狂潮使制药业的推销员增加到 9 万人，是原来的三倍。制药业的人士笃信：只要推销员向医生推销一种药越频繁，医生就越有可能多开此药。据统计，2003 年美国制药业在推销员上花费了 120 多亿美元，在药物广告上花费了 27.6 亿美元。根据联邦政府的报告，美国国内在处方药上的支出激增 14%，达到 1610 亿美元。

尽管如此，没有任何一家制药公司愿意单方面裁减推销员人数。葛兰素史克公司（GSK）的推销员队伍非常庞大，它只需七天就能联系到美国 80% 以上的医生。"这有必要吗？"葛兰素史克的 CEO 加涅尔说，"应该说是没有必要的。但是如果竞争对手做得到而我做不到，我们就处于劣势。这的确是以最坏的方式进行的'军备'竞赛。"

"拥有众多的推销员不是竞争优势的源泉"，默克公司的主席和 CEO 吉尔马丁补充说，"制药商应该通过发明新药来获得优势。"然而，默克公司 2001 年起在美国已增加了 1500 名推销员，使得总数达到约 7000 人。既然谁都知道拥有众多的推销员并不是竞争优势的源泉，那为什么各家制药公司的推销员数量仍然在不断膨胀呢？

我们运用寻找占优策略的方法来找出这个案例中包含的纳什均衡，以探究

⊖ 引自周林的《商业战略决策：博弈的应用》课程课件。

存在这种现象的内在机理。

为方便起见，我们假定某种新型止痛药市场只有辉瑞、默克两家公司，向医生推介产品需要聘用一定数量的销售员。两家公司均有两种策略：聘用规模适度或者数量庞大的销售员。若两家公司都聘用规模适度的销售员，各自都赚10亿美元，若销售员数量都庞大，市场需求可能增加得并不多，销售费用却大幅增加，这种情况下每家公司只赚7亿美元。显然，两家公司都保持规模适中的销售员队伍才是好的（见图2-4）。但问题是，如果给定默克公司选择适中，而辉瑞公司选择庞大，医生因更多接触辉瑞的推销员，开药的时候可能下意识地会倾向于多开辉瑞的药。这种情况下，辉瑞就会赚得多，比如说赚13亿美元，而默克只能赚5亿美元。同样地，如果给定辉瑞选择适中，默克选择庞大更为有利。

默克

策略	适中	庞大
适中	10, 10	5, 13
庞大	13, 5	7, 7

辉瑞

图 2-4　制药公司的销售大战

具体来说，站在辉瑞的角度，如果给定默克选择适中，辉瑞选择适中赚10亿美元，选择庞大赚13亿美元，当然选择庞大；如果给定默克选择庞大，辉瑞选择适中只赚5亿美元，选庞大赚7亿美元，仍然选择庞大为好。换句话说，无论默克选择适中还是庞大，辉瑞都应该选择庞大，庞大是辉瑞的占优策略。由于这个博弈的对称性，庞大同样也是默克的占优策略。所以{庞大，庞大}就成了这个博弈的纳什均衡，这也回应了《华尔街日报》所提出的问题。

显然，博弈的结果是两家公司都优化自己的策略，都找到了自己的占优策略，而它们的占优策略组合构成了这个博弈的均衡结果。由于这种纳什均衡是由所有参与者的占优策略组合构成的，因此也被称为占优策略均衡（dominant strategies equilibrium）。占优策略均衡是一种纳什均衡，但纳什均衡不一定是占优策略均衡。占优策略均衡是指对每个参与者而言，不管其他参与者选择何种策略，其最优策略选择都是唯一的；纳什均衡只要求在给定其他参与者的策略选择的情况下，每个参与者选择的策略都是最优的。我们在后文还会介绍更多并非由占优策略组合构成的纳什均衡。

2.2　囚徒困境博弈

在制药公司的销售大战案例中，尽管两家公司都选择了庞大这个占优策略，但由于增加销售人员带来的成本增加，每家公司只能获益 7 亿美元，少于各自都采取适中策略时的得益。这提示我们，纳什均衡（包括参与者都有占优策略时）未必然对应最好的结果，它有时可以是对博弈参与者总体而言最糟糕的结局。接下来，我们会深入分析这种“困境”。

2.2.1　囚徒困境

囚徒困境（prisoner's dilemma）是博弈论里简单但非常深刻的一个模型。这个博弈的梗概是两个犯罪嫌疑人因非法持枪被捕，警察怀疑他们与一起谋杀案有关联，于是将他们分别关在两间屋子里进行审讯。警察对囚徒 A 说："我们已经掌握了你们犯罪的证据，你要老实交代，坦白从宽，抗拒从严。如果你坦白而你的同伙不坦白，你会被无罪释放，他将被判死刑；如果他坦白了而你不坦白，他会被无罪释放，而你将被判死刑。如果你们都坦白交代，那么都将被轻判。"当然警察对囚徒 B 说的话也完全一样。显然，两个嫌疑人都清楚：如果都不坦白，由于缺乏足够的证据，最终二人都将按非法持枪罪被轻判；如果都坦白，则会因涉及重罪而被判无期徒刑。

因徒 A 和 B 的博弈矩阵又是怎样的呢？囚徒 A 和 B 将面临怎样的选择呢？读者不妨自己先试着把矩阵画出来，然后分析纳什均衡是什么。

我们根据图 2-5 寻找纳什均衡，先从囚徒 A 开始。A 知道 B 有两个策略：坦白和不坦白。如果 B 选择坦白，那么 A 选择坦白会面临无期徒刑，选择不坦白则承受死刑，显然无期徒刑比死刑好，应该选择坦白；如果 B 不坦白，A 选择坦白会被释放，选择不坦白则会被轻判，A 仍然应该选择坦白。也就是说，不管 B 选择坦白还是不坦白，A 都应该选择坦白——坦白是 A 的占优策略。同样的道理，由于博弈是对称的，坦白也是 B 的占优策略。最后两个嫌疑人都选择了坦白，{ 坦白，坦白 } 是纳什均衡。

囚徒B

策略	坦白	不坦白
囚徒A 坦白	无期，无期	释放，死刑
不坦白	死刑，释放	轻判，轻判

图 2-5 囚徒困境

如果二人都不坦白的话，都会被轻判，这是对集体最有利的结果。但是，每个囚徒选择各自最优策略，最终博弈的均衡结果恰恰对应了最差的结果，这就是所谓的囚徒困境。聪明的警察只是向两个嫌疑犯提供了"坦白"的选项，就成功瓦解了犯罪嫌疑人之间可能的合谋。

2.2.2　个体理性与集体理性的冲突

实际上在 1950 年时，纳什的均衡概念就引起了兰德公司研究人员的注意，兰德公司的两位数学家弗勒德和德雷舍设计了一个实验，论证了困境的逻辑。正好纳什的指导老师、任兰德公司顾问的塔克也在场，他听了德雷舍的介绍并看到了写在黑板上的实验结果，深受启发。塔克当时是普林斯顿大学统计系的系主任。后来他到斯坦福大学学术休假，一位心理学教授请他给心理学系的老师讲讲他的研究。正是为了准备这次讲座，塔克构建了"囚徒困境"的例子来阐述非合作博弈理论和纳什均衡。这个富有创意的生动例子很快就被人们所接受，成为博弈论中频繁被讨论的经典例子。

我们再回顾一下前面制药公司销售大战的案例。实际上，如果辉瑞和默克能够彼此合作，都保持一个适中人数的销售员队伍，整体的得益更好。这就是所谓的"合作红利"，代表了一种集体理性，我们称之为帕累托最优（Pareto optimality）。但问题是，每家制药公司都试图最大化自己的得益的行为，使得这种合作难以维系。因为一旦一方采取合作策略而对方采取不合作策略，采取合作策略一方的利益就会受到损失。本来彼此合作对整体而言是最好的，但在个体理性的驱使下，双方最后都采取了各自的占优策略，即不合作，结果无法达成帕累托最优状态，各自仅仅获得了"困境收益"。

囚徒困境博弈就是用这样一个简单的情境，揭示了个体理性（individual rationality）和集体理性（collective rationality）的矛盾冲突问题。

这里的帕累托最优是意大利经济学家维尔弗雷多·帕累托（Vilfredo Pareto）在一百多年前提出来的，也称帕累托效率（Pareto efficiency），是指在既定资源配置状态下，任何改变都不可能使至少有一个人的处境变好，而又不使其他任何人的处境变坏，这种状态就是帕累托最优状态。与帕累托最优相联系的另一个概念是帕累托改进（Pareto improvement）。如果改变一种状态，没有使任何人的处境变差，但是至少有一个人的处境变好，我们称之为帕累托改进。如果对于一种状态，再也找不到帕累托改进的余地，那么这种状态就是帕累托最优状态。

在囚徒困境博弈中，唯一的纳什均衡是彼此都坦白，或者说都不合作。因为这是在考虑到对方可能的选择后，对自己最有利的策略。站在集体的角度，这却是最坏的结果，它不是帕累托最优的。也就是说，在囚徒困境中，强烈的个人动机将导致集体利益的损失，均衡结果与帕累托最优是相悖的。由此可见，博弈中的纳什均衡不一定是博弈的最优结果，它只是博弈的最稳定结果，或者说是最可能出现的结果！

囚徒困境提出后，有人认为它颠覆了亚当·斯密以来经济学的传统。亚当·斯密在《国富论》中描述了一个自由市场经济社会的蓝图，每个人追求自身利益的行为在"看不见的手"的引导下，会自然而然地引向社会利益的最大化，效果更甚于人人利他的情形。在亚当·斯密看来，通过看不见的手或者说市场机制的作用，充分发挥人们对利益追求的能动性，可以创造出一个资源最优配置的社会，即所谓的主观为自己，客观为他人，最后对整个社会有利。

这样的例子在日常社会生活中比比皆是。记得前些年，猪肉价格持续上涨，就有南京的房地产商开始去养猪。不仅房地产商养猪，武钢集团也养猪了，因为当时猪肉的毛利率远高于钢材的毛利率。这么多人都转向养猪，并不都是思想觉悟高，体恤老百姓吃不起猪肉，他们更多的是为了追求自身的利益。他们追求自身的利益并没有什么不好。当开发商、钢铁集团都去养猪时，猪肉的供给增加，价格下降，最后能留在养猪行业的，一定是那些善于养猪、成本低、效率高的企业，猪肉也因此物美价廉。

市场机制就是这般神奇，同样的场景在各个行业不断重演，最后社会资源在各个行业都得到了优化配置。这就是亚当·斯密给我们描绘的自由市场经济的图景。由此，亚当·斯密强调政府不能过大，不能去干预微观经济，政府应该起到"守夜人"的作用。

囚徒困境对亚当·斯密的上述思想提出了挑战——个体对利益的追求，有时使得集体状况变得更差了！每个人追求各自的个体理性，最后未必能实现整体最优。作为博弈论的经典，囚徒困境既简单得足以使任何人都掌握，又具有极深刻的洞见，为解释人类社会中存在的诸多问题提供了非常好的视角。

2.3　同质产品价格战

囚徒困境告诉我们，即使合作可能对每个个体更为有利，但理性的自利行为有可能导致集体的非理性。从利己目的出发，结果却是损人不利己。囚徒困境博弈的这一思想可以帮助我们分析和理解许多经济、社会、政治以及生物现象。接下来，我们将通过若干案例来体会囚徒困境对现实社会经济生活的解释力。

首先是同质产品的价格战。我们知道，价格战是企业之间通过竞相降低商品的市场价格展开的一种商业竞争行为。下面我们用标准式博弈矩阵来分析彩电价格战。这是在中国彩电市场上真实发生过的案例。

2.3.1 伯特兰寡头竞争

大家知道，早些年国产彩电的质量差异不大，因而消费者通常会认为国内头部彩电厂商所生产的同一规格彩电近乎是同质产品。对于同质产品，绝大部分消费者取舍时的主要依据就是价格。因此，我们可以把彩电价格战简化为同质产品的价格竞争。对这种竞争态势的分析，寡头市场理论中有一个经典的模型——伯特兰模型（bertrand model），我们用一个简单的矩阵把它表现出来（见图 2-6）。

康佳

策略	低价	高价
低价	0, 0	3, −1
高价	−1, 3	1, 1

长虹（位于低价、高价两行的左侧）

图 2-6　彩电价格战（同质产品的价格竞争）

假定这个市场上只有两家企业——长虹和康佳，它们都生产同一款彩电。为方便起见，假定它们各自都有两个策略：低价、高价。

我们知道中国这样一个市场，存在规模庞大的刚性需求。中国人平时可以省吃俭用，但结婚或者换新房子的时候通常要买新家具、新家电，这是很多人一生中花钱最多的场景。我们假设，如果两家企业都采用高价策略的话，由于存在刚性需求，各自都能获得较高利润，比如 1 亿元。但是，如果康佳定高价的话，长虹会聪明地认为若自己降价，就可以夺得更高的市场份额——事实上，这就是当年长虹挑起的价格战。只不过当时参战的企业有好几家。我们用这两家来作为代表，只是为分析方便，且不失一般性。

假设给定产品差异很小、成本相同，一旦康佳定高价而长虹定低价，消费者就都会去买长虹。长虹能够赚到 3 亿元，康佳则因产品滞销亏损 1 亿元。同样地，如果长虹定高价而康佳定低价，结果则是长虹亏、康佳赚。于是竞争的表现就是双方打价格战，你能降价我也能降价，你低我比你更低，{低价，低价}是这个博弈的纳什均衡，对应价格等于边际成本（marginal cost），双方均为零利润。可见，每家企业都有削弱对方的动机，但同质产品价格战的结果，往往是两败俱伤。

总而言之，在伯特兰寡头竞争中，如果各家企业设定不一样的价格，那么所有消费者都会购买价格最低的企业的产品，而那些价格高于市场最低价的企业就不会有人问津。预期到这种结果，各家企业都会竞底。所以价格博弈的伯特兰寡头竞争本质上也是一种囚徒困境。

需要指出的是，这里的利润是指经济利润（economic profit），不是我们通常所说的会计利润（accounting profit）。经济利润是超出正常利润水平的那部分利润，即超额利润。正常的会计利润还是有的，也就是说，一个平均的社会回报还是有的，它反映了资本的机会成本。伯特兰寡头竞争的结果是指没有超过正常社会平均利润率水平的超额利润。

2.3.2　同质竞争与差异化优势

在同质产品竞争市场中，从短期来看，当行业处于上升周期时，面对迅速扩张的市场需求，企业可能获利，但这种赚钱效应会引来大量新进入者，造成生产能力盲目扩张。而当周期下行时，生产能力过剩又会导致激烈的价格战而造成亏损，所以企业的长期利润为零。这就是同质竞争的零利润原理。

笔者在宝钢集团做外部董事的时候，中国钢铁行业基本上处于同质竞争状态。受中国经济高速增长带动，那些年钢铁需求旺盛，几乎是谁生产钢铁谁就赚钱。在这种赚钱效应的诱惑下，全国各地纷纷投资扩张，新的钢厂像雨后春笋般建立起来。这意味着将来当周期下行时，就会因为生产能力过剩导致恶性价格竞争，造成全行业亏损。所以那个时候宝钢集团董事会就形成共识：一方面，要切实降低吨钢成本，通过组织变革和技术变革达到降本增效，实现成本领先；另一方面，通过研发创新积极发展精品钢材，走产品差异化道路。今天回过头来看，宝钢集团当时选择的差异化战略是正确的。后来不少钢铁企业吃了很多苦头，实际上都源于同质竞争下的盲目扩张。

同质竞争导致的价格战以牺牲企业毛利率为代价，相应减少了企业在技术创新和产品研发方面的投入，使得企业的发展后劲不足。而发展后劲不足又反过来会进一步影响企业的经营业绩，形成恶性循环。价格战破坏了整个行业的正常生态，导致整个行业的价格再也难以恢复到一个合理的水平。一些曾经盛极一时的彩电企业因此一蹶不振甚至退出市场。这促使我们要充分认识产品差异化（product differentiations）和创新对企业发展的重要性。我们说差异形成稀缺，稀缺创造价值，价值与其"有用性"或者说使用价值并不一致。因此，当一家企业只是专注在同质产品或者同质服务市场进行竞争时，从长期来看是很难赚到经济利润的。一定要通过创新，想方设法创造出与众不同的差异化优势，这是企业持续健康发展的关键所在。

2.4　公地悲剧

囚徒困境往往发生在公共资源的使用上，公地悲剧（tragedy of the commons）就是由英国学者加勒特·哈丁（Garrett Hardin）在 1968 年提出的一个经典例子。

2.4.1　公地悲剧与产权界定

15～16 世纪的苏格兰地区有很多公共草地，当地牧民利用这些草地放牧。当然，羊的放牧数量若增加到一定程度，就会导致草地沙化，难以为继。但问题是，对牧民甲来说，如果其他牧民过度放牧，他自己也最好尽量多放牧——自己的羊多吃一点也是好的。如果大家都适度放牧呢？他还是会选择过度放牧，这样他自己的收益才能尽可能多。显然，过度放牧是牧民甲的占优策略。

过度放牧是牧民甲的占优策略，也必然是牧民乙的占优策略。当大家都选择过度放牧之后，羊的数量超过草地的自然承受能力，结果就是草地退化、生态遭到破坏，所有牧民都没有了理想的牧场。

人们拥有使用公共资源的自由，但由于每个人只考虑自己的利益，没有考虑自己的行为对其他人的影响以及其他人的选择对自己的影响，最终导致了大家都受损的结局。最后苏格兰人通过产权界定解决了这一问题。今天，如果你到苏格兰，会看到大片大片用铁篱笆围起来的丰茂草地，草地上躺着成群的绵羊和麋鹿，在蔚蓝的天空下，呈现出一派恬静优美的苏格兰田园风光。铁篱笆被认为是欧洲 17 世纪重大的社会进步，它诠释了一种财产权利——私人财产神圣不可侵犯。事实上，根据 1993 年诺贝尔奖得主道格拉斯·诺思（Douglass North）的经济史考察可知，英国这种低地国家之所以能够超越曾被称为"海上无敌强国"的西班牙，一个重要的原因就是财产权利制度的建立规避了囚徒困境，而西班牙国王受养羊团提供的利益的诱惑，无意改变导致公地悲剧的产权制度。

公地悲剧说明了公共资源往往会被过度使用，也揭示了产权界定的重要性。如果产权不被界定清晰，人人都会预期稀缺资源会被他人所用，于是都抢先下手，但这样的结果是财产价值的贬损——经济学称之为"租值消散"。当公共资源的剩余索取权难以落实，产权在相当大程度上虚置时，一些人就会变着法子想要把这些财产转变为私人的东西。为什么世界上有些国家不容易产生腐败，除了政府有为、法制较完备，还因为财产权利界定得清楚。一栋房子产权清晰的话，风可以进来，雨可以进来，但国王不能进来。《吕氏春秋·慎势》中记载，慎子曰："今一兔走，百人逐之，非一兔足为百人分也，由未定。由未定，尧且屈力，而况众人乎？积兔满市，行者不顾。非不欲兔也，分已定矣。分已定，人虽鄙，不争。故治天下及国，在乎定分而已矣。"用现在的话说，如果有一只兔子在田野奔跑，上百个人都会去追捕。这并不是因为一只兔子够一百个人分，而是这只兔子还未定归属。由于归属未定，就是尧这样的圣人也会竭尽全力去追捕，更何况普通人呢？而交易市场上摆满了兔子，过路人看都不看一眼，他们并非不想得到兔子，而是这些兔子归属已定，即使是粗俗的人也不会去争夺。所以治理国家就在于确定归属名分罢了。古代先贤用浅显的例子说明，清晰的产权制度是社会长治久安的基本前提。

记得笔者所在的上海国家会计学院创院初期，员工们曾经提议在学院购置公共自行车。学校面积大，走路来回不方便，骑五花八门的车也不美观。于是学院统一购买了一批自行车，还建了几个集中停放点供大家使用。这个举措的出发点是好的，但几个月后这些车就都损坏了。后来又换了一批，很快又坏掉了。所以公共资源很大程度上会被过度使用，不被足够爱惜。今天马路边东倒西歪的共享单车也时常可见，可见产权界定对于社会运转的效率是非常重要的。

2.4.2　温室气体排放

公地悲剧可以用来解释很多社会现象，温室气体排放就是其中一个重要例子。

人类在自然环境中生存、发展，环境提供了人类社会发展的物质基础，是人类社会物质生产与生活最基本的条件。然而，在社会经济发展过程中，尤其是工业革命以来，人类生产活动规模的急剧扩大和城市人口高度集中化趋势的发展，产生了大量超过环境容量和自然净化能力的废弃物和废气，破坏和污染了作为人类赖以生存的基础的自然环境。其中全球大气中二氧化碳含量在百年内增加了 25%。大量二氧化碳的排放破坏了地球的臭氧层，造成大气温室效应，使得全球气候变暖、冰川融化。笔者曾经到过北极，亲身感受到北极的气温变得越来越暖和，冰盖正在不断消失。其结果是海平面持续升高，导致大洋环流发生变化，带来世界范围内的恶劣气候。人类社会现在经常面临各种各样的自然灾害和病毒，"五十年一遇""百年一遇"的异常恶劣气候和灾害现在已经经常被提及，将来恐怕更是如此。

因此，减少温室气体排放，以避免全球气温进一步升高已迫在眉睫。但减排是需要花费巨额成本的，对每家企业来说，如果仅仅自己减排，几乎于事无补，却要承担减排成本，自然不愿做此选择。再加上碳排放与其他环境污染不同——它对当地环境影响并不大。结果就是所有企业都选择排放，排放成了企业的占优策略。这种行为节省了个体生产过程中的成本费用，却破坏了属于社会全体共有的环境的质量。这种在经济活动中一个经济主体的行为，不通过市场机制而给其他人带来的损害，称为负外部性（negative externalities）。负外部性造成了个体企业的私人边际成本和社会边际成本的不一致，如果企业对生产过程中排放的温室气体无须承担责任，或者说只要负外部性不能内在化，企业就不会对排放进行控制和治理。这种现象的存在，本质上也是因为产权缺失，如果没有排放权的界定，公共资源通常会被过度使用。

当产权缺失引起市场失灵时，一个可行的解决方法就是通过界定产权，重新释放市场的力量。只要产权界定清楚，产权制度安排合理且交易费用不高，负外部性问题就有可能通过市场机制得到缓解。这也是1991年诺贝尔经济学奖得主罗纳德·科斯（Ronald Coase）最为重要的思想贡献。《京都议定书》的签订就是这一理论的具体尝试。

通过55个以上（大约占全球总排放量一半以上）的国家签订碳排放协议，《京都议定书》实现了温室气体排放权的国际共同所有，环境不再是免费的公共资源，任何缔约方再也不可以随意排放温室气体。各国企业可在产权界定的前提下，通过市场机制进行排放权交易。尽管发达国家与发展中国家之间存在大量的利益博弈，界定各国排放标准的谈判和具体履约也非常困难，但人类至少通过这种合作开始减缓温室气体的排放，整体进展是向对全人类有利的方面转变。有关这方面的内容我们将在第9章案例中予以深入讨论。

2.4.3 渔业捕捞

老一辈的上海人都知道，上海周边的东海渔场，过去盛产大黄鱼、小黄鱼、带鱼、墨鱼和鲳鱼等海鱼。其中大黄鱼最为有名，每年产量高达10万吨以上，是江浙沪一带老百姓的家常菜。那时候，每到春夏之交楝树开花时节，大批鱼群就会从深海洄游到我国东部沿海渔场产卵。在舟山群岛一带，夜深人静时，甚至可以听到大黄鱼鱼群"咕咕"的叫声。记得笔者小时候，上海十六铺码头满是浙江渔船，大黄鱼的价格是几毛钱一斤。为了促进消费，黄鱼甚至还被称为"革命鱼"，意味着多吃黄鱼就是对革命做贡献。但自 20 世纪 80 年代后期以来，上海就很难买得到野生大黄鱼了，野生大黄鱼突然间就几乎绝迹了。

大黄鱼，石首鱼科黄鱼属，除了朝鲜海域有较少产量，全世界 99% 的大黄鱼都产在中国。据唐代陆广微撰写的地方志《吴地记》记载，公元前 505 年，吴王阖闾与东夷人作战，双方粮草殆尽之时，忽见海面有一片金色，竟是黄鱼鱼汛。吴军捞鱼烹食，东夷人却一条都没捕到，饥饿之下只能投降。得胜的吴王留心黄鱼，发现鱼脑中有两颗白色脑石，遂取名为石首鱼。这种脑石现有学名为"耳石"，能起到保持鱼体平衡、传输声波的作用，如果耳石受到强烈振动，黄鱼就会昏迷并失去平衡。

据民间传说，明嘉靖年间广东潮汕地区的"水上人家"疍家渔民，受到在船屋结婚放爆竹时一个偶然发现的启发，发明了一种叫敲罟的捕鱼方法。这是一种多人协同捕鱼作业方式，通常是由罟公和罟母两艘大渔船，再配罟仔小船 32 艘为"一艚（cáo）"。到达渔场后，罟公罟母通过旗语和吹号指挥小船包围鱼群。小船在大船前围成半圈圆圈，每艘小船三人，一人摇橹，两人敲打绑在船帮上的竹杠，在水中产生共振将大黄鱼震昏，船队再把震昏的鱼群赶入罟公罟母张开的大网中。敲罟作业成本低、效率极高，成鱼幼鱼一网打尽，是一种灭绝性的捕捞。好在疍家以舟为家，人口不多，且对自然存有敬畏之心，几百年来敲罟之法不外传，对渔业资源破坏不大。

到了 1954 年，两位广东汕头人受聘到福建传授敲罟作业技术，并作为近海渔业先进作业方法在全福建省推广。1956 年，两艚福建船队到浙江沿海渔场敲罟作业，使浙江渔民第一次见识此法，于是纷纷效仿。第二年，仅温州地区敲罟作业就多达 162 艚。疯狂的捕捞会对大黄鱼种群资源造成致命冲击，但由于捕捞带来的利益属于个体渔民，而大黄鱼种群枯竭、公共资源破坏的损失由沿海全体渔民共同承担，因此过度捕捞就成了所有渔民的占优策略——显见，这是一种公地悲剧。在此后短短二三十年里，中国最重要的传统鱼类之一就这样被捕捞殆尽，到了 20 世纪 80 年代后期，野生大黄鱼种群基本绝迹。

2.4.4　美洲野牛、加拿大鳕鱼和非洲大象

上述情形当然不仅仅发生在中国，公地悲剧的一个经典例子是美国西部的野牛。美国西部大平原牧草丰盛，几个世纪以来，那里栖息着数量极多的美洲野牛，在欧洲人踏足美洲大陆之时高达6000多万头。但是长期以来，野牛是公共资源，任何人都可以随意猎杀。由于欧洲人把枪支带到了美洲，猎杀野牛变得更加容易，于是从19世纪中叶开始，狩猎非常普遍且愈演愈烈。即便人们意识到照此下去野牛种群将来的延续会成问题，但是对个体来说，打到一头野牛就能得到几百公斤的肉，其收益完全归自己，而野牛数量减少的后果却由大家共同承担。由于捕猎者人数众多，每个捕猎者很少有保留野牛种群的动机，因此过度猎杀就成了必然。6000多万头野牛最后被捕杀到只剩几百头，后来通过建立一些国家公园野牛的数量才逐步恢复起来。

加拿大的鳕鱼渔场也与此类似。纽芬兰渔场曾是世界四大渔场之一，有"踩着鳕鱼群的脊背就可上岸"的说法。自20世纪五六十年代开始，大型机械化拖网渔船成群结队地驶入了纽芬兰湾。这些渔船夜以继日地捕捞，庞大的网兜掠过海底，不仅鱼群在劫难逃，连海底生态也被破坏殆尽。面对鳕鱼资源的枯竭，加拿大政府被迫于1992年宣布彻底关闭纽芬兰及圣劳伦斯湾沿海渔场。

在一些非洲国家，偷猎者为取得象牙而捕杀大象，大象种群也面临着类似的困境。为了保护象群，坦桑尼亚、肯尼亚等国家把猎杀大象和出售象牙视为违法行为。这类法律尽管增加了偷猎者的成本，但仍不足以遏制象群数量持续减少的态势。而在笔者曾经到过的津巴布韦、博茨瓦纳等国家，捕杀大象是被允许的，但只限于有所有者的大象。于是，在这里大象不再是公共资源而是私人物品，私人保护区所有者具有保护自己土地上大象的动机，不再竭泽而渔，象群数量开始增加了。

2.5　其他一些例子

作为诸多现象的抽象概括，囚徒困境会发生在社会生活的很多领域，它揭

示了现实世界中个体理性选择与集体理性选择之间的矛盾。只要有利益冲突的
地方，就可能会有囚徒困境。

接下来我们再介绍几个简单的例子，通过这些例子可以进一步加深对囚徒
困境这种社会现象的理解。

2.5.1　位置博弈

这里要讲的例子也是囚徒困境的一种表现形式，我们称之为位置博弈
（positional game），也就是经济学中霍泰林模型（Hotelling model）的简化版。

我们用一条线段代表一个 1000 米长的海滩（见图 2-7）。假定海滩上有两
个售卖同款同价饮料的小贩 A、B，游客则均匀地分布在这个 1000 米长的海
滩上。由于饮料同款同价，消费者到哪位小贩处购买取决于他与小贩摊位之间
的距离，距离越长意味着消费者付出的成本越高。

图 2-7　位置博弈

如果把小贩 A、B 分别安排在距离起点 1/4 和 3/4 处，则各自两侧 250 米
的消费者会分别到 A、B 处购买。此时两位小贩各分享一半的生意，且每个消
费者的平均购物距离为最小值 125 米，平均成本最小，这是社会最优安排。

然而，这个社会最优安排不是纳什均衡，并不稳定。在海滩坐标轴的
{1/4, 3/4} 处，小贩 A、B 为了争取更多消费者来购买，都有偏离此社会最优
位置的动机：小贩 A 若把摊位往中点移，则他左边范围会扩大且这片市场区
域完全都归自己。同时 A 右边市场也会较原来有所扩大。同样，小贩 B 也会
做出和小贩 A 同样的决策，往海滩的中点移动。最后的结果就是两个人背靠
背，即都把摊铺选择在海滩中间（1/2）的位置。这时候的状况是稳定的，没
有一方可以通过单方面改变自己的位置而使自己变得更好。此时海滩上消费者

的平均购物距离变为 250 米。位置博弈的结果实际上使得海滩上游客的整体福利下降了，这是一种市场失败。

面对位置博弈的困境，我们可以设想如果有一个政府管理部门出手，就能把小贩 A、B 的经营地点设定在离起点 1/4 和 3/4 处。在这里，政府可以通过牌照、许可、管制来使市场更有效，计划经济的优越性似乎就凸显出来了。但是，我们要知道这就要求有一个拥有充分信息，即知晓消费者的分布、偏好，商品自身的差异等，而且完全着眼于全社会福利最优的政府管理部门。小贩往中点移动意味着多获得一份利益，这份利益会成为一块租，只要最后寻租成本小于他所得到的利益，小贩就有动力向有权力的政府官员寻租，而一些腐败的官员可能还会专门为此设租。

虽然位置博弈告诉我们，市场机制存在失败，但是政府也会存在失败。有为的政府干预，往往是通过机制设计和有效监管让市场更好地发挥作用。

位置博弈可以解释不少社会经济生活中的现象，比如商业集聚相依为邻的现象。你要是在一个地方看到国美，通常就能够在附近发现苏宁。它们明明可以分散分布，但总是挤在一起。类似地，当你看到一家肯德基，通常不远处就有麦当劳，银行、建材、房产中介等门店也大都聚合选址、扎堆经营。

人们也将位置博弈用于分析西方的政治选举。比如 2012 年美国大选前，时任总统奥巴马和共和党候选人罗姆尼之间的竞争。仍以上述直线坐标为例，我们假定选民按照他们的政治立场均匀分布在直线上，每个选民会将自己的选票投给最靠近他们政治立场的候选人。奥巴马为左翼，罗姆尼则是右翼。对奥巴马来说，他能够稳拿的是其左侧的选票，因为他的立场和政策取向更符合左边选民的利益，这对应了左侧 142 张稳定选票和偏左的 59 张可能选票，共约 201 张选票。罗姆尼则有可能拿下其右侧的 76 张稳定选票和偏右的 115 张可能选票，共约 191 张选票。但这些选票不足以保证他们各自在大选中胜出，因为一个候选人拿到 270 张选票才能保证胜选，而这些决定性的选票都在中间。

所以，无论是左翼的候选人，还是右翼的候选人，在进行党内选举的时候，一般都会发表比较鲜明的左翼或者右翼观点。但是，一旦进入全民大选阶段，我们会发现左右两翼的候选人的很多观点都在往中间靠，彼此较为接近。

这是因为决定他们命运的就是中间选民，他们必须迎合、争取这部分群体。这就是所谓的中间选民定理（median voter theorem）。

这一定理较好地解释了为什么候选人的政纲定位会随着时间而变化。所以，我们看到美国的左右两党政治，几百年来上下波动，但往往最后每个政党都力求使它的政纲尽可能地与对手相像，甚至有时候候选人的政策会互相抄袭，难分左右，让选民感觉缺少真正的选择。不过，近年来由于西方政治环境遭遇重大变化，作为中间选民的中产阶层被压缩，民粹主义兴起，出现了政治极化的现象，给中间选民定理的适用性带来了挑战。

2.5.2　剧场效应

剧场效应（theatre effect）也是囚徒困境的一种表现。记得上海世博会开幕式那天夜晚，大型灯光喷泉焰火表演在卢浦大桥到南浦大桥 3.28 公里的黄浦江两岸展开，这是上海历史上规模最大的一次焰火表演。当时，我和其他两千余名观众一起，坐在江边世博园区广场临时安置的椅子上观看表演。灿烂的烟花与绚丽的灯光、水景在江面、陆地和天空交相辉映，构成一幅五彩缤纷的盛大画卷。当大家看得正尽兴时，前几排突然有几个人站了起来，把周围观众的视线给挡住了。后面观众叫喊着让前排的人坐下来，但声音被烟花声淹没了。很快，站起来的人越来越多。最后当我们大家都站起来时，本来坐着观看演出，现在变成了所有人都站着甚至踮着脚观赏。从坐着变成了站着，虽然大家更累了，但不会有任何人选择坐下来观赏，因为谁选择坐下来，他就什么也看不到了。尽管大家付出了体力，但观赏效果没什么变化，体验却变差了。这就是人们经常说的剧场效应。

个体视角的最有利行为，有时却导致了群体的最差结果，这种剧场效应在教育领域表现得尤为突出。我想我们每一个家长，都希望孩子有一个快乐的童年，希望孩子能够在德、智、体、美各个方面健康发展。但是现在从幼儿园、小学、初中、高中直到大学，每个阶段都迫使各个家庭跟着升学考试这个指挥棒。每个家庭、每个学校都不可能单独改变靠增加学生的学习时间来提高学生学习成绩的做法。于是，学生的书包越来越重，学习时间越来越长，考试越来越难。当一些孩子通过课外补习提高了在班级的成绩排名时，更加剧了剧场效应，使得更多的孩子加入补习的行列。其结果是所有学生的学习时间都成倍增长了，最后能够考上心仪学校的学生数量却没有改变。

这种应试教育很大程度上磨灭了孩子们的好奇心和创造力，更要命的是会使人变得狭隘。因为这样的氛围营造出一种丛林法则，当激烈的分数竞争带来的焦虑在孩子中间不断弥漫时，彼此间的合作、关爱就难以成为主导法则。尽管大家都知道应试教育会磨灭孩子的天性，也只能跟着走。因为毕竟在中国，高等教育是能够比较公平地从贫困通往小康、富裕的连接点。所以几乎所有的孩子、家庭、学校都无奈地被裹挟着成为陷入困境的"囚徒"，这也就是现在人们常说的"内卷"。

2.5.3 演艺人员培养问题

我们也可以用同样的思维，来分析国内演艺界在人才培养方面存在的问题。

先举一个例子。东方歌舞团曾有一位叫陈丽卿的女高音歌唱家，早年去日本发展，并于 1988 年成为第一位获得"日本民音艺术大奖"的中国歌手。在日本生活的日子里，陈丽卿被日本的偶像产业深深吸引。她敏锐地意识到，将来的商演市场一定会由年轻人主导，而年轻人更喜欢青春靓丽、能代表他们内心梦想的偶像组合。于是她带着自己全部积蓄，回国创建了青春鸟影视艺术中心。她走遍全国各地的艺校、少年宫，从 900 多名选手中选了 30 多名能歌善舞的女孩，最后选定 5 位歌舞和形象俱佳的少女，组成了中国最早的青春偶像派跳唱组合——青春美少女组合。她自己出资对这些十五六岁的女孩在形体、气质、声乐、歌舞等各方面进行专业培训，还创造性地请学生为她们专门创作歌词。

几年后，陈丽卿一手打造的组合成功了，她们不仅远赴日本、中国台湾、中国香港等地演出，还登上了春晚。在中国，登上春晚是一个突破性的成功标志。随后，商演市场就打开了。然而，不久就有组员的家长跟陈丽卿打起了官司。家长觉得陈丽卿自己不唱不跳，都是他们的孩子在表演，但陈丽卿却拿走了大部分收益，家长心理不平衡。但是陈丽卿投入大量资金和心血培养这些孩子，所有的投入都要通过组合的表演获得回报，况且她和组员之间有合同，毁约是要赔偿的。于是，部分家长就告到法院，他们强调大量的商业演出严重影响了孩子的学业。法院判家长胜诉。这样一来，原来的合同就不再生效了。陈丽卿投资 800 多万元，用了 3 年时间耗尽心力精心浇灌的花朵，刚绽放就凋谢了！此后，陈丽卿只得再补充新人来维系这个组合，第二年又上了春晚，然而同样的剧情再次上演。

陈丽卿的经历不是特例，曾被称为京城第一经纪人的王晓京的经历也是一个例子。王晓京曾经包装过好几名著名歌手，然而这些歌手成名后大都与其分道扬镳。所以在 2006 年前后，北京流传这样一条规律：经纪人捧红艺人—艺人争利—闹崩毁约。所以有一段时间，很少有人再愿意大力投资包装、打造艺人了。

花费精力和财力把一个人捧红，这个人一旦出走，投资方就什么也没有了。人们往往从短期利益出发，选择放弃合作策略，结果陷入长期利益受损的困境，对整个社会也是损失，陈丽卿、王晓京的例子都彰显了这一点。痛定思痛的王晓京想到了走出这种困境的办法，他组织成立了女子十二乐坊。女子十二乐坊只是一个品牌，由十二位靓丽的民乐女艺人组成。该组合以现代流行音乐表演形式演奏中国民乐，使传统民乐由于赋予了现代流行音乐元素而变得时尚、流行，因而得到了商演市场尤其是海外市场的欢迎。重要的是，全国各地音乐学院毕业的民乐演奏者并不稀缺，包装打造也无须大量投入。组合中若有艺人离开，很快就能有新人补充进来。他不再致力于捧红某个艺人，而是打造一个不再依赖单个著名艺人的品牌，用他自己的话说就是"铁打的乐坊流水的兵"，结果他成功了。

中国香港的艺人与投资人打官司的例子也有，但总体上这类纠纷数量较少。中国香港娱乐行业有自己的游戏规则，违反规则就会付出很大代价，在整个行业也会留下不好的声誉，直接影响艺人的未来发展。梁洛施的经历就诠释了这一点。

梁洛施天生丽质，小时候家境不好，2001 年 12 岁时就由母亲代为签约加入英皇娱乐集团有限公司（以下简称英皇娱乐）旗下，合约期为 15 年。英皇娱乐花费巨资培养她，到 16 岁一出道就广受好评，被香港媒体称为新一代玉女掌门人。2006 年梁洛施由于无故爽约等事，被公司勒令放假一年。没有收入的梁洛施为了"解冻"，不得不与英皇娱乐再续签 5 年合同。但其后，双方关系决裂，她控告公司合约不合理，而英皇娱乐则控告梁洛施毁约。双方的官司纠缠了半年，最后达成和解。至于和解条件，则是由喜欢梁洛施的李泽楷给予英皇娱乐巨额赔偿。这个过程中，我们注意到合同本身是最基本的约束条件。李泽楷不谈合同具体内容，但尊重合同本身，这就是契约的效果。契约社会有利于形成稳定的预期和长期的合作，这样陈丽卿、王晓京们就愿意持续花大力气投入资金，培养、打造艺人，最终实现双赢。

这种现象，在今天直播带货等行业网红主播的培养打造过程中，也经常可以看到。尽管这类例子与囚徒困境的博弈结构略有不同，但其内在机理有相似点。它告诉我们，人们有时会因为理性的盘算，错失了对己对人都最好的可能性。一个合作的社会，往往人才辈出，因为合作可以创造合作红利，实现帕累托改进；而一个不合作、缺乏契约精神的社会，则会是一个处于困境的社会，每个人好像都很精明、很忙碌，但社会整体的效益却差强人意。

游戏 4　选数游戏

从 1 到 100 之间选出任意整数，如果你选的数字越是接近所有人所选择数字的平均数的三分之二，你就获胜。思考一下，你会选几？

本章小结

对某个参与者而言，无论其他参与者选择什么策略，他的某一种策略总是优于其他可选策略，这种策略就是占优策略。如果博弈中每个参与者都存在占优策略，那么所有参与者的占优策略就构成一个占优策略均衡，占优策略均衡是纳什均衡的特例。

纳什均衡是非合作博弈论最重要的均衡概念。它是指博弈中所有参与者策略的这样一种组合：在这个组合中，给定其他参与者的策略，没有一个参与者可以通过单方面改变自己的策略而使自己的得益提高，因而没有人有动机改变自己的策略。囚徒困境博弈等博弈表明，有时候纳什均衡与帕累托最优是相悖的。纳什均衡不一定是博弈的最优结果，它只是博弈最稳定或者说最可能出现的结果。

在囚徒困境博弈中，尽管合作对整体而言是最优的，但不合作是参与者的占优策略。每个参与者都根据自己的利益做出决策，最后的结果却是集体利益受损。作为一个被广泛讨论的博弈，囚徒困境揭示了现实世界中个体理性与集体理性的矛盾冲突，对研究分析人类社会中存在的诸多问题具有非常好的解释力。

在伯特兰寡头竞争中，生产同质产品的各家企业如果设定不同价格，消费者都会购买价格最低的企业的产品，而那些价格高于市场最低价的企业就不会有人问津。预期到这种结果，各家企业都会竞底竞争，最后价格等于边际成本，彼此均是零利润。所以同质产品的价格战就是一个囚徒困境，它说明了产品差异化和创新的重要性。

公地悲剧也是囚徒困境的一种表现，全球温室气体排放、渔业捕捞、野生动物捕猎等都是其典型的例子。公地悲剧现象表明公共资源往往会被过度使用，它揭示了产权界定的重要性。另外，位置博弈、剧场效应等实际上都是囚徒困境的翻版。

本章重要术语　✅

参与者　策略空间　得益矩阵　占优策略　恶意收购　毒丸计划
占优策略均衡　纳什均衡　囚徒困境　帕累托最优　帕累托改进
伯特兰模型　边际成本　产品差异化　公地悲剧　负外部性
位置博弈　霍泰林模型　剧场效应

第 3 章

智猪博弈与
协调博弈

　　上一章我们介绍了囚徒困境博弈及其在现实中的具体表现，本章我们将介绍同步一次博弈中的另外两种博弈：智猪博弈和协调博弈。

3.1　智猪博弈和小狗策略

　　智猪博弈（pigs' payoffs）是鲍德温（B. Baldwin）和米斯（G. Meese）在 1979 年发表的《动物行为》（*Animal Behaviour*）期刊中提出来的，它着眼于弱者和强者之间的博弈。这种弱者与强者之间的博弈策略，可以引申出小狗策略。小狗策略揭示了弱者在进入强者所占据的市场时，如何才能获得成功。

3.1.1　智猪博弈

　　智猪博弈说的是，猪圈里有一头大猪和一头小猪。猪圈的一端有一个踏板，如果有猪踩踏板，猪圈的另一端会有 10 单位的猪食进槽。但是，踩踏板是费力的事，我们假定踩一下踏板要花费相当于 2 单位猪食的成本。如果大猪踩踏板，小猪在食槽边等着，大猪踩完再赶过来能吃到 6 单位猪食，去掉 2 单位的成本，得益为 4 单位，小猪也能吃到 4 单位猪食。如果小猪踩踏板，而大猪在食槽边等着，大猪离食槽近且进食更快，能吃到 9 单位猪食，小猪赶过来只能吃到 1 单位残羹剩食，去掉 2 单位的成本，小猪得益为 –1 单位。如果两头猪都踩踏板，则大猪吃 7 单位而小猪吃 3 单位，去掉各自 2 单位的成本，得益分别为 5 单位、1 单位。当然，如果两头猪都不踩踏板，那就都没得吃，得益均为 0。

　　我们用图 3-1 展示的矩阵找出这个博弈的纳什均衡。

		小猪	
	策略	踩	等待
大猪	踩	5, 1	4, 4
	等待	9, –1	0, 0

图 3-1　智猪博弈矩阵

首先分析大猪应该采取什么策略。从策略互动角度出发，大猪最优策略的选择需要站在小猪的视角考虑：大猪知道小猪有踩和等待两个策略，如果小猪选择踩的话，大猪选择踩时得 5 单位，选择等待则得 9 单位，大猪应该选择等待；如果小猪选择等待的话，大猪踩得 4 单位，等待则所得为 0，那么大猪就应该选择踩。也就是说，小猪踩，大猪会等待；小猪等待，大猪会踩，大猪没有占优策略。

我们再来看小猪。同样地，小猪也需要站在大猪的视角考虑问题：大猪如果选择踩的话，小猪选择踩得 1 单位，选择等待得 4 单位，显然小猪应该选择等待；若大猪选择等待，小猪踩得 –1 单位，等待得 0，还是应该选择等待。这就是说，无论大猪选什么，等待都是小猪的占优策略。这个时候理性的大猪就会想：既然小猪定然会选择其占优策略等待，那自己踩可以得 4 单位，等待却得 0，踩显然是最优策略。最终，这个博弈的纳什均衡就是 { 大猪踩，小猪等待 }。

智猪博弈告诉我们：在有些情况下，处于强势的参与者为维护自己利益而采取某种决策的时候，也为其他弱势参与者提供了搭便车（free-rider problem）的机会。智猪博弈为那些刚刚进入新市场、面对强大对手的幼小企业，在进入策略方面提供了非常有益的启示。

3.1.2　商业中的智猪博弈

智猪博弈在日常商业活动中很常见。比如，证券市场中的机构投资者一般都要建立专业投研团队研究上市公司，散户则通常借助多个机构的研究成果作为投资参考，而不再过多花费精力进行调研和数据收集。再如，股份公司中的大股东往往要参与治理并监督管理层，而搭便车则是小股东的占优策略。

中小企业的研发活动也有类似特点。且不说创新有风险，即使创新成功了，中小企业往往也难有足够的财力和能力把技术创新转化为产品创新并获取市场效益。因此，现实当中，追随策略往往是一些中小企业的占优策略，通过对大企业研发、“试错”成功的产品进行及时模仿和跟进，中小企业可以从中获益。

在中国的产业发展历程中有很多这样的例子，比如曾给国人业余生活带来很大影响的 VCD 的发明。最早研发出 VCD 的是合肥一家叫"万燕"的小公司，⊖后来很多大公司一拥而入，这家公司就不见踪影了。在这个当年知识产权保护相对滞后的产业中，事实上由实力较弱的公司提供了行业的公共物品，相当于智猪博弈中的小猪选择了"踩"的策略，最终"先驱"成为"先烈"。

再如网购。主打衬衫的 PPG（批批吉服装网络直销公司）是我国最早涉及网购的企业之一，2007 年被誉为"服装业的戴尔"。PPG 的新业态和它广为人知的广告语" YES PPG！"，得到了媒体、大众和风投的关注，加上低廉的价格和密集的广告投放，PPG 迅速成为服装业的一匹黑马，日销售额超过大多数传统服装企业多年才能达到的业绩。⊖虽然 PPG 引进了网络销售商业模式，但是在它做起来以后，很多公司看到了这一模式的前景，于是一拥而入，而由于最早推广这一模式需要的广告资金甚巨，以致在竞争加剧后，PPG 的控制人落入资不抵债的下场。当然，我们不能简单地认为 PPG 就是因为先行采用网络销售模式而失败，它有其自身的产品质量、运营管理等问题。这里的启示

⊖ 很多人把"万燕"牌 VCD 的初次成功归于"灵感＋机遇"。1992 年 4 月，还在安徽电视台工作的姜万勐前往美国参加国际广播电视技术展览会。在这次展览会上姜万勐被美国 C-CUBE 公司展出的一项不起眼的技术——MPEG 解压缩技术牢牢锁住了目光。姜万勐敏锐地意识到：能够把图像和声音存储在一张比较小的光盘里的 MPEG 技术，有可能创造出一种物美价廉的视听产品，成为家庭消费品。C-CUBE 公司的董事长孙燕生是美籍华商，二人一拍即合，决意将 MPEG 技术开发为电子消费产品。1993 年 9 月，二人合作在合肥开发出了世界上第一台 VCD 影碟机，取名"万燕"。当首批 1000 台 VCD 机以 4000～5000 元单价的"高价"投放市场时，很快就被各个电子厂家全部买走作为样机。只几年时间 VCD 便在中国迅速崛起，并风靡全球，成为一个年销售收入达 100 多亿元的产业。在万燕正试图大展宏图时，爱多、新科、厦新、金正等品牌纷纷涌向市场。它们通过研究万燕的样机制造出来的 VCD 产品，立即占领了大部分市场。因为没有为自己的首创发明申请整机专利，面对众多品牌的低价竞争，万燕逐渐丧失市场，走向没落。

⊖ PPG 一炮打响之后，开始进一步扩大线下宣传，聘请了吴彦祖等知名艺人为形象代言人在电视台投放广告。广告的投放带来了良好的效益，也促使 PPG 谋求风投的帮助以便进一步扩大广告投放范围。在诸多风投加入后，PPG 的广告开始蔓延到全国各个角落，电视、报纸、杂志、网络等都可以看到它的身影，这在相当大程度上宣传了网购的商业模式，但对企业而言，却隐藏着成本过大的危机。（资料来源于杜辉 2016 年在《财经国家周刊》第 23 期发表的文章《PPG：转瞬即逝的流星》。）

是，当企业没有成长为真正的大猪、不具备足够的实力之前，最好不要将大量投资放到事实上成为行业公共物品的领域，而是首先要着力形成自己独特的核心竞争力和可持续的商业模式。

商业竞技场中这类后浪推前浪、前浪倒在沙滩上的事很多。对于中小企业来说，往往不宜走在太前面，以己弱小之力提供行业共享之利。在很多场合，采取等待、模仿、跟随策略或许是更为明智的。事实上，很多可圈可点的互联网巨头公司最初都不是第一个吃螃蟹的人：Airbnb 在 VRBO 出现 10 多年后才成立；微博借鉴的是推特；阿里巴巴是在 eBay 进入中国之后的 1999 年成立；百度借鉴的是谷歌；优步则模仿了 Lyft 的 P2P 出租车商业模式。

当然，这里面就有一个重要的前提，就是在大猪主导的市场中，大猪之所以可以接受小猪搭便车的行为，是因为后者没有触犯到自己的核心利益，否则大猪不可能容忍。在博弈论案例中，就有这样一个例子：在美国碳酸饮料市场，可口可乐和百事可乐大约占据了 70% 的份额，另外 30% 的份额尽管比例不算大，但绝对量是很可观的，由很多非著名品牌的软饮料公司所占有。有一家叫 Scott 的饮料公司，曾一度雄心勃勃地策划占据美国碳酸饮料市场 30% 的份额，由此触犯了大猪的根本利益，结果被两大可乐公司联手打压而销声匿迹了。

3.1.3　美国西南航空公司与小狗策略

智猪博弈告诉我们，小猪在没有成长为强壮的大猪前，最好是选择跟随策略，并且不要去侵犯大猪的核心利益。也就是说，搭便车对中小企业的发展来说，是一个比较可行的策略，有时候这种策略也被引申为中小企业在进入市场时的一种策略，即所谓的小狗策略（puppy strategy）。在这方面，美国西南航空公司（Southwest Airlines）是一个比较成功的例子。

我们知道，在世界民航业发展史上，美国西南航空公司是一个神奇的存在。2020 年，美国西南航空公司报告了连续 47 年的盈利。从 1973 年第一次石油危机开始到 2019 年的 40 多年里，世界民航业屡受重创。特别是"9·11"事件和后来的 SARS 疫情，使得航空业务量锐减，加之油价暴涨，给了很多航空公司沉重的打击。根据维基百科的资料，1979～2011 年，全球共有 52 家航空公司倒闭或破产重组。在这样的大背景下，美国西南航空公司的成就真可谓是奇迹。这家 1971 年由赫布·凯莱赫（Herb Kelleher）和罗林·金（Rollin King）创建、总部设在达拉斯的地区性小航空公司，从最初的仅有 3 架波音 737 客机在三个城市飞行起步，发展至目前拥有 800 多架客机，每天运营 4000 多个航班，直飞 125 个目的地，是仅次于美国三大航空公司的第四大航空公司。美国西南航空公司是美国民航界唯一连续多年获得 "航班准点率冠军" "乘客满意率冠军" 和 "行李转送准确率冠军" 殊荣的公司，而且更为令人难以置信的是，它还是唯一一家从 1973 年开始，年年都能赢利的航空公司，这在全球航空公司中都是绝无仅有的。

美国西南航空公司的成功很大程度上在于它差异化的战略定位。与其他主要航空公司的枢纽式运营模式不同，美国西南航空公司采用的是点到点（point-to-point）短程直飞的运营模式。在枢纽式运营模式中，一家航空公司通过旗下支线子公司或第三方支线航空公司，先用小型客机将分散的乘客由各中小城市运送到大的干线枢纽机场，再用大型客机将集中的乘客由干线枢纽机场运送到下一个干线枢纽机场，然后再次用旗下小型客机将乘客分散运送到他们要去的最终目的地。这样一来，航空公司必须配备适用于不同航线的大小机型。但是通过点到点短程直飞模式，美国西南航空公司只用一种客机——波音 737，这样就降低了飞行员和维修技术人员的培养费用。而且当任何一条航线上的飞行员、机组人员出了问题，可以很容易地找到替代者。

美国西南航空公司的航班不提供餐饮和联运行李托运，只提供单一舱级（没有头等舱、公务舱）服务。在登机口设立售票机，方便乘客直接购买机票以节省中介佣金。为了节省时间，飞机上不设指定座位，乘客可以像在公交车上那样就近坐下。甚至连登机牌都是塑料做的，可以重复使用。美国西南航空公司主要在二线机场和大城市与市中心距离较短的二级机场之间开设点到点、短程和低成本的飞行服务，主动避开大型枢纽机场，也不设远程航线。在选择机场时，选择那些起降费和候机楼使用费较低，同时能够保证公司飞机快速周转率和准点率的机场，它的基地机场单位登机乘客成本要比一般枢纽机场低

20%～40%。而且相比枢纽式航线网络，点到点网络减少了复杂的管理成本，避免了转机过程中的等待时间，提高了飞机的利用率。所以美国西南航空公司从一开始就以低成本、便捷性取胜于其他主要的航空公司。

那么为什么美国西南航空公司的进入和低价策略，没有受到各大航空公司强有力的阻止和打压呢？首先，美国西南航空公司这种独特的差异化策略，使得无论是在运营成本还是便捷性方面，那些为乘客提供全方位服务的大型航空公司都无法与之比肩。比如由于上述一系列措施的实施，美国西南航空公司飞机的过站时间仅为 25 分钟，甚至更少，这相当于提高了飞机利用率，是其他采用枢纽式运营模式的航空公司难以做到的。美国西南航空公司每架飞机平均每天执行大约 7 个航班，平均空中飞行时间是美国航空业中最长的。它用比其他航空公司少 25% 的飞机投入，飞出了与竞争对手一样的里程和班次。这说明，美国西南航空公司的低票价是以飞机高利用率和运营的低成本为基础的，枢纽式运营模式在成本优势上无法与之相比。因此，即使与其打价格战也是徒劳的。

其次，也是最为重要的是，美国西南航空公司点到点短程直飞模式的这一市场定位，有意避开了与各大航空公司的正面竞争，而去专注开发潜力巨大的短程低价市场。与各大航空公司主要选择的枢纽式机场、高利润远程航线不同，这些短程航线航程在 1～2 小时，平均航距在 1200 公里左右，单位成本高、利润薄，还要面临长途巴士等交通工具的竞争，因此各大航空公司往往无意在这类市场发力，而这恰恰给美国西南航空公司提供了切入市场又不侵犯各大航空公司既有利益的机会。美国西南航空公司的低成本战略使其票价只有同等机票的 60%～80%，完全可以同长途巴士的价格相竞争。通过选择起落在靠近市区的原有小机场或中等城市二线机场的短程航线，美国西南航空公司将自己定位为城际间快捷舒适的"空中巴士"，从不宣称自己是其他航空公司的竞争对手。创始人凯莱赫甚至这样解释道："我们的竞争对手是汽车，而不是飞机。我们要与行驶在公路上的福特车、克莱斯勒车、丰田车、尼桑车展开价格战。客运量早就在那儿，但它在陆地上，我们要把高速公路上的客流搬到飞机上来。"这种独特的市场定位打开了一个新的航空市场，避免了与其他航空公司的直面交锋。多年来，美国西南航空公司始终恪守它的商业模式，专注于短程航线发展而不越界，绝不为扩张而扩张。既然美国西南航空公司的这一市场定位使其不可能在其他航空公司的主要市场上进行全面竞争，那么它对其他航空公司的威胁是有限的，因而其他航空公司也就能够容忍它的存在了。

美国西南航空公司是成功运用小狗策略的一个范例。当一家新的幼小企业要进入由一个强大的垄断商或者几个垄断寡头占据的市场时，需要的是低调、借势，而不是正面交锋。新企业在具有与强大竞争对手相抗衡的足够实力之前，最好采取避其锋芒、在夹缝中求生存的小狗策略。要善于发现原有垄断企业不屑或无法顾及的具有发展潜力的细分市场，逐步建立和形成自己差异化的市场定位和具有独特竞争力的商业模式，通过深耕边缘、空白市场，迂回作战来获得发展，而不是以正面对抗、抢占原有市场的方式出现在市场上。只有当新进入者并不触及原垄断企业的核心利益时，原垄断企业才能容忍新进入者。因为对于原垄断企业而言，既然新进入者对它利益的影响是有限的，那么容忍新进入者可能会比挑起价格战导致利润率全面下降要好。在这种情况下，新企业才能得以立足和发展。新企业可以利用原垄断企业不将自己视为主要竞争者为自己谋取利益，一步一步地把自己做大、做强。但新企业不能太贪心，不要被扩张的前景所诱惑，在羽翼未丰时就试图与原垄断企业展开全面较量，从而招致垄断企业不得不对其进行毁灭性打击。

3.2　情侣博弈、猎鹿博弈和聚点均衡

迄今为止我们所讨论的博弈都只有一个纳什均衡。或许有人会问：是不是所有的博弈都只有一个纳什均衡？是否存在多个纳什均衡的博弈？实际上，纳什均衡的存在性不等于唯一性，许多博弈存在多个纳什均衡，即多重均衡（multiple equilibrium）。当一个博弈存在多重均衡时，究竟哪个纳什均衡能成为博弈的最终均衡结果，往往需要进行协调，我们将这一类博弈称为协调博弈（coordination game）。

协调博弈是继囚徒困境博弈后，又一种被广泛研究的博弈类型。协调博弈本身又有不同类型。在接下来的两节中，我们主要介绍其中的两类协调博弈：

一类是博弈各方都希望各自的行为趋向一致，这类博弈我们称之为同向协调博弈；另一类是博弈参与者的选择必须相左，我们称之为反向协调博弈。

3.2.1 情侣博弈

情侣博弈也叫性别战（battle of the sexes），最初也是由纳什提出的，卢斯（Luce）和雷法（Raiffa）命名了它，并以一个故事与之相连。

假设一对情侣过周末，男孩偏好看足球赛，女孩则喜欢看芭蕾。我们在博弈矩阵用数字 2、1、0 来分别代表得益水平的高低。如果这对情侣都去看足球赛，则男孩不仅能跟心仪的女孩在一起，还能看自己喜欢的球赛，对应 2 个单位的得益。对于女孩而言，尽管不太喜欢足球，但是和心仪的男孩在一起是开心的，她的得益为 1。类似地，如果两人都去看芭蕾，男孩的得益为 1，女孩的得益则为 2。若他们两人分开，无论各自是看足球赛还是看芭蕾，都心不在焉，得益为 0。

我们通过图 3-2 来找出这个博弈的纳什均衡。

女

策略	足球	芭蕾
足球	2, 1	0, 0
芭蕾	0, 0	1, 2

（男）

图 3-2　情侣博弈

首先，我们考虑男孩的占优策略：如果女孩选择足球，男孩选择足球得 2，选择芭蕾得 0，他应该选择足球；如果女孩选择芭蕾，男孩选择足球得 0，选择芭蕾得 1，他应该选择芭蕾。换句话说，如果女孩选足球，男孩就选择足球；如果女孩选芭蕾，男孩则应该选芭蕾。显然，在这个博弈中，男孩是没有占优策略的。考虑到这个博弈的对称性，女孩的反应和男孩是一样的：如果男孩选择足球，女孩也应该选择足球；如果男孩选择芭蕾，女孩当然也会选芭蕾，女孩也没有占优策略。

在参与人都不存在占优策略的情况下，如何才能找出纳什均衡呢？下面我们介绍寻找纳什均衡的一个更一般的方法——最优反应法。

我们需要紧扣纳什均衡的含义（给定你所做的，我所做的最好；给定我所做的，你所做的最好）来探寻。更具体一点，我们用所谓的画线法：给定女孩看足球，男孩选择看足球得 2 大于看芭蕾得 0，我们在 2 下面画线；给定女孩看芭蕾，男孩选择看芭蕾得 1 大于看足球得 0，我们在 1 下画线。这条线就代表符合纳什均衡的定义"给定你所做的，我所做的最好"的一个符号标记。

纳什均衡还要符合"给定我所做的，你所做的最好"。给定男孩选择看足球，女孩选择看足球得 1，选择看芭蕾得 0，女孩的最优反应是选看足球，于是我们可在 1 下面画线。给定男孩选择看芭蕾，则女孩看足球得 0，看芭蕾得 2，我们在 2 下面画线。这样我们就得到了两组数字下面同时被画线的策略组合，这两组策略组合都是纳什均衡：一起去看足球赛 { 足球，足球 }，以及一起去看芭蕾 { 芭蕾，芭蕾 }。

情侣博弈存在两个纳什均衡。这一博弈结构的基本特征是：参与者双方既存在共同利益，也有偏好上的差异。他们宁愿在一起看同一个节目，也不愿分开各自看各自喜欢的节目。同时，给定双方看同一个节目，又各自偏好于选择看自己喜欢的节目。所以这样的博弈结构与囚徒困境的结构是不同的，它没有占优策略。每一个参与者必须考虑另一个参与者的选择，然后根据对方的选择找出自己的最优选择。这就是说，尽管参与者之间存在着偏好上的利益冲突，但毕竟同向协调的均衡结果对彼此更为有利，这使得他们更加关注彼此之间的策略协调。

有许多与情侣博弈类似的协调博弈，未必存在参与者偏好上的差异，然而同向协调能够比非均衡状态获得更多的利益。比如交通规则，汽车可以在道路左侧前行，也可以在道路右侧前行，但一个国家或地区通常只能规定一种方式；电器的电压可以是 110 伏特，也可以是 220 伏特，但是一个地区通常使用一个标准，以免给用户带来困惑。类似地，还有存在多个纳什均衡的例子。比方插线接口、CD 的尺寸、键盘上字母和符号的位置等，原则上多种尺寸或位置都可以，但若用统一的标准化尺寸的接口、CD 和标准化的键盘，产品的兼容性就会更好。

通常最早出现的技术标准，很可能会被追随而成为行业标准，这就是所谓的先发优势（first-mover advantage）。这种先发优势在网络效应（network effect）明显的信息产业表现得尤为显著。这里的网络效应是指，当一个产品的用户数越多，该产品对用户的价值就越大，这反过来又能吸引更多用户使用该产品。网络效应使得具有先发优势的技术创新者，可以通过控制标准而实现赢家通吃。因此，如果从产品进阶的角度看，最早的市场竞争主要是基于成本领先的价格竞争，随后逐步发展为基于产品差异化的品牌竞争，而现在基于技术领先的标准竞争，成了市场竞争甚至国与国之间竞争的焦点。

诸如情侣博弈这类协调博弈还提示我们，并非所有的博弈都是一方获利而另一方必然受损的零和结构，很多场合下是有可能双赢或者共赢的。另外，如果我们放宽同步一次博弈的预设前提，允许事先沟通协调的话，有助于解决多重均衡的问题，这也体现了沟通的重要性。比如上述例子中的男孩为女孩买了周末的芭蕾舞票，却没有事前告诉她，想到时候给她惊喜。女孩也同时为男孩买了足球票，也没告诉他。等到周末两人把票拿出来，双双傻眼！如果能事先沟通，或许少了一份惊喜，但是对这对情侣而言却是最好的均衡结果。

这就使我们想起欧·亨利的短篇小说《麦琪的礼物》。它讲的是一对经济拮据的夫妻，丈夫吉姆有一块祖传的金表，但是没有合适的表链；妻子德拉有一头美丽的长发，却缺少与之相配的发梳。在圣诞前夜，俩人分别悄悄外出为对方购买礼物。丈夫把金表卖了给妻子买了全套玳瑁梳子，妻子把长发剪下卖了给丈夫买了白金表链。一段非常感人的爱情故事，但结局却是彼此都不愿意看到的非均衡状态。

3.2.2　猎鹿博弈

猎鹿博弈（stag hunt game）最早是由法国哲学家卢梭提出来的。猎鹿博弈也是同向协调博弈的一种，它反映了协调合作与效率的关系。

故事是这样的。山里有猎人 A 和 B，他们同时并独立地决定是去捕兔还是猎鹿。如果 A 决定捕兔，不管 B 是捕兔还是猎鹿，A 都可以捕到一只兔子，相当于 4 单位的食物。B 同样如此。但是如果去猎鹿的话，就必须两人合作才能成功，这时每人可以得到 10 单位的食物。如果只有一人猎鹿，那他什么都得不到（见图 3-3）。

猎人B

策略	捕兔	猎鹿
捕兔	4, 4	4, 0
猎鹿	0, 4	10, 10

猎人A

图 3-3　猎鹿博弈

应用画线法很容易得出猎鹿博弈存在两个纳什均衡：都去捕兔，每人得益为 4；合作猎鹿，每人得益为 10。显然两人合作猎鹿的得益要优于都去捕兔，或者说 {猎鹿，猎鹿} 帕累托占优于 {捕兔，捕兔}。但问题是，如果 A 对 B 是否会去猎鹿心存怀疑的话，那他就应该去捕兔。也就是说，如果参与者双方能够协调行动，彼此都能获益，但若缺乏信任，就可能会导致不合意的结果。

2023 年 6 月，通用汽车公司和福特公司宣布，将从 2025 年开始使它们的电动汽车可以使用特斯拉的充电端口，并且会共用特斯拉超级充电站。此消息一出，特斯拉股价连续上涨了 11 天，市值增加了 2000 亿美元以上。通用汽车、福特将为特斯拉充电网络增加数百万用户，因为此前通用汽车计划到 2025 年实现 100 万辆电动汽车的产能，福特则公开宣布 2026 年电动汽车产量将超过 200 万辆。传统燃油车巨头的转型和大幅增加的需求会为特斯拉带来一笔可观的收入。

不仅如此，最重要的是，预期的充电收入和销量只是表象，真正给市场带来信心的是，通用汽车、福特的加入，意味着特斯拉有可能成为北美电动汽车市场上的基础设施提供商，这将大大提升特斯拉充电网络的价值。截至 2024 年 8 月，特斯拉在美国约有 23 000 个充电桩，特斯拉、通用汽车、福特这三家美国最大的汽车制造商之间的合作，确保了当地 60% 以上的电动汽车可以支持特斯拉的标准，这表明这个充电网络将是美国市场上规模最大的快速充电网络。如此一来，潜在的购车者更倾向于购买与该类充电端口一致的车型——无论是特斯拉，还是通用汽车公司或者福特公司的车，而其他接口的品牌汽车和充电桩都会受到打击。

也就是说，在当前市场格局下，通用汽车、福特加入特斯拉的整体产业网络，除了自己的用户能享受更好的快速充电体验，也能够提升自身的品牌形象和市场竞争力，更有利于与其他车企的竞争，而特斯拉也依托通用汽车、福特的加持，更有效地提升了充电网络的覆盖面。

这种产业协同相当于双方合作猎鹿，共同实现了更高的利益。事实上，深谙此道的特斯拉早在 2014 年就做过一件更为惊人的事——免费公开所有专利，并且将不会对那些善意使用技术专利的人提起专利诉讼。这实际上就是为了联合电动汽车产业链各方，合力推动电动车对燃油车的替代进程。毕竟，在核心部件、材料工艺、制造装备等行业共性技术方面，并非一家公司能够单独完成，还需要产业协同。而特斯拉长期着力于产业协同，也确实为自己和整个电动汽车行业的相关企业都带来了极大的进步。

我国的新能源车企也存在类似的协调合作。比如，蔚来汽车是电动车企中在换电、充电模式两条路径上都积极推进的企业。换电模式需要庞大的网络覆盖、技术积淀和资金投入，截至 2024 年 6 月，蔚来汽车经过协调与上汽通用、长安、江汽集团、深蓝、智己、中国一汽、广汽等多家车企及相关行业企业，开展全方位换电合作，共同享受蔚来提供的覆盖广、体验高效的充换电服务。

尽管如此，我国汽车行业的产业协同仍然有待加强。比如，2023 年 4 月长城汽车公司向生态环境部、国家市场监督管理总局、工业和信息化部举报比亚迪秦 PLUS DM-i、宋 PLUS DM-i 采用常压油箱，涉嫌整车蒸发污染物排放不达标。比亚迪则反驳称，按照国标要求，测试车辆需事先完成 3000 公里的磨合，而长城送检的测试车辆只行驶了 450～670 公里，不符合送检状态，检测报告应当无效。比亚迪的声明直言长城汽车公司的行为是不正当竞争，并且在声明书的末尾写道："新能源事业发展至今，相当不易！中国品牌发展至今，也相当不易！希望大家多做有益于行业，有益于中国品牌的事情！"

中国新能源汽车的发展尽管如火如荼，但比亚迪与长城汽车是为数不多保持盈利的企业，其他企业大多还处于连年亏损中。如果这两家盈利的行业主要企业以公开举报和声明的方式相互拆台，着眼于自顾自地"捕兔"，恐怕未来的联合攻关、产业协同就很难想象，这对我国电动汽车行业的发展是不利的。

实际上，产业政策的有效性，常常就在于通过政府这个权威机构擘画的蓝图，引导相关企业和机构的预期，实现较好的猎鹿博弈均衡。产业的发展需要整个生态系统中各企业的跟进，如果电池、电机等企业不进入新能源车需要的产品系列研发、生产，整车企业的转型就会裹足不前，相当于大家都保守地"捕兔"。一家企业如果不考虑产业生态系统中别的企业的投资、转型，自顾自地进入新的领域，很可能如同独自猎鹿的人，一无所获。政府的预期引导、舆论宣传、引导资金流向等政策措施，有利于相关企业对发展新的产业形成稳定的共同预期，从而各自在产业生态中的各部分投资、发力，一起实现未来更高的目标。

区域规划也是如此。一个具有若干优越条件和发展潜力的地区，未必能够实现快速发展。因为工业企业是否投资可能取决于是否有基础设施、基础服务业、医院、学校等配套，而这些基础设施机构的设立也依赖于其他企业是否进驻该地区。没有服务业配套，工业投资者会亏损；没有工业投资者，医院、学校可能认为该地缺少足够的人口，不宜兴建分支机构。所以各类机构同时在该区域进驻、投资，对各方都是有利的。只是，如果没有政府明确的区域规划，单个布局该区域的企业就会担心自己成为没有帮手的猎鹿者。而政府的区域规划和引导，会使得企业意识到，参与该区域的投资开发，将不再是自己的独立行动，别的企业也会进驻，这样自己的投资是会有回报的。经济特区、浦东开发、长三角区域规划、上海市"五大新城"规划等，都是如此。

猎鹿博弈再一次表明，人类社会相互信任、协调合作可以带来更大效益，我们会在本书的第二部分专门讨论这一问题。

3.2.3　聚点均衡

在协调博弈中，如果参与者的一致性预测均汇合于多重均衡中的某一个，那么这个均衡就成为聚点（focal point）。谢林于 1960 年在《冲突的战略》一书中首先提出了"聚点"这个概念，所以聚点又称为谢林点（schelling point）。谢林认为，大多数博弈参与者通常知道在有多重均衡的博弈中该怎么选择，而且经常能够相互理解彼此的行为。

谢林在哈佛大学授课时，曾经对学生做过一个问卷调查。在问卷中假设学生某天要在纽约和一个陌生人会面，会面的时间和地点都没有事先约定，彼此又无法联系。在这种场景下，他让学生给出自己选择的会面时间和地点。结果大多数人都选择了中午 12:00 在纽约中央火车站。

为什么学生们提到纽约会首先想到中央火车站呢？一个可能的解释是，当时学生们大都是搭乘火车从波士顿前往纽约的，而中午 12:00 是上午、下午的分割点，也是大部分人会想到的第一个时间。所以一说到在纽约会面，学生们的第一反应就是中午 12:00 在中央火车站会面，而且他们预测对方大概率也会这么想，结果成功了。

与纽约其他会面场所相比，中央火车站不见得是一个更优的地点，但是因为它经常作为人们会面的地点，这种一致性预测所形成的共同信念使它成了一个自然的聚点。因此在谢林看来，多重均衡中某个点之所以会成为聚点，是因为博弈各方的文化和经验，使他们相信这个点是大家容易想到并习惯选择的。

在多重均衡的博弈中，所有参与者同时选择聚点而形成的纳什均衡称为聚点均衡，聚点均衡是多重均衡中比较容易被选中的纳什均衡。一个协调博弈是否存在聚点均衡，取决于诸多因素。这里既有历史的、文化的传统，也有技术上的原因；既有约定俗成的风俗习惯，也有参与者们的共同经验，甚至完全是偶然因素。

比如我们之前提到的交通规则，靠左行驶或靠右行驶都是纳什均衡，而不同国家交通规则的确立离不开特定的历史成因。事实上，靠某一侧行驶的交通规则比汽车出现的历史还要悠久。早期骑士阶层在英国社会中起了重要作用。

骑士需要靠路的左边骑马，因为左手提缰，右手握剑，一旦与对手过招儿，处于道路左方便出手。反之，如果在道路右侧骑行，打斗时要么拨转马头，要么身体大幅左转，无论如何都是不利的。既然骑士骑马靠左前行，马车也就靠道路的左侧行驶了。后来汽车被发明，依然如此。这一交通规则后来被英国带到所有英联邦国家和地区。

法国的传统则是左边为贵，权贵的马车靠左行驶，行人靠右。左行象征着特权阶层，而右行象征大众。法国大革命之后，为了挑战权贵意识，重建新秩序，法国出台了车辆右侧行驶的规则，此后右侧行驶被进一步扩展到许多大陆国家。

靠左或靠右行驶本来都是纳什均衡，只是在特定背景下，使均衡汇集到一个特定的聚点。今天，全世界约有 34% 的国家和地区汽车靠左行驶，66% 的国家和地区靠右行驶。

影响聚点均衡形成的因素还与文化有关。当一种均衡行为因文化因素的影响被广泛接受时，就会成为习俗或自发秩序而被人们自觉遵守。比如在人口密度较低的农业文明时期，农户通常会将个人生产剩余的物品带到附近集市进行交换，以获取日常生活需要的其他物品。由于这种经济活动的规模和生产专业化程度不足以支撑每天运营的市场，因此，某些时日买卖双方都凑在一起的集市就成为必要。原则上，一年 365 天中任何一天都可以作为开集日。那么哪些天作为聚点呢？大家一般会约定俗成地选择某些特殊的日子或者采用一些宗教日和世俗节日，比如西方的圣诞节、中国的元宵节等，形成一些较大规模的集市。

也有聚点均衡的形成是因为它本身更受注目，具有异于其他纳什均衡的特点。比如欧米茄（OMEGA）手表代言人辛迪·克劳馥，当年在参加超模评选时，几位候选人都很出色，评委为什么最后选了辛迪·克劳馥呢？据说是因为辛迪·克劳馥有一颗与众不同的唇边痣，这一独有的特征使得评委们把焦点聚集在她身上。这种现象在博弈论中被称为"辛迪·克劳馥痣效应"，它代表一类聚点均衡的形成。

这么说大家可能不一定容易接受，但只要看国内《超级女声》比赛就容易明白了。在第二届超女比赛中，杀入最后决赛环节的有李宇春、周笔畅、张靓颖三位歌手。事后来看，李宇春未必是三个歌手中唱歌最好的，可是为什么最后李宇春被选为冠军？一个可能的原因是，李宇春有中性的外表和打扮，与其他两位歌手的区分度比较大，这种独特的形象使得大家都认为她会被看好，从而把焦点汇合在她身上。

凯恩斯曾经用选美来比喻股票市场。在股票市场上，每个投资者都想购买股价在未来会上升的股票，这意味着被大部分投资者看好的热门股票的股价一定会上涨。这在一定程度上说明了为什么上市公司和中介机构都喜欢炒作一些话题。事实上，这些热门话题就类似辛迪·克劳馥的那颗唇边痣，目的就是引起人们对公司的关注，从而吸引更多投资者以拉升股价。特别是在存在大量散户的股票市场，有时均衡甚至会因一时狂热追捧而确定。

总而言之，在协调博弈中，参与者的策略选择是同时进行的，每个参与者选择自己的策略前并不能观察到对方的选择，因此无法根据对方的选择做出自己的最优反应。但是参与者可能会基于传统习惯、共同经验甚至是有根据的推测，对对方的选择形成一种信念，而聚点均衡就是所有参与者对这种共同信念做出的回应。就这个意义而言，聚点均衡也是参与者对策略选择的一致性预测的结果，如果所有参与者都推测一个特定的聚点将出现，那么没有参与者有兴趣做不同的选择，这时预期就会自我实现。

最后需要指出的是，聚点均衡的形成和预期的自我实现这一特性，有时会导致事先没有意料到的后果。比如当大家都认为某家企业要出事的时候，资金就会纷纷逃离，很容易将一家本可以持续经营的企业拖入违约甚至破产的境地。因此，无论是对企业还是对社会而言，预期管理都是一个非常重要的课题。

3.3　懦夫博弈和边缘政策

上一节所述的协调博弈，参与者需要采取一致行动，是一种同向协调博弈。这一节要讲的协调博弈则与之相反，是一种反向协调博弈，即懦夫博弈（chicken game），也被称为斗鸡博弈或胆小鬼博弈，由梅纳德·史密斯（Maynard Smith）和乔治·普赖斯（George Price）最早提出。在懦夫博弈这种反向协调博弈中，参与者需要尽量避免而不是选择一致的行动，否则一旦协调失败，后果将会非常严重。

3.3.1　懦夫博弈

懦夫博弈讲述的是两个追求惊险刺激的车手，以冲撞的方式进行决斗的场景。两个车手各驾驶一辆车相向而行，车手必须在急速直冲过程中决定转弯以避免冲撞，还是坚持直冲过去。在这个比赛中，如果只有一方转弯，则转弯者就算认输并被认为是懦夫，得 1 分，而直冲者获胜，得 3 分；如果两个人都转弯，则不分输赢，各得 2 分；如果两个人都直冲下去，最后车毁人亡，都得 0 分（见图 3-4）。

乙

甲 \ 策略	转弯	直冲
转弯	2, 2	1, 3
直冲	3, 1	0, 0

图 3-4　懦夫博弈

运用画线法，我们可以发现这个懦夫博弈的纳什均衡也是两个：甲直冲，乙转弯；乙直冲，甲转弯。在懦夫博弈的这两个纳什均衡中，每个均衡都代表一方因强硬而成为胜者，另一方因软弱而成为懦夫。因此对于每个懦夫博弈参与者来说，都强烈偏好选择自己是胜者、让对方成为懦夫的均衡；最不希望双方都坚持强硬，造成协调失败，进而两败俱伤。另外，对每个参与者来说，双方都选择软弱比只有自己一方当懦夫的结果要好。

在懦夫博弈中，当两车相向行驶，距离越来越近时，博弈双方面临的风险将不断增大，每个参与者都在试探对手能够承受的风险极限，第一个达到极限的参与者将率先转向。这也表明，如果参与者中的一方是不理性的人，而另一方是理性的人时，不理性的人就有可能成为博弈胜出的一方。因此，对于博弈参与者来说，树立一种粗暴、不计后果的形象，让对手相信自己是一个不理性的人，往往可以使自己在这种对局中获得好处。比如在急驶过程中，当着对手的面突然拔出方向盘并扔到车外，那对手很可能被你的这种气势吓倒而转向认怂，这就是所谓的"理性地选择非理性策略"。当然，这种策略也有风险。如果到最后发现对手和你一样也采取非理性行为时，可能为时已晚，最终车毁人亡。

3.3.2　古巴导弹危机与边缘政策

懦夫博弈引申出一个重要的概念——边缘政策（brinkmanship）。

边缘政策最初由美国前国务卿杜勒斯于 1956 年提出。他说："美国不怕走到战争边缘，但要学会走到战争边缘又不卷入战争的艺术。"这种政策意图通过强力的举措使对方就范，同时避免自己陷入战争。

我们须知，战争要付出生命，哪怕对战胜国来讲都是代价巨大的事。有些战争是迫不得已的，比如外族侵门踏户，不战亡国。但对于有些战争，如果站在广大民众和士兵角度思考的话，就得慎之又慎了，因为战争毕竟会造成山河破碎、生灵涂炭。然而，在强权面前若避战、畏战，也会陷入被动，核心利益就会被侵犯。边缘政策在一定程度上平衡了这两个方面。边缘政策在古巴导弹危机中得到了充分体现。

1962 年夏末秋初，苏联在赫鲁晓夫领导下，开始在古巴部署中程弹道导弹，其射程可以覆盖包括华盛顿特区在内的美国大多数城市和军事设施。美国监视古巴本土及其海上行船的系统发现了一些可疑活动。10 月 14 日和 15 日，理查德·海泽少校驾驶美国 U-2 侦察机，拍摄到了正在古巴建造中的中程导弹发射基地，而且距离佛罗里达海岸只有 90 英里[⊖]。这是苏联第一次试图把其导弹和核武器部署在本土之外的地方，假如成功，将大大提高对美国的威慑力。

1961 年 4 月，在美国支持下的古巴流亡者武装入侵古巴的"猪湾事件"的失败，已经使古巴问题成为肯尼迪政府政治上的"阿喀琉斯之踵"。如果不能让苏联将导弹从古巴领土上撤出，不仅会严重损害美国政府的声誉，还可能危及肯尼迪的总统地位。为此，肯尼迪成立了专门的国家安全委员会执行委员会讨论对策。该委员会由政府和军方最高层的部分成员组成，以图在危机期间帮助肯尼迪做出各项决定。经过持续一周的激烈争论，选项集中于空袭和军事封锁。委员会中的强硬派军人认为美方应进行一次大规模的空袭，而非军人成员则认为空袭或入侵有可能引发苏联方面的军事行动，对美国造成重大打击，因而更倾向于选择军事封锁。由于对启动一次可能导致核战争的行动所应负的责任深感压力，肯尼迪本人的立场也从最初先发制人的空袭方案转向军事封锁。最终，持两种立场的报告都被递交上来。

在 1962 年 10 月 20 日的一次非正式投票中，军事封锁以 11∶6 的投票结果取胜。10 月 21 日早上，肯尼迪决定采取军事封锁计划。随后他又要求，在 10 月 22 日早上之后，军队应该随时准备好对古巴的导弹基地和空军机场发动空袭。10 月 22 日，许多西方领导人提前被简单告知了美国将对古巴采取行动的决定。当日，肯尼迪对驻扎在意大利和土耳其的美国火箭基地司令做出指示，除了来自他本人的直接指令，任何人不得发射这些火箭。中午，美军方开始装载其 1/8 的 B-52 核导弹到火箭上，随时候命。下午 7 点，肯尼迪发表电视讲话，向全世界正式宣布对古巴实施军事封锁行动，并要求苏联向古巴运送导弹的船只立即停止航行，撤除已经部署在古巴的导弹。

尽管联合国随即开展了几次商讨，联合国秘书长吴丹以及一些国家领导人和国际事务协调人从中斡旋，但是并未改变整个事件的走向。

⊖ 1 英里 = 1609.344 米。

从 1962 年 10 月 23 日到 10 月 25 日，苏联方面否认了导弹部署，并将本国船只驶向对抗线。苏联领导人赫鲁晓夫宣称，如果美国在封锁线处阻止苏方船只前行的话，他将下令击沉美国船只。但与此同时，苏方也在寻找结束危机的渠道。

就在肯尼迪发表演讲前后，还发生了许多事情。为了防止古巴的过激反应，在肯尼迪发表电视讲话的同时，美方派出了 22 架空中拦截机飞往古巴。同时，洲际弹道导弹基地进入警戒状态，核潜艇也驶出基地。1962 年 10 月 23 日下午 7 点，肯尼迪签署了公告，正式划定封锁线，并宣布于第二天上午 10 点起正式对古巴进行封锁。当天晚上，肯尼迪采纳了英国大使的建议，将美方的封锁线从距离古巴800 公里处拉近到 500 公里处，好给苏联方面更长的时间考虑如何回应。10 月 24 日早上 10 点，封锁正式开始，两艘苏联货船向距离古巴 500 公里的封锁线驶近。五角大楼有史以来第一次进入戒备状态，美国所有 1400 枚核弹处于 24 小时警戒状态。

1962 年 10 月 26 日，肯尼迪发布命令，要求不得采取任何激怒苏联的行为，避免让其相信或者以为可能即将被袭击。同日，赫鲁晓夫给肯尼迪写了一封和解信，提出只要美国承诺不入侵古巴，苏联就将导弹撤出。但随后，可能由于美军在执行封锁过程中并没有过于挑衅的行为，再加上美国国内出现了一些带有鸽派味道的言论，赫鲁晓夫的态度很快又变得强硬起来。

美国国家安全委员会执行委员会意识到，光靠封锁是不能解决问题的，一个没有明确期限的威胁很容易因对方的拖延而被削弱。更令美方不安的是，美国情报部门发现苏联在古巴部署战术核武器。随后，紧张局势迅速升级。美国空军预备队下达了动员令，空袭将于1962 年 10 月 29 日，或最迟是 10 月 30 日展开，事态朝着入侵的方向发展。同时，肯尼迪通过苏联驻美大使私下给赫鲁晓夫递交了一封措辞强硬的信件，在这封最后通牒的信中，肯尼迪提出：①苏联立即撤出部署在古巴的导弹和轰炸机，并且要在联合国监督下核查不能再有新的船只驶入古巴；②美国承诺不入侵古巴；③几个月后美国从土耳其撤出自己的导弹，但若苏联在公开场合提到它或者将此事与古巴导弹危机相联系的话，美国将放弃这一行动。他要求苏联在 12～24 小时内给予答复，否则将有灾难性后果。

1962 年 10 月 28 日（星期天）上午，苏联无线电广播电台播送了赫鲁晓夫回复给肯尼迪的一封信的内容，声明将立即停止古巴导弹基地的建造工作，并将拆除的导弹运回苏联。肯尼迪立即表态对此十分欢迎。双方刀枪入库，古巴导弹危机就此得以了结。 ⊖

3.3.3　边缘政策的潜力与风险

古巴导弹危机是边缘政策的一个案例。边缘政策要求有所保留地放弃对博弈结果的控制，它试图告诉对手，发起者将全力捍卫自己的利益，甚至冒冲突和战争的风险也在所不惜，借此改变对手的期望以达到遏制的目的。这一策略的实质在于通过故意制造风险，将自己的对手带到灾难的边缘，迫使对手难以承受从而妥协和退让。

边缘政策与《孙子兵法》中"不战而屈人之兵"的思想有某种相似性。它的发起者并非真想发动一场战争，而是希望在没有挑起战争的情况下通过强力胁迫达到既定目标。这种策略有时确实非常有效，可以起到事半功倍的效果，但有时也会十分危险。

边缘政策也会出现在我们社会经济生活的方方面面，例如夫妻之间、父母和孩子之间、公司下属和上司之间、企业和企业之间，等等。我们每个人日常都在或多或少、自觉不自觉地使用或者应对这种策略，只不过程度大小不同。因此，对于这种策略的潜力和局限性的清晰理解和把握对我们每个人都非常重要。

⊖ 根据迪克西特，斯克丝，赖利 . 策略博弈 [M]. 4 版 . 王新荣，马牧野，译 . 北京：中国人民大学出版社，2020；道奇 . 哈佛大学的博弈论课 [M]. 李莎，胡婧，洪漫，译 . 北京：新华出版社，2013；艾利森，泽利科 . 决策的本质：还原古巴导弹危机的真相 [M]. 王伟光，王云萍，译 . 北京：商务印书馆，2015 等整理。

首先，是"先眨眼"问题。边缘政策的发起者之所以能够通过故意制造风险以胁迫对手，是基于对双方在风险承受能力上存在差异的信念的。换句话说，赌的是对手对该风险的承受能力低于自己，因而会"先眨眼"。这点很重要，因为如果情况不是这样，在对手承受力达到极限之前，风险已经高到让你自己无法承受，即当对方还未眨眼时你自己已经先眨眼了，那么这种发起和施压就变得毫无意义，搞不好还会自取其辱。有时，父母和孩子的对峙就是这样的例子。

我们知道，一些在学校和家庭得不到肯定和鼓励、学习成绩欠佳的孩子，很容易会迷恋上网络游戏，在网络游戏的虚拟世界中收获快感和自信，有的孩子甚至会沉溺其中不能自拔。许多父母为此伤透了脑筋，多次劝说甚至打骂都无济于事。闹到后面，做父亲的往往会大发雷霆："你再这样，给我滚出去！"孩子说："滚就滚！"孩子就离家出走了，真的一两天不回家，父母开始慌了，发动亲戚朋友到处去找。从此以后，"先眨眼"的父母再也不敢提让孩子"滚"了。由此可见，在采取和应对边缘政策前，参与者需要对彼此的风险承受能力有清楚的认识。在对待孩子的问题上，要慎用极限施压的策略，因为任何对孩子的伤害，首先伤到的是父母自己。

其次，是跌落边缘。作为一种巧妙安排且危险的策略，边缘政策会将你的对手和你自己置于灾难发生的可能性逐步增大的风险之中。它之所以能对对手起到威慑作用，正是因为这种策略随着风险加大存在失控的危险。在这里，边缘就好比一道光滑的斜坡，一旦双方都不妥协或者因某种原因擦枪走火，都有可能使局势失去控制，双双从光滑斜坡迅速跌落，造成难以挽回的灾难性后果。仍以我们日常生活为例，有些夫妻离婚，往往就是局势失去控制最终跌落边缘的表现。夫妻天天相处，有点矛盾纠纷在所难免，但有的夫妻激烈争吵时，一方会拿离婚来威胁。考虑到结婚多年毕竟还有些感情，再加上有的夫妻还有孩子，每当遇到这种情况时另一方往往就会退让，妥协认怂。而强硬方以为抓到了对方的软肋，吵架时每每祭出这个撒手锏，甚至激烈争吵时还准备好了离婚协议书。另一方一忍再忍，最终实在感到忍无可忍，一气之下就可能签了。很多夫妻离婚本来是可以避免的，但由于自觉或不自觉地不断增大风险，最后大家下不来台阶了，这就是边缘政策导致人们误入歧途的例子。

我们使用边缘政策的本意是在没有挑起战争情况下达成目标，其根本目的是逼退对手，而不是共同跌落边缘。就这个意义而言，边缘政策可以说是一个微妙且危险的策略，发起者需要对双方可能的行为走向有充分的认识和基本把握。这方面古巴导弹危机是个很好的范例。在整个危机过程中，美国选择的所有策略可以说都是经过精心谋划的。力争在不挑起大规模战争的情况下，逼迫苏联从古巴撤走导弹的目标，从一开始就被明确下来。在危机中，肯尼迪并不是采取简单粗暴的"头碰头"式的极端对抗，而是采用小步向前的渐进战术。从宣布封锁，到封锁的具体实施，再到发出准备对古巴进行空中打击的最后通牒，整个过程是逐步升级的。一旦某个阶段风险升级被认为是必要的，那么接下来就要分析由此采取的行动可能会把对手推出多远，会使得对手做出什么样的反应。在这里需要事先考虑到各种可能的后果，确保不会因贸然行动而导致完全失控，这就是所谓的"受控的失控"。据美国国家安全委员会执行委员会委员、美国司法部长、总统的弟弟罗伯特·肯尼迪后来回忆，古巴导弹危机所得出的重要经验教训之一，就是设身处地为对手着想是很重要的。肯尼迪在试图发起某项行动策略并估计其将对苏联方面产生何种影响上所花的时间，要比他在其他事情上所花的时间更多。在整个危机过程中，肯尼迪所做出的每一项威胁，始终是深思熟虑且程度适当的，每一步危机的升级都为苏联设定了明确的预期，同时又避免将其直接逼入立即采取军事回应的死角而跌落边缘。

最后，不给自己留退路，但要给对手留退路。我们可以想象一下，在懦夫博弈中，如果对方车手将自己捆绑而无法控制汽车时，表明他已经将自己置身于别无选择的境地，只能直冲到底而没有其他退路。在这种情况下，为了避免车毁人亡，你的理智选择显然就应该是转向退让。因此，在谢林看来，一个人束缚或者控制其对手的能力有时需要依靠自我捆绑，也就是他所谓的"烧毁桥梁"。在古巴导弹危机中，肯尼迪在电视上向全世界发表了对古巴实施军事封锁的演讲，以及在危机最后阶段下达动员令，命令按时间节点开始攻击古巴。肯尼迪通过这些公开化的声明和命令，将威胁与自身的声誉相捆绑，通过"烧毁桥梁"断绝了自己可能的退路，表明了不惜背水一战的态度，从而使得从古巴撤出导弹成为苏方避免跌落边缘的唯一选项。

就如肯尼迪后来所言，这种威胁也要避免让对手陷入不是选择屈辱性的失败就是选择发动一场大战的困境。由于所有国家领导人，都需要捍卫本国人民的尊严，任何在外部威胁面前显露出的软弱和在核心利益上的让步，都可能会严重危及领导人的权威甚至政治生命。这就表明，在边缘政策中要避免羞辱对手，那种试图通过将对手逼上绝路，从而使其完全屈服、彻底失败的做法，并非好的选项，而且很可能会使边缘政策走向失败，导致共同毁灭的发生。因此，对于边缘政策的发起者来说，需要不给自己留退路，同时还要在不危及自身核心利益前提下，尽可能地给对方留退路。这就要求他的每一项威胁都隐含一个与此相关的承诺，一旦对手顺从，也能有一个相对比较体面的退路。

肯尼迪在古巴导弹危机过程中成功地运用了这一策略。在向赫鲁晓夫发出的最后声明中，一方面要求苏联必须立即撤出部署在古巴的导弹，并在12～24小时内给予答复，否则将有灾难性后果；另一方面又表示，如果苏联撤出导弹，美国将承诺不入侵古巴，同时承诺几个月后美国从土耳其撤出其部署的导弹。这样一来，尽管古巴领导人卡斯特罗对赫鲁晓夫从古巴撤出导弹极为不满，但这一举措毕竟解决了美国随时可能策划入侵古巴他的这一心头大患，保证了古巴的独立性。而对赫鲁晓夫而言，本来在古巴部署导弹的主要目的，就是为了保卫苏联在北美洲的唯一盟友国家不受美国雇佣军侵犯，同时也是对美国在土耳其部署针对苏联的导弹的一种战略平衡。现在这两个目的都达到了，从而在一定程度上也让赫鲁晓夫对撤回导弹有了相对比较体面的说辞。由此可见，古巴导弹危机的解决，使各方都基本达到了原先所设定的目标，也都各自保住了面子，应该是一个比较圆满的结局。通过"走到战争边缘又不卷入战争"的边缘政策，肯尼迪最终以和平的方式解除了卧榻之旁的核威胁。

本章小结 ✅

智猪博弈说的是强势参与者为维护自身的利益而采取某种策略时，为弱势参与者提供了搭便车的机会。这种弱者与强者之间博弈的策略也可引申出小狗策略，小狗策略揭示了弱者在进入强者所占据的市场时，如何才能获得成功。

当一个博弈存在多重均衡时，究竟哪个纳什均衡会成为博弈的最终均衡结果，往往需要进行协调，这一类博弈称为协调博弈。在协调博弈中，如果参与者的一致性预测均汇合于某个均衡，那么这个均衡就成了聚点。聚点均衡是多重均衡中容易被选中的那个纳什均衡。

情侣博弈基本特征是，参与者双方既存在着共同利益，同时又偏好不同的均衡结果。在情侣博弈中，参与者必须考虑另一个参与者的选择，然后根据对方的选择找出自己的最优选择。尽管存在着偏好上的利益冲突，但他们更关注彼此的策略协调，因为对所有参与者而言，协调的均衡结果对彼此都是更有利的。

猎鹿博弈表明，有时集体无效率的均衡结果并不是由于与个体理性冲突导致的，而是因为达成协调的均衡结果有多个，而合作是实现彼此得益最大化的关键。

与情侣博弈、猎鹿博弈的同向协调不同，在懦夫博弈中，两强相争时要尽量避免选择一致行动。如果协调失败，会产生严重后果。边缘政策是由懦夫博弈引申出来的一个重要的概念。边缘政策的本质在于故意创造风险，并逐步加大风险迫使对手难以承受进而退让。它与《孙子兵法》中"不战而屈人之兵"的思想有某种相似之处，是一种走到战争边缘又不卷入战争的艺术。了解这种策略的应用价值和局限性，对我们每个人都至关重要。

本章重要术语 ✅

智猪博弈　搭便车　小狗策略　多重均衡　协调博弈　情侣博弈　聚点
谢林点　聚点均衡　懦夫博弈　边缘政策

第 4 章

同步一次博弈的进一步分析

前文所讨论的同步一次博弈都具有两个特征：一是博弈的参与者只有两个；二是每个参与者的可选策略是离散且可数的。之所以如此安排，一方面是考虑到学习的规律，由简入难较为合理；另一方面，这样的设定已经能够基本展示博弈的一些精髓与思想。为了进一步扩展同步一次博弈的内容，本章我们将放宽上述限定条件，通过公共物品博弈与古诺模型这两个例子，来介绍多人同步一次博弈和具有连续型策略的同步博弈。在本章的最后一节，我们还将进一步讨论同步一次博弈均衡求解中的风险考量问题。

4.1　多人同步一次博弈

社会对公共物品的需求通常具有多人同步博弈的特征，这一节我们将通过一个简单的三人同步一次博弈的例子，来具体分析为什么公共物品在通常情况下并不能由私人市场有效供给，同时介绍如何通过矩阵来求解多人同步一次博弈的均衡。

4.1.1　公共物品的特征

公共物品（public goods）是指在消费中具有非竞争性（non-rival）和非排他性（non-excludable）的物品或服务。公共物品和我们通常所消费的大多数商品不一样，日常消费的商品具有竞争性的特性。这种竞争性意味着当我们消费某件商品时，其他人就不能再消费这件商品。比如，当我们按照自己的喜好和尺寸，在商场购买了一件衣服并穿上它时，就阻止了其他人穿上同一件衣服，因此像衣服这样的绝大多数商品的消费是具有竞争性的。公共物品是非竞争性的，即一个人对公共物品的消费，并不妨碍其他人同时消费这个公共物品。比如无线电广播、国防等。当我们收听电台广播时，并不影响其他人收听同一个电台广播，这和我们购买衣服时的竞争性消费显然是完全不同的。

公共物品的另一个特征是在消费中具有非排他性。在我们日常生活中，大多数商品和服务都具有排他性特征。比如车企会给车安装车锁系统，只有付费买车的人，才可以得到汽车钥匙并将车开回家。但公共物品是非排他性的，一旦提供了这种物品，那么任何人都可以进行消费。比如国防用于国家安全保障，一旦提供，本国国民都享受到了国防安全保障，新增人口也会享有这项国防安全保障，而且并不因此减少其他国民原本所享有的国防安全保障。

根据是否具有竞争性和排他性，我们大致可以将物品分成四种类型：私人物品、公共物品、公共资源和俱乐部物品。在消费中既有竞争性又有排他性的是私人物品（private goods）。一个人消费了某件私人物品，会减少其他人对该物品的使用。而且私人物品可以通过付费的方式，阻止不付费的人使用该物品。前面所提到的服装、汽车和我们日常生活中消费的商品大多都是私人物品。在消费中既没有竞争性又没有排他性的是公共物品。除了无线电广播、国防、灯塔、法律体系、基础研究等也都属于公共物品，人们对这类物品的消费并不妨碍其他人同时消费此物品，换句话说，增加消费者的边际成本为零。在消费中有竞争性但没有排他性的是公共资源（common resource），我们在前文讲到的可以自由放牧的草地、清洁的空气、海洋中的鱼类、大草原上的野牛和大象等都属于公共资源。由于公共资源在消费中的竞争性，一个人使用公共资源就减少了其他人对它的享用。而公共资源的非排他性，使得所有想使用公共资源的人都可以免费使用。所以公共资源往往会竞争性地被过度侵占和使用，这就是我们前文所说的"公地悲剧"，有效的产权界定是解决公地悲剧的最重要途径。在消费中没有竞争性但有排他性的是俱乐部物品（club goods），比如有线电视、不拥堵的收费道路等。

由于市场机制适用于既有竞争性又有排他性的私人物品，因此公共物品的非竞争性和非排他性特征，使得私人市场有时难以有效提供公共物品。在经济学的教科书中，常常以海上的灯塔为例来予以说明。灯塔是建于航道关键位置附近的塔状发光航标，用于指示航道，标识危险的海岸、沙洲和暗礁。灯塔对于来往船只来说非常重要，是安全航行的重要保障。问题是，灯塔的使用具有非竞争性和非排他性，使得所有船主都可以利用灯塔导航却又不用为这种服务付费。如果建造灯塔者没有办法进行有效的服务收费，就摆脱不了市场失灵的

结局，因此大多数灯塔只能由政府出资兴建并维护运营。[○]

4.1.2　一个简单的公共物品博弈

下面我们通过一个简单的公共物品博弈的例子，具体分析如何运用博弈矩阵求解三人同步一次博弈。

我们知道，居民区的路灯可以在夜间照明不仅方便居民进出，还有助于防止犯罪发生，对所有住户都具有价值。假设现在一个胡同里有三户人家 A、B、C 比邻而居，如果他们共同出资安装路灯，彼此都会受益。假设每户人家从照明中获得的好处是 8 个单位，装灯的总成本为 12 个单位，若三户人家共同出资的话，平均每户承担 4 个单位的成本，那么每户人家净收益 4 个单位，众人皆大欢喜。所以，安装路灯看似是能够轻易得到解决的事。

然而，对于公共物品的供给，净收益大于零绝非充分条件。我们按照博弈的矩阵形式来分析这个多人博弈问题（见图 4-1）。

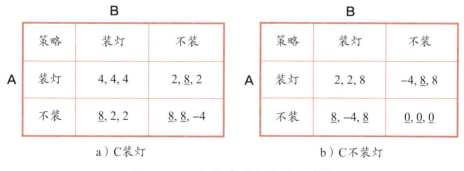

图 4-1　一个简单的公共物品博弈

我们先简单描述一下这个三人博弈矩阵。由于这个博弈有三个参与者，每个参与者各有两个策略，所以我们需要画出两个博弈矩阵。图 4-1a 和图 4-1b

---

分别代表 C 装灯和 C 不装灯的情形，两个矩阵中的得益值是 A、B、C 在相对应策略组合下的得益。比如在图 4-1a 中，给定 C 选择装灯，如果 A 选择不装灯而 B 选择装灯，按照前面的设定，装灯的成本为 12 个单位，此时由 B 和 C 平分，所以 B 和 C 每户需要支付 6 个单位的成本。一旦灯被安装了，每户的得益均为 8 个单位，所以最终 A、B、C 得益分别为 8、2、2 个单位。同样，图 4-1a 和图 4-1b 中其他策略组合对应的得益也可类似分析。

我们还是用画线法来寻找纳什均衡。先看图 4-1a，我们从 A 的视角分析：现在 C 选择装灯，如果 B 选择装灯，那么 A 选择装灯会得到 4，选择不装则得到 8，显然这种情况下 A 应该选择不装，于是我们在图 4-1a 中"B 装灯、A 不装灯"策略组合对应 A 的得益 8 下面画横线；如果 B 选择不装灯，那么 A 选择装灯得到 2，选择不装还是得到 8，所以 A 还是选择不装灯，我们在图 4-1a 中"B 不装灯、A 不装灯"时 A 的得益 8 下面画横线。因此，在 C 选择装灯的情形下，不管 B 选择装灯还是不装灯，A 都应该选择不装，不装是 A 的占优策略。进行同样的分析，我们会得到，不装也是 B 的占优策略。

再看图 4-1b。按照同样的思路，从 A 的视角去分析：给定 C 选择不装灯，如果 B 选择装灯，那么 A 选择装灯得到 2，选择不装灯得到 8，显然 A 应该选择不装灯，我们在图 4-1b 中"B 装灯、A 不装灯"时 A 的得益 8 下面画横线；如果 B 选择不装，那么 A 选择装灯得益是 –4，选择不装灯得益是 0，A 还是选择不装灯，我们在图 4-1b 中"B 不装灯、A 不装灯"时 A 的得益 0 下面画横线。所以，在 C 选择不装灯的情形下，不管 B 是装灯还是不装灯，不装灯都是 A 的占优策略。进行同样的分析会得出，不装灯也是 B 的占优策略。由此可见，无论 C 是选择装灯还是不装灯，A 和 B 都会选择不装灯，不装灯是 A 和 B 的占优策略。

最后，我们再看 C 的反应。C 知道无论自己选择装灯还是不装灯，A 和 B 都会选择不装灯。给定 A 和 B 都选择不装灯的情况下，C 装灯的得益为 –4（见图 4-1a），不装灯则得益为 0（见图 4-1b），显然 C 也不会装灯。我们在图 4-1b 中，A、B、C 都不装灯的得益组合下补齐横线。

综合这两个矩阵我们发现，三户人家都不装灯是公共物品博弈的纳什均衡。

　　本来如果三户人家共同出资，分摊成本，都会受益，皆大欢喜。但由于公共物品的非竞争性和非排他性特征，彼此都希望最好由别人来安装路灯，自己则可以搭便车。而且即便知道没有任何人愿意花钱安装路灯时，他们当中也没有人愿意独自安装路灯，因为装路灯的成本要大于路灯给他个人带来的好处，所以没有人愿意偏离这个均衡。由于没有人会出于个人利益的动机安装路灯，最后导致大家都陷入了更差的境况之中。

　　以前很多城市老旧住宅楼的楼道照明就是这种情况。所以如果没有政府干预，公共物品的供给很可能存在市场失灵造成的短缺。因此，政府通过强制性征税获得资金，安排政府支出以提供公共物品是解决公共物品供给难题的主要方式。

　　实际上，现在很多小区道路和楼道的灯是由物业公司负责安装的，有些还安装上声控或者触控的夜灯，而这些灯的安装和使用费是以收取物业费的方式解决的。这种外在干预实际上节约了交易费用，在一定程度上化解了多人博弈中的困境问题。但是与私人物品相比，由于缺乏市场的激励作用，政府对公共物品的提供又可能带来低效率和无谓损失，这也是现代社会运行中的一大难题所在。

　　以上是我们通过公共物品博弈的例子，对三人同步一次博弈的求解过程进行了简单介绍。对于多人博弈来说，实际上对更多参与者、更多可选策略的分析基本都是相同的，无非增加矩阵而已，我们还可以借助 Excel 软件等来建模和分析。

4.2　连续型策略：古诺模型

　　在前面的章节中，博弈参与者的策略被假定为离散型的。但在很多时候，参与者的策略取值处于连续的区间，我们称之为连续型策略（continuous strategy）。在连续型策略同步博弈中，由于参与者拥有如此之多的可选策略，用标准式博弈矩阵分析就变得不可行了，因此需要一种新的求解方法：反应函数法。下面我们用古诺模型来具体予以介绍。

4.2.1 古诺模型与反应函数

古诺模型（cournot model）也称为古诺双寡头竞争模型，是连续型策略博弈中的一个经典例子。这一模型是由 18 世纪法国数学家古诺建立的，模型的均衡解——古诺均衡实际上是纳什均衡，但比纳什提出的纳什均衡概念早了一个世纪。

古诺模型描述了两家生产完全同质产品的企业，在竞争中如何决定各自的产量，以实现利润最大化。尽管这个模型对现实中的寡头竞争市场进行了简化，但它提出的基本原理成为微观经济学和产业组织理论的重要基石。接下来我们就具体分析这一模型。

假设一个产品市场中只有两家寡头企业，它们生产的产品是同质产品。这两家企业以产量为决策变量，产品价格则对应两家企业的总产量等于市场需求量时的价格水平。显然，产出水平是一个连续型策略，企业可以在产能范围内任意选择产品的产量。同时，每家企业都认为在改变自己的产量时，对手会保持产量不变，即对手的产量被看作是给定的或"恒定的"。与离散型博弈的分析思维一致，给定对方任一产量时，每家企业都要确定自己相应的最优产量。据此，我们分别可以写出两家企业的反应函数（reaction function）。企业 1 的反应函数给出了针对企业 2 的每个产量 Q_2，企业 1 为最大化自己的利润而选择的产量 Q_1。这本质上与前文得益矩阵中的下划线表达方式是一致的，都是给定对方的某项行动，选择自己的最优行动。

因为两家企业的产品可以互相替代，所以企业 2 产量上升会降低企业 1 利润最大化的产出水平。我们可以先用图 4-2 来展示企业 1 的反应函数 r_1，其中横轴表示的是企业 1 的产量，纵轴表示的是企业 2 的产量。从图 4-2 中可见，如果企业 2 产量为零，企业 1 的利润最大化产量为 Q_1^M，因为这点在企

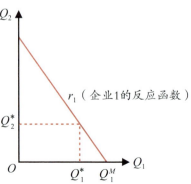

图 4-2 企业 1 的反应函数

业 1 的反应函数 r_1 上，并对应着 Q_2 的产量为零。也就是说，Q_1^M 是市场由企业 1 完全垄断情况下的产量。同样，如果企业 2 的产量为 Q_2^*，那么根据企业 1 的反应函数，企业 1 利润最大化的产量为 Q_1^*。

由于企业 1 和企业 2 在这个博弈中地位是相同的，也就是说古诺博弈是对称的，所以按照相同的办法我们可以在图 4-2 中同时画出企业 2 的反应函数 r_2，从而得到图 4-3。通过图 4-3 企业 1 和企业 2 的两条反应函数的交点，我们可以得到所谓的古诺均衡。古诺均衡点 $\{Q_1^*, Q_2^*\}$ 既在企业 1 的反应函数上，又在企业 2 的反应函数上，按照反应函数的定义，给定对手的产量，每个企业都最大化了自己的利润。显然，这个点也满足了纳什均衡的定义：给定企业 2 的产量 Q_2^*，Q_1^* 最大化企业 1 的利润；给定企业 1 的产量 Q_1^*，Q_2^* 最大化企业 2 的利润。可见，无论是企业 1 还是企业 2 都无法通过单方面改变自己的产量获得额外的好处，也就是说给定对手的产量，没有企业有动机偏离古诺均衡。任一偏离古诺均衡的产量都是不稳定的。比如，如果企业 1 在一开始选择 Q_1^M 作为其产量，而企业 2 根据其反应函数 r_2，会选择 Q_2' 作为其利润最大化的产量。给定企业 2 的产量为 Q_2'，企业 1 利润最大化的产量不再是 Q_1^M，而是其反应函数 r_1 上的 Q_1'。这么不断调整下去，最后回归到古诺均衡 $\{Q_1^*, Q_2^*\}$ 这个点为止。

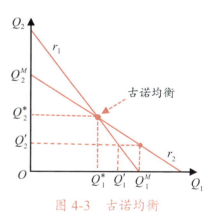

图 4-3　古诺均衡

古诺模型告诉我们，当寡头企业在进行决策的时候，它们的信念是一致的，最后的博弈结果也印证了它们确实是如此做决策的。以上是我们用几何方法分析古诺均衡，下面我们将给出一个代数形式的古诺均衡解法。

我们假设逆市场需求函数为：$P = a - b(Q_1 + Q_2)$，其中 P 为价格，a 和 b 为正常数，两家企业的成本函数分别为：$C_1(Q_1) = c_1 Q_1$，$C_2(Q_2) = c_2 Q_2$。

那么，企业 1 的收益为：$R_1 = PQ_1 = [a - b(Q_1 + Q_2)]Q_1$，企业 1 的利润则为：

$$\Pi_1 = R_1 - C_1(Q_1) = [a - b(Q_1 + Q_2)]Q_1 - c_1 Q_1$$

同样地，企业 2 的利润为：

$$\Pi_2 = R_2 - C_2(Q_2) = [a - b(Q_1 + Q_2)]Q_2 - c_2 Q_2$$

为了使企业 1 的利润最大化，对上述企业 1 的利润函数求一阶导数，即视 Q_2 为常数，对 Q_1 求导数，并令其为零，则有：$\dfrac{\mathrm{d}\Pi_1}{\mathrm{d}Q_1} = a - 2bQ_1 - bQ_2 - c_1 = 0$。

而且极值存在的二阶条件成立，即：$\dfrac{\mathrm{d}^2 \Pi_1}{\mathrm{d}Q_1^2} = -2b < 0$。由此可以得到企业 1 的反应函数为：

$$Q_1 = \frac{a - c_1}{2b} - \frac{Q_2}{2}$$

同样地，在对企业 2 的利润函数求导数时，视 Q_1 为常数，把 Q_2 看作变量。这时有 $\dfrac{\mathrm{d}\Pi_2}{\mathrm{d}Q_2} = a - 2bQ_2 - bQ_1 - c_2 = 0$。由此可以得到企业 2 的反应函数为：

$$Q_2 = \frac{a - c_2}{2b} - \frac{Q_1}{2}$$

最后，联立这两个反应函数，我们就可以求出古诺均衡为：

$$Q_1 = \frac{a + c_2 - 2c_1}{3b}, Q_2 = \frac{a + c_1 - 2c_2}{3b}$$

4.2.2 古诺均衡与卡特尔

前文的数学表达式可能较为抽象，我们给其中一些参数赋予具体的数值，这样便于大家理解。

假设 $a = 10$，$b = 1$，$c_1 = c_2 = 1$，则逆市场需求函数为：$P = 10 - (Q_1 + Q_2)$，成本函数为：$C_1(Q_1) = Q_1$，$C_2(Q_2) = Q_2$。那么，企业 1 和企业 2 的利润函数分别为：

$$\Pi_1 = [10 - (Q_1 + Q_2)]Q_1 - Q_1$$

$$\Pi_2 = [10 - (Q_1 + Q_2)]Q_2 - Q_2$$

对上述利润函数求导数，并令其为零，可得：

$$Q_1 = \frac{9 - Q_2}{2}, Q_2 = \frac{9 - Q_1}{2}$$

所以，$Q_1 = Q_2 = 3$，$P = 4$，$\Pi_1 = \Pi_2 = 9$。

由此得出，在古诺寡头竞争条件下，每家企业的古诺均衡产量为 3，所以整个市场的产出是 6，与此对应的价格为 4，每家企业获得的利润为 9。

如果这两家企业联合起来形成卡特尔○，共同控制产品市场，各自的利润又将如何？由于市场上似乎变成只有一家企业，那么可以控制市场价格，从而实现两家企业的利润总和最大化。下面，我们用上面这个例子计算一下两家企业联合后的卡特尔解。

由于两家企业联合决策，意味着我们可以把这两家企业看成一家，由它们共同生产并平分市场，即 $Q^M = Q_1^M + Q_2^M$。其中，$Q_1^M = Q_2^M = \dfrac{Q^M}{2}$。我们用上标 M 来表示卡特尔情形下的变量。此时逆市场需求函数为：$P^M = 10 - Q^M$，成本函数为 $C(Q^M)$。

卡特尔的得益函数为：$R^M = P^M Q^M = (10 - Q^M)\, Q^M = 10Q^M - (Q^M)^2$。

利润函数为：$\Pi^M = R^M - C(Q^M) = (10 - Q^M)Q^M - Q^M$。

此目标利润函数的一阶必要条件为：$\dfrac{\mathrm{d}\Pi^M}{\mathrm{d}Q} = 9 - 2Q^M = 0$。

可得：$Q_1^M = Q_2^M = \dfrac{Q^M}{2} = 2.25$，$P^M = 5.5$，$\Pi_1^M = \Pi_2^M = 10.125$。

显然，当古诺竞争中的两个企业联合为卡特尔时，每家企业的产量会减少，从 3 变成了 2.25。相应地，整个市场产出也减少了，从 6 变成了 4.5。而价格提高了，从 4 变成了 5.5。同时每家企业获得的利润也都提高了，从 9 变成了 10.125。所以，古诺竞争对寡头企业来说并非有利，市场竞争使它们陷入了困境之中。而如果市场上形成了卡特尔，市场产出会减少，产品售价会提高，这对消费者又十分不利，因此通常各个国家的反垄断法是禁止企业合谋定价限产的。

无论是用数学表述还是故事阐述，思维和结论都是一致的。前面多次

○ 卡特尔为法语 cartel 的音译，原意为协定或同盟。卡特尔是由一系列生产类似产品的独立企业所构成的组织，具有完全垄断相关市场的能力，目的是提高该类产品价格和控制其产量，从而获取大量的垄断利润。根据美国反托拉斯法，卡特尔属于非法。迄今为止世界上最著名的卡特尔当属欧佩克（石油输出国组织）卡特尔。

提到，当博弈双方存在利益冲突时，他们往往会陷入困境。古诺模型的解再次印证了这一点：相对于与对手有默契地联合控制整个市场时的共同最优（joint optimal）产出水平，古诺竞争中的企业产出水平属于过度生产（overproduction），因而降低了市场价格和利润。但需要指出的是，与古诺均衡不同，即便寡头间形成卡特尔，但如果博弈仅仅是一次性的，这个卡特尔解也是不稳定的，它不是纳什均衡。在古诺均衡中，给定对手产量的情况下，没有一方可以通过单方面改变自己的产量而使自己变得更好，因而没有人会偏离这种均衡。但是在卡特尔中，由于存在一方增加产量将从中获利的激励，增产常常变得不可避免，只有达到古诺均衡时才会稳定下来，这就会导致卡特尔机制瓦解。

产量博弈的古诺寡头竞争是一种囚徒困境，我们当然会好奇：如果同样的博弈可以重复进行，那么会有什么不一样的结果，互动情境中的竞争者们是否能够走出困境？这是本书第二部分中重复博弈所要讨论的内容。

4.3　纳什均衡与风险防范

纳什均衡是非合作博弈论的核心概念，然而求解纳什均衡有时也会遇到一些困难。比如我们在前面讲述协调博弈时讨论过的多重均衡状况，使得人们很难确定博弈的最终结果；有的博弈还会给出不太合乎生活直觉的均衡，等等。这就需要引入一些新的限制条件和考量因素，使得我们对博弈结果的判断更为准确。

4.3.1　纳什均衡中对风险的考量

在有关纳什均衡是否存在局限性的讨论中，有一种批评观点认为纳什均衡概念缺乏对风险应有的重视。在有些博弈中，按定义给出的纳什均衡解与现实生活中的直觉不太符合，而选择非纳什均衡似乎更为安全。下面我们借用斯坦福大学商学院的戴维·克雷普斯（David Kreps）提出的例子（见图 4-4）来予以说明。

	乙 1–p	p
策略	左	右
上	8, 10	–1000, 9
下	7, 6	6, 5

甲

图 4-4　纳什均衡与风险考量

　　首先，我们来寻找这个博弈的纳什均衡。在这里，参与者甲有两个策略：上、下，参与者乙也有两个策略：左、右。如果乙选择左的话，甲选择上得 8，选择下得 7，应该选择上；乙选择右的话，甲选择上得 –1000，选择下得 6，应该选择下，显然甲没有占优策略。我们再看乙，如果甲选上的话，乙选左得 10，选右得 9，应该选左；甲选下的话，乙选左得 6，选右得 5，应该选左。也就是说，不管甲选上还是选下，乙都应该选左，选左是乙的占优策略。给定乙选左，甲就应该选上，因此，{上，左} 是这个博弈的唯一纳什均衡。

　　我们对这个博弈纳什均衡的分析是符合定义的。但现在的问题是，如果在现实生活中，你是上述博弈中的甲的话，你会选择上吗？笔者曾经多次在课堂上向同学们提出过这个问题，几乎所有同学都认为他们不会选择上，因为他们都注意到了选择上可能面临的巨大风险，宁愿选择非均衡策略但更加安全的下。

　　那么，是不是对这类博弈，纳什均衡的概念就不再适用了呢？显然不是！在这里大家之所以注意到了风险，是因为意识到了对手存在着偏离最优反应策略的可能性。不管这种非理性偏离纯属偶然，还是对手蓄意所为，抑或是外部不可抗力所致，也不管偏离的概率有多小，一旦发生，都将会给一方带来灾难性后果。在这种场景下，就需要我们将偏离的可能性这一因素纳入博弈均衡的分析。⊖

　　⊖　由于纳入了不确定性因素，这个博弈就变成了不完全信息博弈，不完全信息博弈是我们在第四部分将要讨论的内容，在这里只是用这个简单例子来回应上述问题。

我们假定，参与者乙选择策略时发生偏离的概率为 p，即选择右的概率为 p，选择左的概率为 $1-p$。由于存在不确定性，此时的预计收益称为期望得益（expected payoff）。

参与者甲选择上的期望得益是 $8(1 - p) - 1000p$，选择下的期望得益是 $7(1 - p) + 6p$。

当下式满足时，甲选择下比选择上好：

$$7(1 - p) + 6p > 8(1 - p) - 1000p，即 p > \frac{1}{1007}。$$

由此可见，即便乙发生偏离的可能性很小，但偏离的概率只要大于 1/1007，甲选择下就是最优的。给定甲选择下，乙的最优反应是左，所以 { 下，左 } 是考虑了风险后的纳什均衡，这显然和我们大家现实中的直觉相吻合。这一调整纳入了参与者小概率犯错的可能性，舍去了因参与者的偶尔行为偏移而导致不再是最优反应的策略组合，使博弈结果限定在一个更为安全稳定的均衡解上，因而更加具有合理性。

这种考虑了风险后的纳什均衡策略，在其他参与者不发生偏离时往往并不是最优的，但我们可以把这看成为防范风险所必须花费的成本，这也更加符合现实经济生活。特别是当博弈双方存在对抗性的潜在风险，而且一旦风险暴发将产生颠覆性后果时，这种风险考量就显得尤为重要，华为的备胎计划就是一个很好的例子。

4.3.2 华为的备胎计划

2019 年 5 月 17 日凌晨，华为海思总裁何庭波就华为被列入美国商务部工业和安全局的管制"实体名单"一事，致信全体员工如下。

尊敬的海思全体同事们：

此刻，估计您已得知华为被列入美国商务部工业和安全局（BIS）的实体名单（entity list）。

多年前，还是云淡风轻的季节，公司做出了极限生存的假设，预计有一天，所有美国的先进芯片和技术将不可获得，而华为仍将持续为客户服务。为了这个以为永远不会发生的假设，数千海思儿女，走上了科技史上最为悲壮的长征，为公司的生存打造"备胎"。数千个日夜中，我们星夜兼程，艰苦前行。华为的产品领域是如此广阔，所用技术与器件是如此多元，面对数以千计的科技难题，我们无数次失败过，困惑过，但是从来没有放弃过。

后来的年头里，当我们逐步走出迷茫，看到希望，又难免一丝丝失落和不甘，担心许多芯片永远不会被启用，成为一直压在保密柜里面的备胎。

今天，命运的年轮转到这个极限而黑暗的时刻，超级大国毫不留情地中断全球合作的技术与产业体系，做出了最疯狂的决定，在毫无依据的条件下，把华为公司放入了实体名单。

今天，是历史的选择，所有我们曾经打造的备胎，一夜之间全部转"正"！多年心血，在一夜之间兑现为公司对于客户持续服务的承诺。是的，这些努力，已经连成一片，挽狂澜于既倒，确保了公司大部分产品的战略安全，大部分产品的连续供应！今天，这个至暗的日子，是每一位海思的平凡儿女成为时代英雄的日子！

华为立志，将数字世界带给每个人、每个家庭、每个组织，构建万物互联的智能世界，我们仍将如此。今后，为实现这一理想，我们不仅要保持开放创新，更要实现科技自立！今后的路，不会再有另一个十年来打造备胎然后再换胎了，缓冲区已经消失，每一个新产品一出生，将必须同步"科技自立"的方案。

前路更为艰辛，我们将以勇气、智慧和毅力，在极限施压下挺直脊梁，奋力前行！滔天巨浪方显英雄本色，艰难困苦铸造诺亚方舟。

2019 年 5 月 17 日凌晨

附：华为媒体声明

华为反对美国商务部工业和安全局（BIS）的决定。

这不符合任何一方的利益，会对与华为合作的美国公司造成巨大的经济损失，影响美国数以万计的就业岗位，也破坏了全球供应链的合作和互信。

华为将尽快就此事寻求救济和解决方案，采取积极措施，降低此事件的影响。

2019 年 5 月 17 日

华为成立于 1987 年，经过 30 多年的发展，已成为全球领先的信息与通信基础设施和智能终端提供商。华为有员工约 19.5 万人，业务遍布 170 多个国家和地区，服务全球 30 多亿人口。在华为最重要的 92 家核心供应商中，美国供应商数量最多，包括英特尔、高通、博通等共计 33 家企业。

华为创始人任正非曾在接受央视采访时表示，华为十多年前差点以 100 亿美元卖给美国，合同都准备好了，但最终被美国公司新上任的董事长否决了。正是在这个时候，任正非意识到华为未来有可能会跟美国在山头遭遇，于是华为未雨绸缪，提前策划，应对未来哪怕是小概率的危机。这才有了在十多年前成立海思，投入巨额研发费用和大量技术人员，集中力量攻关瓶颈技术的备胎计划。

下面，我们将华为作为一方，华为的美国供应商作为另一方，用一个简化的博弈矩阵来分析华为的备胎计划（见图 4-5）。

美国供应商

策略	市场化交易	断供
购买	100, 60	−1000, 0
购买 + 备胎	70, 50	50, 0

（华为为左侧标注）

图 4-5　一个简化的备胎计划

图 4-5 的博弈中，华为有两个策略：购买、购买 + 备胎，美国供应商也有两个策略：市场化交易、断供。如果美国供应商选择市场化交易策略，华为选

择购买策略，我们假定华为通过购买芯片和其他技术服务生产和销售产品，得益为 100 亿美元，而对方因提供芯片和系统软件等服务得益为 60 亿美元。如果美国供应商还是选择市场化交易，而华为选择购买 + 备胎策略的话，一方面备胎计划需要投入大量研发费用，另一方面即便备胎产品未被启用，但由此带来的技术提升会提高华为与供应商在购买价上的博弈能力，因此假定华为的得益从 100 亿美元降为 70 亿美元，而对方的供货得益也从 60 亿美元降为 50 亿美元。如果美国供应商选择断供策略，而华为选择购买策略的话，由于缺乏备胎产品和技术储备，这种突如其来的核心器件和系统服务的供应中断，可能会使华为的供应链体系瞬间瘫痪，从而带来无法挽回的巨大损失甚至灾难性后果。我们不妨把此时华为的得益设为 –1000 亿美元，而对方因为断供，得益为零。如果美国供应商选择断供策略，而华为选择购买 + 备胎策略的话，尽管这种无情封杀会对华为的发展造成巨大冲击，尤其是给华为先进制程半导体业务带来重创，但华为不会被打垮。 由于华为通过备胎计划在研究开发、业务连续性方面进行了大量投入和充分准备，使其在这种极端打压下仍有可能保持持续经营。这时华为的得益降低，比如为 50 亿美元，对方的得益则为零。

从图 4-5 的博弈中，我们可以很容易发现，市场化交易是美国供应商的占优策略。给定美国供应商选择市场化交易，购买是华为的占优策略，所以，｛购买，市场化交易｝是博弈的纳什均衡，也是双方双赢的选择。不过，任正非很早就意识到，未来美国政府可能不会容忍华为对美国在信息、通信领域的核心利益及霸权地位的挑战。如果把美国供应商由于这种外部原因，存在非理性偏离最优策略的可能性这一因素，纳入博弈均衡分析的话，那么：

华为选择购买策略的期望得益：$100(1 - p) - 1000p$；选择购买 + 备胎策略的期望得益：$70(1 - p) + 50p$，其中 p 为断供的概率。

当下式满足时，华为选择购买 + 备胎策略就比选择购买策略好：

$$70(1 - p) + 50p > 100(1 - p) - 1000p,\ 即\ p > \frac{3}{108}。$$

因此，如果存在因美国政府打压而断供的可能性，即便这种事件发生的概率很小，只要大于 3/108，选择购买 + 备胎策略对于华为来说就是最优的。尽管选择这种策略因投入巨大而影响了收益的表现，而且备胎也有永远不予启用的可能，但它通过锁定重大风险，使得华为在正常情况下可以通过购买以获取最大利益，一旦受到意外极端打压时，也能够启用备胎产品而得以生存下来。

任正非曾在《华为的冬天》一文中写道："10 年来，我天天思考的都是失败，对成功视而不见，也没有什么荣誉感、自豪感，而是危机感，也许是这样才存活了 10 年。"华为在这种"极限生存假设"下实施的备胎计划，避免了在重大风险事件发生时给企业带来难以承受的损失，这实际上正是孙子兵法中不败思想的体现。孙子兵法中的"故善战者，立于不败之地，而不失敌之败也"，意思是，善于打仗的人，先要使自己立于不败的境地，以不败为底线制定战略。先求不败，而后待机取胜。从这个意义上讲，孙子兵法不是战胜之法，而是不败之法。[⊖]相对而言，国内的一些企业由于抓住了中国经济高速增长期所带来的特殊历史机遇和巨大市场机会，通过自身努力迅速获得成功，但其中也有一些经营者因此冲昏了头脑，把这种千载难逢的历史性机遇看成了永恒的机会，甚至看作纯粹是自己的本事使然。由于过高估计了自己的能力，对市场缺乏敬畏之心，持续加大杠杆不断盲目扩张，忽略了可能的风险，最终踏上了不归之路。正如戏曲《桃花扇》里所言："眼看他起朱楼，眼看他宴宾客，眼看他楼塌了。"因此对企业而言，要始终保持生存警惕，在发展顺畅时要居安思危，在危机未现时要未雨绸缪。不求速胜，但求不败，树立底线思维，以实现健康持续发展，基业长青。

本章小结

本章以一个公共物品的例子介绍了如何通过矩阵来求解多人同步博弈。

公共物品的非竞争性和非排他性特征，产生了搭便车现象，如果没有政府干预，市场可能不会提供公共物品。政府通过征税，解决公共物品的提供问题。但由于缺乏市场激励，政府提供公共物品会导致低效率。

⊖ 见华杉在新加坡南洋理工大学做的题为"一生不败，这回彻底理解《孙子兵法》"的主题讲座。

　　古诺模型阐述了两家生产同质产品的寡头企业的产量决策是如何相互影响的。对于古诺模型这样的具有连续型策略的博弈，均衡的求解方法是首先求出一个参与者对另一个参与者策略的反应函数，然后将两个反应函数联立求解即可得到博弈的均衡结果。相对于与对手有默契地联合控制整个市场的卡特尔，古诺竞争使企业陷入困境，古诺均衡所对应的利润较低。

　　在博弈中当对手存在着偏离最优策略的可能性，而且一旦发生将会给一方带来严重后果时，就需要将这种犯错的可能性因素纳入博弈均衡的分析。这种考虑了风险后的纳什均衡策略，舍去了因参与者的偶尔行为偏移而导致不再是最优反应的策略组合，可以使博弈结果限定在一个更为安全稳定的均衡解上。

本章重要术语 ✓

　　公共物品　非竞争性　非排他性　私人物品　公共资源　俱乐部物品
　　连续型策略　反应函数　古诺模型　卡特尔　期望收益　备胎计划
　　不败之法

第 5 章

案例讨论：从德克士
看『小狗策略』

　　提起西式快餐，人们就会联想到肯德基和麦当劳。1987 年，中国内地首家肯德基门店在北京前门开张，随后在 1990 年，麦当劳的中国内地首店在深圳解放路落地。在西式快餐进入中国的最初几年里，这些国际餐饮巨头凭借其雄厚的资本实力、强大的营销能力和先进的连锁运营体系，在各主要城市攻城略地、所向披靡，每一家新开门店都可用宾客盈门来描述。这种全新的业态形式以及所获得的丰厚利润，吸引了诸多本土挑战者进入。当年，上海荣华鸡曾叫板肯德基，声称："肯德基开到哪，我就开到哪！"后来又有郑州红高粱挑战麦当劳，10 个月便红遍全国。这些品牌名噪一时，最终却只是昙花一现。来自中国台湾的德克士也是众多进入者中的一员，但不同的是，德克士似乎成功了。在 2021 年发布的《2020 年中国快餐百强企业》中，德克士仅次于肯德基和麦当劳名列第三，成为比肩国际快餐巨头的中国著名连锁快餐企业。

　　德克士这个号称起源于美国得克萨斯州的连锁快餐店，1994 年才开始出现在中国成都，1996 年被中国台湾的顶新国际集团（以下简称顶新）收购。自 1996 年第一家德克士餐厅开业至今，在与国际快餐巨头和本土诸多快餐企业的激烈竞争中，德克士历经艰辛，却始终保持着较为快速的发展步伐。作为一个后起的快餐品牌，德克士何以能在国际快餐连锁寡头肯德基、麦当劳占据的市场中得以生存，并成长为中国西式快餐著名品牌呢？

5.1　背景介绍

　　据德克士官方网站介绍，德克士炸鸡起源于美国南部的得克萨斯州。1994 年，当时名为"德客士"的第一家餐厅在成都市开业。1996 年，顶新收购"德客士"，并将其更名为"德克士"，正式进入西式快餐连锁经营领域。顶新先后投入 5000 万美元，对德克士进行了重新定位，使其成为集团旗下继"康师傅"之后的兄弟品牌。

　　顶新是国内知名的大型综合食品集团，拥有康师傅、味全、全家、德克士等知名品牌，旗下主要有食品制造业、流通事业、餐饮连锁事业三大事业板块。顶新从 1989 年来中国大陆投资开始，经过三十多年艰难曲折的发展历程，从小到大，已发展成为年营收超 5000 亿元的"食品王国"。2023年，顶新创始人魏氏四兄弟以合计 83 亿美元的身家，位居中国台湾富豪榜第二。

顶新的创业故事，在中国台湾可谓是家喻户晓。1978 年，魏氏兄弟子承父业，继承了父亲在家乡开设的顶新制油公司。1988 年，台湾食用油行业发展面临瓶颈，当时正值祖国大陆改革开放，四兄弟商量后决定北上大陆寻找机会。从最初生产桶装食用油，再到后来生产蛋酥卷，并先后在北京、山东、河北和内蒙古开设过 4 家合资企业，均以失败而告终。仅仅 3 年，当初带过来的 1.5 亿元新台币损失过半，然而，在中国大陆涉足这些食品领域的失败经历，为后来进入方便面行业提供了宝贵的经验教训。

顶新进入方便面行业，纯粹是一个机缘巧合。1991 年，四兄弟中年龄最小的魏应行，在关掉内蒙古工厂后从通辽乘坐绿皮火车返回北京。落寞的他打开从台湾带来的方便面充饥，香味四散而引得同车乘客纷纷过来围观，分食后都赞叹不已。这让魏应行嗅到了其中的商机。经过调查，他发现大陆市场上的方便面两极分化严重。要么是 5 角钱一包、一泡就软、质量很差的本地产廉价方便面；要么是 5～10 元一包的进口高价方便面，普通老百姓大多消费不起，只能在宾馆和机场这些地方销售。魏应行立刻意识到这中间存在巨大的市场机会，当即决定叫停本已准备开工的天津饼干厂，转投方便面生产线。

当时大陆方便面生产已有十多年历史，但市场集中度低、品牌众多，仅北京、广州两地就有 100 多条生产线。这些厂家生产的方便面普遍包装简陋，质次价低。魏应行敏锐地抓住了这一市场机会。他首先动员台湾配套厂家，一起将工厂搬到了大陆。这既解决了顶新快速发展中的配套问题，又由于风险共担、收益共享，提高了配套厂家的合作积极性。同时，在方便面研制方面，顶新对大陆市场进行了充分的市场调查，锁定一些大众偏好的口味，再请上万人试吃，然后不断改进，最终开发出适合大陆大众口味的产品。另外，价格定位也充分考虑了大陆消费者的消费心理，口味要比普通国产方便面好，价格要比进口方便面低，以彰显性价比，并花费巨资打广告做宣传，以创造品牌轰动效应。

1992 年 8 月，投资 800 万美元的天津开发区生产线开始投产，所生产的康师傅红烧牛肉面因其品质精良、汤料香浓，再加上合理的市场定价和超强的广告攻势，一上市便取得成功，一条生产线三个月的订单很快就全部签完。凭借康师傅方便面，顶新终于成功在大陆市场站稳了脚跟。随后经过短短十多年的发展，顶新在方便面、饮料、糕点等快速消费品领域树立了龙头地位，迅速成长为中国食品行业的巨头企业。

进入西式快餐领域，是继康师傅在中国香港上市募集资金后，顶新的又一重大战略举措。魏应行认识到，在与国际快餐巨头竞争中要想脱颖而出，必须在战略高度上有自己的差异化主张，为消费者推出比肯德基、麦当劳更能满足国人口味及健康标准的快餐新菜单。自 1996 年第一家德克士开业，截止到 2023 年 8 月，德克士的开店总数已超过 3000 家。2009 年 8 月，德克士在天津发布 2030 年战略，魏应行表示，未来德克士要力争成为最具中国特色的西式快餐连锁标杆企业，到 2030 年，要实现由千家店到万家店的飞跃。这一目标迄今仍然显示在德克士官网首页的显著位置上。

5.2　博弈历程

我们知道，在博弈论里有个策略叫"小狗策略"，说的是当一个新的进入者进入一个垄断企业或几个寡头企业占据的市场时，低调、借势、避免正面竞争才有可能获得成功，而德克士便是比较成功运用了小狗策略的一个范例。当然，这也是德克士在付出惨痛代价后的无奈但理性的选择。

这些年来，不少大陆企业都曾踌躇满志打入过西式快餐市场，但最终大都难以承受快餐巨头的竞争压力而败北。从 1996 年正式进入西式快餐连锁市场到 1998 年，德克士也曾满怀豪情地与肯德基、麦当劳在一线城市进行正面竞争。魏应行特地从台湾带来 60 名"台干"，两年间在北京、上海、广州等 13 个大城市开设了 54 家门店，并且是德克士自己直接投资的直营连锁店。德克士最初是希望复制肯德基的成功模式，在门店选址上往往紧贴肯德基，但面积更大，装修更气派，而业态却并未真正融入商圈和人流。由于品牌影响力太小、直营门店投资过高、运营成本居高不下，再加上两大巨头的联手打压，德克士持续亏损造成资金链断裂，一些门店刚装修完毕尚未营业就草草关门。三年时间里，最初投入的5000万美元亏损殆尽。在这种情况下，1998年德克士不得不关闭了北京、上海、广州那些持续亏损、难以为继的门店，因大量关店剩下的生产设备，堆满了公司在广州等地的仓库。

顶新管理层就是否应该退出西式快餐连锁市场展开了激烈的争论，最后决定要吸取与国际巨头正面对抗、盲目扩张的惨痛教训，探索一条符合中国国情、适合德克士自身特征的发展战略。

在市场策略方面，为了能够生存下去，首先就要避开两大巨头的锋芒，为此德克士选择了进入巨头们尚无暇染指的三线及三线以下城市和县、镇。德克士意识到中国市场容量巨大，巨头们不可能在短时间内实现全覆盖，自己要在肯德基、麦当劳还无法顾及之前，率先进入这些下沉市场，抢先一步抓住市场空白进行错位竞争，利用时间差和空间差迅速站稳脚跟。在魏应行看来，只要质量比肩两大巨头，价格又低于它们，品牌影响力方面的弱势自然会被改善。这样，一方面几乎完全避开了与巨头的正面对抗，另一方面又开辟了有利于自己生存发展的广阔市场根据地。

德克士首先把战略主攻目标放在了中西部地区。在选择进入城市上，一般选择非农人口在15万人以上、人均年收入在4500元以上的地级市，以及非农人口在10万人以上、人均年收入在6000元以上的县级市。在商圈选址上，重点选择上述区域内最繁华地段或人流量最大的大型超市或商场，并在主商圈、社区以及学校周围灵活进行不同规格门店的布局。当快餐巨头们在沿海发达城市攻城拔寨、打得不可开交时，德克士乘机在几乎是空白的中西部地区抓紧扩充地盘，建立自己的根据地，光是在拉萨就拥有16家门店，在新疆也是最早进入的西式快餐品牌，拥有50多家门店。

事实证明，市场定位对一家新企业来说是战略性的，它意味着新企业应该进入什么样的地域市场，在什么样的地域面对什么样的竞争对手。正是因为合适的选址策略，在德克士率先进入的地区，当地消费者对它已经比较熟悉，消费习惯已逐渐养成，并具有一定的消费黏性。当快餐巨头后来进入这些地区时，德克士已经占据先机。在一些边陲省份的中小城市，当肯德基来开店时，当地人已经享用了 4～5 年的德克士食物，比较习惯德克士脆皮炸鸡的口味，对于肯德基的炸鸡不是脆皮的反倒感到不太适应。这种市场定位战略与先发优势，使德克士在几乎是西式快餐空白的中西部地区迅猛发展。

2003 年德克士的门店数超过了 300 家，2005 年超过了 500 家。在魏应行看来，门店数量对于快餐连锁企业而言就是生命线。300 多家门店就好比"小学毕业"，它意味着连锁企业整体安全系数上升，经营成本摊薄，管理和配套效率提高，规模经济性开始显现。"小学毕业"代表着企业度过了最危险时期，毕竟很多连锁企业还没熬到这个阶段就已经夭折了。

终于，在发展到一定规模并开始盈利后，德克士开始向东部沿海地区拓展。2006 年，德克士开店总数达到 600 家，在全国开设了东部、西部、北部 3 个区域公司、9 个子公司、31 个营运中心和办事处。2008 年，德克士重返北京等一线城市，只是这次是以德克士与康师傅私房牛肉面双品牌复合店的形式出现。2009 年，德克士开店总数达到 1000 家，成为继肯德基、麦当劳之后跻身西式快餐千店俱乐部的第三位成员。与此同时，德克士也开始进入主城区交通枢纽的市场。有时，麦当劳新店刚开，德克士便会立即跟上，对其步步相逼。这意味着德克士在继续深入巩固下沉市场，强化区域优势的同时，通过门店投资和经营成本的改善，为重返核心城市进行试水。

为了在肯德基、麦当劳占主导的东部沿海城市落地生根，德克士会率先把门店开进准成熟社区。肯德基、麦当劳由于单店运营成本高，必须选择在完全成熟、有足够人流保证的商圈开店。而德克士盈亏平衡点较低，可以在社区还不成熟的时候提前进入，当社区发展起来时其盈利就可以显现了。先期进入者可以占据最佳位置，支付较低的租金，还可以先入为主培养消费者。尽管社区门店营业额不会太高，但是它阻断了客流，提高了市场占有率。一些城市的传统商业圈已开始走下坡路，而社区商业正在崛起。在这种趋势下，德克士增加了在中心城市的社区、城中村、学校周边的布局，这些门店规模较小，开店和运营成本较低，却有不错的投资回报，且能与对手形成错位竞争态势。

值得注意的是，始终把中西部地区下沉市场作为重心的德克士，扬言重回一二线核心城市的一个重要背景是，随着中国经济高速增长、城市化的加速和人民群众生活水平的提高，一直把发展重心放在一二线城市并占据绝对优势的国际快餐巨头，也开始向极具发展潜力的下沉市场进行渗透，德克士原有的市场份额正在遭到侵蚀。在这种情况下，德克士担心如果一味只强调在下沉市场拓展，不进入一二线城市，其在消费者心目中的品牌影响力就可能会被削弱，最终就会被大举进入下沉市场的快餐巨头所击败。所以，从这个意义上来看，德克士在一二线城市开设的门店，更多的是要起到品牌形象示范店的作用。德克士在台北市标志性建筑台北 101 大楼也专门设有旗舰店，其目的是想让来台湾旅游的大陆游客确信德克士是一个可以媲美麦当劳、肯德基的大品牌。

市场定位和选址策略无疑是德克士得以生存与发展的重要原因，但在德克士看来，"好吃、超值、快捷、安心"的产品定位才是德克士的立足根本。在这一定位引导下，随着经营状况的逐步好转，德克士开始改变最初基本模仿传统西式快餐产品的做法，摸索并推出了具有中国特色的炸鸡类、饭类和特色副食三大系列产品。多年来，德克士通过不断深化对国人口味的了解，一直在探索开发符合国人口味的西式快餐食品，通过产品差异化形成德克士独特的竞争能力。

炸鸡是德克士的第一款重要产品。在产品定位上，尽管与肯德基的主打产品一样，但德克士在口味选择和炸制过程上注意与肯德基形成明显区别。据其官宣介绍，德克士脆皮炸鸡要经过前后 358 道工序，采用开口锅 166 度高温烹炸，借助鸡肉薄脆外皮将鸡汁牢牢锁住。因而德克士炸鸡具有金黄酥脆、味美多汁的特点，并以此与肯德基炸鸡形成鲜明差别，成为德克士门店最受欢迎的产品。

德克士同时致力于将中国人的饮食习惯与西式快餐文化结合起来。在魏应行看来，消费者的饮食会受到文化和习惯的影响，在中国很多地区，一顿饭中作为主食的米饭是不可或缺的，因此德克士在西式快餐中尝试使用大米。比如，德克士在新舒食概念店主打的产品"珍珠堡"，这款貌似寻常的汉堡食品，却是第一次用大米做成的两片米饼代替了原来的面包。德克士通过将西式快餐标准快捷的用餐方式与中国人原有的餐饮习惯相结合，先后开发出了米汉堡系列、鸡饭系列等米食快餐。与一般中式快餐探索纯正的中式餐饮的思路不同，德克士这些年一直在摸索西式快餐的中国化。在德克士看来，西式快餐中国化才是快餐文化在中国的根本出路，而这也是中国快餐企业与国际快餐巨头分庭抗礼的最有力的武器。

食品制胜的关键是口味。口味要好，必须得有好的原料和配方。在这方面德克士也力求精益求精。以照烧鸡腿汉堡为例，德克士就对其中的汉堡面包、鸡腿、照烧酱、蔬菜配比等逐一进行研发优选，以达到最佳口味。在脆皮炸鸡中，传统西式快餐所用的酱料通常为番茄酱，德克士则改为黄豆酱，这样可以使炸鸡的味道更加浓郁醇厚，也更加符合国内消费者的口味。德克士的菠萝鸡腿堡香味及饱足感与其他类似产品也有所不同，关键在于菠萝中间的酱料是德克士独立研发的。肯德基的汉堡所用生菜重量通常为 5～10 克，而德克士则规定生菜重量为 20 克以上，这样可以使营养配比更为科学。此外，德克士还借助西式餐饮系统努力将中式口味工业化，研发了诸如将肉汤维持在 96 摄氏度的保温设备和肉馅保温设备等。

为了研发出畅销的产品，德克士研发团队首先会从方向上把握信息，研究现有产品和竞品的市场表现，并对消费频次、经常消费的品类以及消费时间段等各种销售数据进行深入比对分析。研发人员会定时登录点评类网站，寻找和发现当下热点。此外德克士还会借助外部调研公司，了解过去和当季的销售情况及未来趋势。在德克士，正常菜品的研发周期一般为 8～10 个月，需要经过小试、中试和大试环节，产品确认之后，仍要进行大量缜密的调研工作。比如德克士曾主推的酸辣鱼排饭，酱汁为鱼香酱风味，口味以酸辣为主，试卖后福建等地的消费者反映对这种口味有些敏感，通盘考量下最终改为鱼香鱼排饭。

为了获得匹敌国际品牌的研发与管理水平，德克士还将原麦当劳亚太区副总裁李明元招致麾下。李明元上任后帮助德克士引进了数字化厨房系统 KDS，柜台和厨房间实现了无线连接，使门店可以在 85 秒之内将菜上齐，达到高峰期每小时接待 100 位消费者的目标。为了确保产品品质，监督门店的品控标准执行情况，德克士还专门建立了神秘访客制度，访客携带微型摄影机，每月至少检查一次餐厅所有关键点，若餐厅检查结果不好，半月后神秘访客还会再来一次，以确保整改落地。

西式快餐在中国发展至今，一方面给中国的餐饮业在品质、服务、清洁等方面带来了诸多正面影响，另一方面也面临着一些制约，比如产品往往被认为是高热量的不健康食品，门店销售过度依赖折扣，设置儿童乐园等使得环境嘈杂，追求速度而一定程度上缺少了人性化服务等。特别是改革开放以来中国经济快速增长，使得国人消费形态发生了改变，民众消费能力大幅提升，消费者已经从过去单纯接受变为自我主张，他们注重食品的安全健康、网络上的商家口碑等。德克士认识到了这些后，在不断推出既好吃又安全健康的快餐食品的同时，充分利用官方网站作为其宣传新产品、新标准与新生活的媒介，以推动德克士从西式快餐的提供者逐步升级为健康美味生活的倡导者。

在连锁模式上，与肯德基、麦当劳主要选择直营模式不同，德克士采取了以加盟连锁为主的策略。在加盟方式上，以特许加盟为主，合作加盟为辅。特许加盟是由加盟者全额投资并经营的合作模式。而合作加盟是由加盟者与德克士共同投资，德克士以设备作为投资，加盟者以场地、装修费用等作为投资，由德克士负责门店经营并承担经营风险，加盟者则提取固定利润。由于这两种加盟模式考虑到了中小投资者的不同经营理念和经济实力，再加上德克士按照不同地点、不同面积推出的不同店型并对应不同的加盟费用，很快便吸引了大批加盟者。

德克士最初推行加盟模式，也是出于迫不得已。当时公司已经快活不下去了，根本就没有资金再投资设立直营门店，为了能活下去，所以更多地选择了特许加盟这种比较容易拓展的轻资产发展模式。1999年2月，第一家德克士加盟门店攀枝花餐厅开业。开始时，连标准合同都没有，只要有意愿、有资金，所有申请加盟的人都能通过审核。为了吸引更多加盟者加入，魏应行在总部仍亏损的情况下，决定将门店盈利的75%归加盟商，德克士总部只留25%。他还特地书写了一副对联，上联是"量少利多不是利"，下联是"量多利少利更多"，横批是"有量是福"。他认识到做好加盟工作最重要的是加盟商能挣到钱，否则，如果加盟商为了盈利偷工减料，就会直接影响整个品牌的声誉，影响公司的持续发展。因此在加盟连锁中应尽可能将最大利益给加盟商，谨守加盟商得大头、总部赚小头的理念。在魏应行看来，如果公司在加盟连锁中只想着快速赚到一笔钱，就不可能长久，必须让加盟商生存下去。只有加盟商赚钱了，才会吸引更多人加盟，规模做大了，公司自然就赚钱了。

由于下沉市场的客流量相对较低，如何能够降低门店的投资和运营成本，从而有效降低其盈亏平衡点，就成了最初推行加盟连锁时所面临的最大挑战。早期核心部件炸锅价格惊人，肯德基使用的三菱炸锅每套高达 150 万元，魏应行与国内厂商合作，最终将成本降至只有 70 万元左右。同时，魏应行还了解到，德克士当时获利最多的是腌鸡粉等关键原料，这些原料是由总部统一生产后再加价卖给加盟商的，其成本最高时占到加盟商总体运营成本的 40%。此外，由于管控不力，腌鸡粉等关键原料能在市场上以较低的价格买到，这就引发了加盟商的极度不满。为了解决成本问题，魏应行将供应商召集在一起协调降价，腌鸡粉等关键原料成本占比由 40% 降至 32% 左右。另外，为了协调总部与加盟商的利益关系，德克士还选出加盟商代表参加魏应行亲自主持的加盟商峰会，并组成业主采购委员会和行销委员会，由大家共同协商原物料价格及广告基金的使用。

另外，为了避免开店中的盲目性，德克士要求所有加盟商的开店申请都必须经由天津总部审核。在很长一段时间，魏应行一直是最终的面谈者和审核者，申请者均须由他确认是否签约合作。魏应行自己审查开店申请，最初 1000 家门店都是经过他亲自审核的。凭借经验，他为德克士总结了一套开店模式及关键性指标体系（比如门店面积选择、朝向、商圈评估、财务测算等）。德克士还专门开发了软件评估系统，对每个开店的指标逐项评分，以确保开店成功率。

作为全球性快餐巨头，为维护品牌声誉，肯德基、麦当劳对特许加盟商的要求是非常高的。在拥有自有资金 800 万元的基本前提下，肯德基还要求加盟商同时满足四项条件：渴求发展并真正愿意亲自从事肯德基事业；有餐饮服务行业从业背景和经验；愿意建立 10 年以上的合作关系；具备相应的资金实力。成功加盟肯德基需要两次面试、三天门店实习，并参加为期 12 周的培训，从申请到培训，整个流程长达 6 个月。麦当劳对加盟商的基本要求是：具有企业家精神和获得成功的强烈愿望；愿意将自己的全部时间和精力投入到麦当劳餐厅日常的运营工作中；申请者本人愿意接受为期 12 个月的培训；投资金额不少于人民币 300 万元。相较而言，德克士是一个新进入者，品牌负担没那么重，它的进入门槛就可以很低且灵活很多。在 200 万元的投资额中，已经涵盖了门店物业租金、装修费用等大部分开店支出，对加盟商也并没有硬性规定一定时间的脱产培训，而是把培训重点放在一线从业人员身上。

除了在设备、原料供应、人员方面均具有成本优势，德克士向加盟商收取的权利金和广告基金的比例都比巨头企业低 50% 甚至更多。而且德克士门店多位于低线城市，再加上进入较早，物业租金往往只有一二线城市的三分之一，但营业额通常能达到一二线城市的一半左右。如果肯德基单店年营业收入五六百万元才能盈利，德克士仅需一半即可。在同一个中小城市，如果肯德基、麦当劳亏损的话，德克士很可能还会有些盈利。由于在开店选址、投资和运营过程中显著降低了成本，使得德克士在下沉市场具有一定的竞争优势，这也让德克士赢得了一批加盟者。

在投资回报方面，肯德基对加盟商不做承诺，由加盟商自己判断项目回收期。正常情况下五年可以收回成本并盈利。麦当劳也一般在五年内收回成本并赢利，同时对经营不善者进行回购。而德克士则声称投资回报率为 40%，一般两年半左右就可以收回投资且盈利，这对实力较弱的中小城市投资者有很大吸引力。经过多年的磨合和培育，德克士拥有了一批忠诚的加盟者，新开加盟店的七成以上为既有加盟者再次开店。他们之前的加盟已经回本，决定用赚来的钱继续投资新的门店。因为既有的加盟者在品质控制、运营管控、销售推广等方面积累了经验，而且在经营理念上与总部更容易取得一致，因此与新加盟者相比，他们在开新店时会更加得心应手，成功率也更高。

与快餐巨头要求加盟商必须将自己全部时间和精力都投入到门店日常运营工作、不允许多元投资不同，德克士允许加盟商继续从事自己原来的事业。这种灵活的特许加盟模式极大地激发了中小投资者的加盟积极性，是德克士得以迅速扩张的重要原因。因为对德克士来说，如果不是充分利用有加盟意识的广大中小投资者的资源，就很难以这么快的速度去填满空隙市场。一旦扩张速度不够快，就会丧失这一难得先机，回过头来被腾出手的巨头企业打垮。灵活的特许加盟模式以及低成本扩张策略使德克士避免了与国际快餐巨头正面冲突，并在下沉市场得以迅速壮大，品牌影响力也不断增强，从而为超常发展奠定了基础。

除了上述市场定位、产品创新、加盟模式等一系列差异化竞争的重要策略，德克士在营销推广方面也颇具本土化特色。与肯德基、麦当劳营销策略的一致性相比，德克士的营销推广显得更加灵活和个性化。在促销上，德克士有别于巨头企业自上而下的全国性或区域性促销体系，采取了自下而上与自上而下相结合的促销策略。德克士的每个加盟店都可以根据自身情况择机提出新的促销措施，晚上经过门店店长和分公司经理讨论通过后，第二天就可以付诸实施。而肯德基、麦当劳如果要搞促销的话，一个签呈就可能要在内部流转半年。凭借这种贴近市场和消费者需求的快捷灵活的促销体系，德克士用更低的成本和更有效的方案吸引了更多的消费者。

德克士最初进入中西部地区时就发现，当地的消费者比较热衷于促销活动，广告对他们的消费影响并不大。与其大量花钱做广告，不如把这些钱节省下来直接反馈消费者效果更好。于是德克士就加大了促销力度，将节省下来的广告费用直接用于各种促销活动和发放优惠券。由于西式快餐的价格相对于当地的收入水平还是偏高，采用发放优惠券的方法对于刺激消费非常奏效，这种看似简单的行销手段使得德克士在短时间里迅速提高了销售收入。

5.3　发展与挑战

从金融危机后的 2009 年开始，中国市场成为西式快餐巨头业务增长的主战场。随着社会经济和城市化的加速发展，居民收入水平不断提高，人们的餐饮消费习惯逐步发生变化，外出就餐更趋大众化和经常化，人们更加追求品牌声誉、口味特色、卫生安全、营养健康和简便快捷。快餐的社会需求随之不断扩大，西式快餐以其标准化的品质、快捷的服务、清洁舒适的用餐环境和价格适中等特点，逐渐成为中国餐饮业发展中的生力军。

德克士的加盟费优势和发展态势让肯德基、麦当劳等快餐巨头颇为恼火。但是这些国际巨头决策程序复杂、时间长，一时难以改变。终于，在总部协调下，肯德基通过与必胜客等关联公司合作，采取大区制统一采购、统一配送，将加盟费降低至 200 万元。德克士随即也采取了与康师傅共同采购、统一配送的模式，并将加盟费降到 25 万元，只有肯德基的八分之一。德克士还推出了员工加盟计划，对于年资满一年的店长，只要出资 10 万元即可参与加盟计划。

2013 年是德克士发展历程中的一个高光时刻。9 月 12 日，德克士全国第 2000 店"慈航餐厅"于佛教圣境普陀山盛大揭幕。舟山市政府领导、顶新集团领导亲临现场，共同见证了德克士发展过程中极具里程碑意义的时刻。截至 2013 年底，肯德基在中国内地门店达到 4400 家，其次是德克士超 2000 家，麦当劳 1900 多家。德克士已经赶超麦当劳在中国内地的门店数，成为当年门店数仅次于肯德基的第二大西式快餐品牌。

然而，德克士的母公司顶新集团在随后的短短一年时间里，连续 3 次卷入台湾黑心油事件，企业形象受到重创，牵连康师傅、味全、德克士等品牌，台湾各界发起抵制顶新产品的活动。紧接着，这一场食品安全危机事件又被政治化。在此后对顶新的调查中发现，魏氏兄弟在台湾本地取得近乎零利息的融资，但是很多的投资却在台湾以外，这一发现引起岛内更多的不满。随后，台湾当局开始向顶新逼债，对陆续到期的贷款也不予续借。顶新因此债务缠身，试图通过抛售资产变现还债却处处受阻。受母公司的影响，德克士的发展迅速放缓。2014～2015 年，由于资金紧张，德克士基本没有扩张。2015 年以后，每年的新开门店数维持在 150 家左右，同时会关闭 50 家左右的门店，门店的净增加数为 100 家左右。

而在这段时间，随着中国快餐产业市场的急速扩大，西式快餐巨头纷纷加大在中国市场的扩张力度。2013～2017 年，麦当劳中国⊖每年的新开门店数基本以 150～200 家的速度增长。截至 2017 年底，麦当劳门店总数在 2500 家左右，且主要集中在一二线城市。2017 年 8 月，中信股份、中信资本和凯雷投

⊖ 金拱门（中国）有限公司，简称"麦当劳中国"。

资集团收购了麦当劳中国 80% 的股权，麦当劳中国成了名副其实的中国公司。麦当劳中国提出了未来五年"销售额年均增长率保持在两位数"的目标，开设新餐厅的速度从 2017 年每年约 250 家，逐步提升至每年约 500 家，并且提出其中约 45% 的新开麦当劳餐厅将位于三四线城市，超过 75% 的餐厅将会提供外送服务。2018 年，中信资本正式介入麦当劳中国的运营，开始实施大规模的本土化，包括菜单本土化和供应商本土化，同时通过竞标、减少门店面积等方式，大幅降低新开门店的成本，在不同区域采用灵活的开店策略，在一二线城市开设 GTM 门店（大店），支持较高的单店营业额；在下沉市场开设 Zero Base 门店（小店），通过减少设备数量，缩减餐厅面积，来适应当地较低的单店营业额。上新"麦麦脆汁鸡"时，在哔哩哔哩（bilibili）网站召开了"全球首发 5G 炸鸡云发布会"，引发了消费者线下抢购和打卡潮。2018 年麦当劳实际新开门店数为 350 家，2019 年为 420 家。2020 年麦当劳新开门店 470 家，其中 50% 以上的门店都在下沉市场。截至 2024 年 6 月末，麦当劳在中国的门店总数为 6270 家。

在同一时段内，肯德基也得到了长足的发展，并不断向下沉市场拓展。为了适应中国广大地区消费者的差异化需求，肯德基在产品方面不断推陈出新，每年更新菜单 25%，甚至推出了螺蛳粉、热干面、胡辣汤、吮指十三鲜小龙虾烤鸡堡、酸笋汉堡等颇受不同地区消费者喜爱的本土风味产品。同时，肯德基借势抖音上新，深化影响力。2016 年 11 月，肯德基母公司百胜集团对中国区业务完成分拆，百胜中国作为一家独立公司在纽约证券交易所上市，这意味着快餐巨头的本土化进一步加速，并充分拥有了"为中国做出改变"的决策自主权。2014～2018 年，肯德基每年的新开门店数为 550～600 家，2019 年为 730 家，2020 年为 630 家。2020 年 8 月，肯德基在河南省新乡市封丘县开了首家"小镇模式"店，推出了超级劲辣充电鸡腿堡、盐酥鸡、香辣脆皮鸡腿等小镇定制产品，定价也更加实惠，开启了在乡镇市场开设小镇模式店的征程。截至 2024 年 6 月末，肯德基在中国拥有门店数达到 10 931 家。

在国际快餐巨头不断向下拓展中国广大下沉市场的同时，许多本土企业也纷纷抢滩快餐市场。其中有一家在中国下沉市场急速扩张的快餐品牌，可以称得上是另一个小狗策略成功的典范，这就是华莱士。它的发展速度令人咋舌。华莱士2001年1月在福州成立了首家快餐厅，随后通过引入营运管理体系，建立了连锁企业管理模式以及产、销系统，并开始在福建省内扩张。2005年，华莱士开始向省外市场发展，逐步扩展到全国，年底加盟店突破100家。从2006年开始，华莱士加盟店呈现跨越式发展，到2010年各种规模加盟店超过1000家。2013年，华莱士加盟店超过4200家。2018年以后，华莱士新开门店数更是迎来井喷，每年新开门店几千家。2018年底华莱士门店数破万。新冠疫情期间，华莱士更是逆势新增8000多家门店，2022年达到2万家，超过肯德基、麦当劳和德克士3家的门店数总和。

华莱士的发展也并非一帆风顺。2001年两个温州兄弟凑了8万元，在福建师范大学旁边开了一家300多平方米的汉堡鸡排店。由于兄弟俩姓华，便给这个创业项目取了个洋名字：华莱士。一开始，华氏兄弟曾想简单照搬麦当劳模式，甚至在店内也设置了儿童乐园，但很快以失败告终，如同大多数走山寨路线的西式快餐店一样，在肯德基、麦当劳和德克士的打压之下关店。华莱士此后另辟蹊径，重新进行了市场定位。那时西式快餐汉堡的单价一般是10元左右，可乐也得4~5元，对于当时福州的普通百姓而言价格偏高。华莱士推出了"特价123"的大促销，就是可乐1元、鸡腿2元、汉堡3元，很快周边老百姓便踏破了华莱士门槛。虽然这个特价套餐并没能赚到什么钱，基本属于赔本赚吆喝，但启发了华氏兄弟，印证了华莱士走低成本、低价格发展策略的可行性。

在门店选址上，华莱士基本沿用了德克士的策略，利用肯德基、麦当劳一时还没来得及向低线城市大规模发展的时间差，迅速向下沉市场扩张。华莱士主动避开租金昂贵的核心商圈和一级路段，摒弃儿童乐园，选择社区和二级路段开店。这样做一方面是为了更好地避开与快餐巨头的正面竞争，另一方面是因为这些地方物业租金便宜，成本低，有利于扩张。

华莱士尽管在一二线城市也设有一些门店，但主要设在大学城、工厂周边和郊区，面向收入相对较低的目标群体。在产品、服务、管理标准方面，华莱士在尽可能向肯德基、麦当劳这样的国际快餐巨头学习的同时，通过采用款式

比较陈旧、价格更便宜的生产设备以及大批量采购和发挥规模经济效应，大幅
降低了门店投资和运营成本。

　　在产品定位方面，华莱士以经典款、基础款汉堡和全鸡系列为主，并不跟
进肯德基、麦当劳的热销新品。在原材料采购上也会尽量避免与肯德基、麦当
劳发生冲突，比如针对鸡腿堡，麦当劳使用 70～80 克规格的鸡腿，而华莱士
则选用 50～60 克的鸡腿。在营销推广上，华莱士一般不打广告，而是将所有
预算投入在促销活动中，尽量让利给消费者，比如经常推出"10 元 3 个汉堡"
等促销活动。

　　在加盟模式选择方面，与德克士的特许加盟模式不同，华莱士采用的是
自创的合作连锁模式，即门店众筹、员工合伙、直营管理。总部员工、门店员
工、有店铺资源者和有业务往来者这四类人可以成为合伙人，单个合伙人持股
不得超过 40%，核心员工至少持股 5%。公司对员工创业免收加盟费，但对每
家门店每年收取 1 万元品牌使用费。通过这种门店众筹方式，将一部分股份下
放给店长、营运人员和选址团队，他们拥有股份参与分红，门店和公司共担风
险和共享利润，与公司形成了利益共同体。在华莱士，店长管好一家店，督导管
好 10 家店，营运经理管好一个区域，自下而上经营。每个人都是老板，都持有
股份，相互制衡，盈亏自负。公司给门店提供技术、原料、物流、品牌和培训
等支持，通过直营管理确保连锁门店运营标准的统一。员工合伙制使得华莱士
的员工都可以投资开设门店，而且投资成本低，单店投资金额为 40 万～45 万
元，平均 22 个月收回成本，获利后可以继续投资开设新门店。这种自创的"一
生二、二生三、三生万"的合作连锁模式，最大限度地刺激了广大员工以及供
应商、门店房东等其他利益相关者的积极性，也让华莱士迎来了野蛮生长。

　　尽管华莱士一些门店产品制作中的卫生状况经常在网上被人诟病，但其全
平台总订单量排名仍然超过了麦当劳、肯德基和德克士，位居第一。现在华莱
士的门店遍布中国各地，从一线城市到小县城，都有华莱士的身影。依靠这种
性价比高、适合广大中低收入群体的低成本、低价格经营模式，华莱士已迅速
成长为中国快餐业市场的又一隐形巨头。

　　肯德基、麦当劳等国际快餐巨头的不断下沉扩张，华莱士等一批本土快餐

企业的迅速崛起，对德克士形成了很大的挑战。相对来说，德克士在边缘、空白市场建立起来的品牌价值感共识程度低，并没有很大的竞争优势。尤其是德克士采用的低门槛加盟模式，在有力地推动了门店数量增加的同时，也给品质和服务标准的管控埋下了隐患，这也是德克士一路走来面临的最大问题。德克士为此强化了从总部、区域公司到门店的食品安全管理体系和制度的建设，实行统一标准的运营管理、食安核查和风险管控，并专门成立了企业大学，加强加盟商的内部培训。2014年至今，德克士一直在不断尝试新的商业模式。德克士在北京、上海等一线城市开了第五代门店"新舒食概念店"、无人智慧餐厅"德克士未来店"，通过在产品中增加蔬菜含量、现点现做、食品溯源、数字化智能化管理等方式进行差异化布局。2020年初，德克士推出贺岁单曲《爆运Disco》为新品宣传，又赞助了综艺节目《这！就是街舞第三季》，来拉近和Z世代消费者的距离。2021年9月12日，随着五台山门店的落成，德克士迎来其第3000家门店。

德克士声称，今后将会一如既往地努力在产品、服务、业态、公益四大战略方面不断实现升级，将"勇于追求"的理念贯穿始终，并以三个贴近——贴近顾客的嘴巴（口味）、肚子（主食）和口袋（消费能力）作为经营思路，不断提高产品品质、提升服务质量、提振品牌声誉，积极推行"东方舒食"的本土化概念。根据顶新集团的计划，德克士将进入新一轮的扩张阶段，并争取在港交所上市，使其成为集团第3家挂牌企业。与这一上市募资规划相对应，德克士计划在2040年将门店数量扩大到25 000家，力争问鼎中国西式快餐领军品牌。在魏应行看来，企业的市场竞争是"老大吃肉，老二喝汤，老三刷碗"。他声称："德克士未来将努力超越肯德基和麦当劳。"并且他强调，"我们说到做到！"德克士是否真的具备了直面竞争的实力和能力？在快餐巨头与本土企业的上下夹击中能够脱颖而出还是最终落败？让我们拭目以待！

5.4 问题讨论

在寡头企业占据的行业中，新进入者如何才能取得一席之地，这是在进入市场时困扰许多企业的一个难题。德克士的发展告诉我们，新进入者在具有与强大竞争对手相抗衡的足够能力与资源之前，最好采取避其锋芒、夹缝中求生存的小狗策略，而不是以挑衅姿态进行正面对抗，或在市场上采取触及强大竞争对手核心利益的方式。只有这样，新进入者才能避免被大企业关注，避免在自身羽翼未丰时就遭受对手的毁灭性打击。新进入者可以赶在强大对手还无法顾及之前，利用自己的快速进入，在边缘、空白市场建立先发优势，扬长避短、错位竞争，依靠敏捷性、灵活性和创造性，快速发展形成规模，为自身扩充实力赢得宝贵的时间与空间。

通过对德克士发展历程的系统梳理，我们可以看到德克士对小狗策略的成功运用，归纳起来主要表现在以下两个策略层面。

首先是市场定位的调整。在与快餐巨头正面竞争铩羽而归后，痛定思痛的德克士进行了重大战略调整，走上了一条所谓"农村包围城市"的道路，将其发展重心放在了下沉市场，放在了快餐巨头尚鞭长莫及的中国广大的低线城市。这一重大战略调整的直接结果是，一方面使德克士避免了与肯德基、麦当劳这样强大的竞争对手正面较量，另一方面也为自身站稳脚跟，迅速发展壮大争取了宝贵的时间和空间。

其次是商业模式的创新。市场定位的调整，只是为德克士的生存发展提供了可能性，而商业模式的创新则是使这种可能性变成现实的根本所在。市场战略一旦被确定，德克士随即在产品定位、加盟模式、营销推广、运营管控等诸多方面，都根据国内下沉市场的具体特征开展了不同程度的创新，采用了一系列不同于国外快餐巨头的策略和打法，形成了一整套更具中国特色、更接地气的商业模式。这一商业模式的成功主要体现在三个方面：一是通过多维度降低门店的投资成本和运营成本，大幅拉低了德克士门店的盈亏平衡点，使得德克士在下沉市场立足成为可能；二是通过低门槛加盟模式并让利给加盟商，极大提高了投资者的加盟热情，为德克士门店的迅速扩张奠定了基础；三是以消费者为核心，更好地为消费者提供好吃、超值、快捷、安心的快餐产品和服务，为消费者不断创造更多价值。正是凭借这种差异化的市场定位策略和商业模式，德克士在巨头林立的快餐业中得以生存和发展。

总而言之，对于中小企业或者新进入者，以小博大、针锋相对、在固有市场上与在位企业正面对抗最容易导致失败。当自己实力还比较弱小时，要学会韬光养晦、低调行事，避免与强大的竞争对手展开直面较量。对新进入者而言，真正有机会的地方往往是在位企业还没有看清发展趋势，或者即使看清了一时也无法进入的领域。新进入者要善于发现那些在位企业还未察觉或者尚无暇顾及的市场机会，避免其强势的区域，拓展对方力量较弱或尚未开发的空隙市场。要清楚哪些因素可能会触犯在位企业，尽量不侵犯对方的底线，不影响对方的核心利益，并通过合作共赢去协调整合社会资源并为己所用，在强大竞争对手未察觉之前迅速壮大自己。同时应该看到，尽管在位企业在市场上占据优势，但对方的优势从另一个方面来看也可能就是它的劣势，而新进入者就没有这方面的负担。新进入者可以利用大企业珍惜品牌价值以及船大难调头等特点，充分发挥自己作为"小狗"在速度、效率和应变能力方面的灵活性，为谋求快速发展提供有利条件。

最后需要再次强调的是，尽管小狗策略的实施可以为新进入者的生存发展提供可能，但是在现实的市场竞争中，如果新进入者未能利用转瞬即逝的时间和空间机会，形成自己独特的商业逻辑和强有力的竞争优势的话，那么在长期的竞争中就不可能始终拥有"护城河"。从这个意义上说，如何摸索出一条适合自身持续发展的差异化的商业模式并形成难以复制的核心竞争力，从而为客户创造更多价值，是小狗策略最后能否真正成功的关键所在。

思考题

1. 运用小狗策略分析和评价德克士各阶段的发展策略。

2. 与德克士相比，华莱士的小狗策略有什么特点？

3. 德克士与华莱士的经验教训对我们有什么启示？

4. 德克士具备与快餐巨头正面对抗的能力了吗？德克士真正的竞争对手是肯德基、麦当劳、华莱士还是它自己？你认为德克士应该如何去做？

II

GAME THEORY

Strategic Interaction, Information
and Incentives

第二部分

重复博弈

第 6 章

无限重复博弈

第一部分我们讨论了同步一次博弈，即完全信息静态博弈。接下来的第二、第三部分我们将分别讨论完全信息条件下的重复博弈和序贯博弈，这两部分属于完全信息动态博弈的内容。

重复博弈是一次博弈的重复进行，它是参与者之间在某种情境下的重复互动，其中每次博弈可以看作一个阶段，参与者在每次都面对相同的阶段博弈（stage game）。作为一种特殊且重要的动态博弈类型，重复博弈与我们将在第三部分讨论的序贯博弈中同样结构的博弈通常只出现一次不同，是同样结构的博弈的多轮重复。在重复博弈中，每次博弈之间没有物理上的联系，即前一阶段博弈的结果不改变后一阶段博弈的结构。所有参与者都能观察到博弈过去的历史，即可以观察到在过去的博弈中，其他参与者具体选择了什么策略，包括是选择了合作还是不合作策略。每个参与者的总得益是所有阶段博弈收益的贴现值之和。因此重复博弈相对于一次博弈，会对参与者的行为和激励产生很大的不同影响；或者说，在重复博弈中参与者不仅关心眼前利益，更关心长期利益，这使得他们为了总得益最大化可能会选择不同于一次博弈的策略。

作为多次重复的阶段博弈的组合，重复博弈按期限可分为无限重复博弈和有限重复博弈。前者也被称为超级博弈（super game），是指博弈会持续地重复进行下去，没有终结的时候；而后者则是指博弈在某一特定的时刻或次数后就结束，它包括不确定结束期和确定结束期的有限重复博弈。我们首先在这一章讨论无限重复博弈，然后在下一章再讨论有限重复博弈。

6.1　广告博弈与劣策略重复剔除

我们知道在一次囚徒困境博弈中，个体的最优行为往往会损害整体的利益，它反映了个体理性和集体理性的冲突。从集体理性的角度看，参与者应当相互合作，但从个体理性的角度看，每个参与者都有不合作的动机。尽管这是决策主体的理性行为，但对整体而言，社会福利因此遭受损失。人们自然就会问，如何才能走出这种困境？本书的基本脉络之一就是沿着怎样从困境走向合作这条线索来进行分析的。事实上，囚徒困境模型的分析也为我们提供了促成合作的思路。只有理解了人们之所以不合作的原因，才可能更好地找到达成合作的基本途径。

重复博弈可以是同步博弈的重复进行，也可以是序贯博弈的重复进行，比较常见的是前一种，它也是本章主要讨论的重复博弈类型。接下来，我们讨论在重复博弈的框架下，囚徒困境博弈是如何产生合作均衡结果的。

6.1.1　广告博弈

我们用一个简单的广告决策（advertising decisions）博弈，来分析重复博弈对博弈均衡结果的影响。

假定这是早餐谷物食品制造商之间的广告竞争。这个行业的代表性产品主要是用不同谷物制成的各式片状或小圈状的麦片，因其便捷、健康、营养，这些产品成了近百年来欧美国家家庭日常主要的早餐食品。这些制造商大都是百年老店，产品耳熟能详，市场集中度比较高。在这一节中，我们将首先分析一次广告博弈的均衡结果。

为分析方便起见，我们假定这个行业只有两家企业：家乐氏和桂格，即这是一个双寡头竞争市场。假设广告是这两家寡头企业的重要竞争手段，家乐氏和桂格各自有三个策略："不做广告""做中等强度的广告"和"做高强度的广告"（见图 6-1）。由于这是个成熟行业，市场需求相对稳定，各家产品鲜有变化，所以如果都不做广告，各自盈利最高，比如每家都能赚 12 亿元；如果它们都做中等强度的广告，像乐氏这样的国际知名企业，可能需要签约代言费颇高的一线明星，由于两家都投放中等强度的广告，其结果并不能使市场总需求增加多少，却增加了各自的广告费用开支，假设每家只能赚 7 亿元；如果两家企业都去做高强度的广告，则需投入更多的广告费，例如找类似美国男篮梦之队这样的做天价广告，导致每家赚得更少，比如每家只能赚 2 亿元。显然，两家企业都不做广告对彼此最有利。

桂格

策略	无广告	中等强度	高强度
无广告	12, 12	1, 18	−1, 15
中等强度	18, 1	7, 7	0, 10
高强度	15, −1	10, 0	2, 2

家乐氏（位于表格左侧）

图 6-1　广告博弈

　　这里需强调的是，在很多成熟行业，市场需求是相对稳定的，产品的广告一般会影响企业之间的相对市场份额，但难以影响市场绝对规模。比如历史上美国曾经有不少人反对香烟广告，因为这可能诱使年轻人吸烟，影响国民健康。但烟草公司是政府的重要税收来源，也是一些议员的金主，在他们的游说下禁止烟草广告的建议长期被搁置。然而随着社会不断进步，人们对香烟危害的认识越来越趋于一致，支持限制香烟广告的力量成为主导，以至于在 1970 年 4 月，美国总统尼克松签署了禁止在电视上播放香烟广告的禁令。但出乎意料的是，禁令发布后，烟草公司的利润不降反升。因为所有烟草公司都不做广告，大幅度节省了广告费用，之前吸烟的人还在吸，市场需求并没有减少多少。都不做广告，对这些企业事实上是有利的。

　　更有趣的是，在香烟上粘贴吸烟有害标签，实际上是烟草行业自己提议的。因为这有利于免除后期的法律诉讼，而这些诉讼很可能导致烟草公司的大额赔偿甚至高管的牢狱之灾。从这些例子我们也可以看出，有时候政府的规制政策，反而使企业避免了陷入困境的局面，这也是为什么企业往往有动力游说政府采用一些特定行业政策和规定。

　　尽管不做广告对家乐氏和桂格双方都好，但问题是，如果桂格不做广告，而家乐氏做广告，消费者会更多地购买家乐氏的产品，这就会提高家乐氏的市场份额和利润。比如，如果桂格不做广告，而家乐氏选择做中等强度广告的话，家乐氏就可以赚 18 亿元，而桂格只能赚 1 亿元，当然桂格自然也会想要做广告。显而易见，这是一种囚徒困境博弈，在一次广告博弈中，最后的均衡结果是双方都选择做高强度广告，并不能达成实现集体理性的都不做广告的合作均衡。

6.1.2 劣策略重复剔除法

为了再介绍一种寻找纳什均衡的方法——劣策略重复剔除法（repeated elimination of dominated strategies），我们仍然用这个例子进行说明。首先来看这个博弈中家乐氏应该采取的策略。家乐氏知道它和桂格都有不做广告、中等强度、高强度三个策略可以选择，如果桂格选择不做广告的话，家乐氏选择这三种策略可以分别获得 12 亿元、18 亿元、15 亿元得益，显然选择中等强度广告是家乐氏的最优反应；如果桂格选择中等强度广告，则家乐氏的上述三种策略选择分别对应 1 亿元、7 亿元、10 亿元的得益，显然家乐氏应该选择高强度广告；如果桂格选择高强度广告，则家乐氏的上述三种策略选择分别对应 −1 亿元、0 亿元、2 亿元的得益，家乐氏的最优反应也是做高强度广告。可见，如果桂格选择不做广告，家乐氏应该选择中等强度广告；桂格若选择中等强度或高强度广告，家乐氏都会选择高强度广告，家乐氏没有占优策略。

由于这个博弈是对称的，桂格也没有占优策略。尽管如此，我们看到二者均有另外一种策略——不论对方做何种选择，此策略对于自己来说都是最差的策略。这种与占优策略相反的策略，我们称为劣策略（dominated strategy），即我们通常所说的下策。

我们再来看图 6-2 所示的矩阵。如果桂格不做广告，则家乐氏选择不做广告、中等强度广告和高强度广告分别对应的得益为 12 亿元、18 亿元和 15 亿元，可见不做广告比其他两个策略都要差；如果桂格选择中等强度广告，家乐氏三种策略分别获得 1 亿元、7 亿元、10 亿元得益，不做广告也是最差的策略；如果桂格选择高强度广告，家乐氏的三个策略中，不做广告获得 −1 亿元，仍然比其他两个策略的得益低。所以，对家乐氏而言，尽管没有占优策略，但存在不做广告这个劣策略。即不管对方做什么，选择该策略都将导致最低的得益。同样，对桂格来说，不做广告也是它的劣策略。既然劣策略是不管其他参与者采取什么策略，都会导致自身最低得益的策略，理性参与者就不会选择劣策略。

桂格

策略	无广告	中等强度	高强度
无广告	12, 12	1, 18	−1, 15
中等强度	18, 1	7, 7	0, 10
高强度	15, −1	10, 0	2, 2

家乐氏

图 6-2　劣策略重复剔除

在许多博弈中，参与者尽管没有占优策略，但往往可以通过剔除劣策略来进行分析。当我们把广告博弈中参与者的劣策略剔除之后，就可注意到简化后的矩阵与囚徒困境博弈没有区别了——高强度的广告投入是两家公司的占优策略。也可以在简化后的博弈矩阵中继续剔除中等强度广告这个劣策略，从而得出唯一纳什均衡，这种方法就称为劣策略重复剔除法。这一方法能将博弈简化，对于分析较为复杂的博弈往往比较有用，可以借助计算机程序通过不断重复剔除劣策略，最终得到纳什均衡。

6.2　触发策略与合作

我们知道在囚徒困境博弈中，均衡结果对各方都是不好的，参与者本可以找到比均衡结果更好的结果，但在一次博弈中彼此很难达成合作。就如我们在一次广告博弈中所看到的那样，尽管双方都不做广告对彼此最为有利，然而个体理性决定了它们都会选择高强度广告这种不合作策略，使得帕累托最优无法实现，导致双方都遭受损失，这是一次囚徒困境博弈的必然结果。但是在现实生活中，很多博弈是不断重复进行的。如果参与者每年都进行这种一次博弈，并且一直持续下去，参与者就能够针对对手不合作的行为进行惩罚或者报复，这使得不合作者会因此付出代价，这一代价会以日后的利益损失出现。当这种代价足够大时，背叛行为就会被阻止，参与者之间的合作就会成为可能。

需要指出的是，在非合作博弈中，参与者对策略的选择和实施是相互独立的，每个参与者会按照个体理性做出独立的决策，决策结果可能是相互之间不合作，也可能是相互合作。2005 年诺贝尔经济学奖得主罗伯特·奥曼等人的研究证明，在重复博弈条件下，合作对每个理性参与者而言可能是最好的选择，重复博弈使得人们的个体行为与集体利益相兼容，从而得以走出困境。作为参与者之间无法达成有约束力的合作协议的非合作博弈，在重复博弈中通过理性行为的相互作用可以得出一个合作结果，这是博弈论具有里程碑意义的重要思想。

6.2.1 冷酷策略与一报还一报策略

在重复博弈中，合作之所以有可能出现，是因为参与者不仅关心眼前利益，也关心长期利益。当参与者重复面对图 6-1 所示的矩阵时，他们可以通过采用触发策略（trigger strategies）来实现合作。所谓触发策略，是指根据对手上一阶段的博弈行为，来决定自己下一阶段的策略是选择合作还是不合作。采用这一策略的参与者只要对手合作，就会一直与对手合作下去，但一旦对手背叛，就会触发他采取相应的惩罚行为。

触发策略分为两种。一种叫冷酷策略（grim strategies），即双方从合作开始，如果在某一阶段一方选择背叛，那么另一方从下一阶段开始永远用背叛来惩罚他，再也不会合作。另一种相对温和，叫一报还一报（tit-for-tat，TFT）策略，这个策略双方也是从合作开始，之后每个阶段，如果一方选择合作，另一方也会继续合作下去；如果一方在某个阶段采取背叛策略，则另一方在随后阶段也采取同样策略来报复。一报还一报策略与冷酷策略的区别在于：如果背叛一方在下一阶段回心转意，又采取合作策略，则另一方会给予机会，在接下来阶段的博弈中重新选择合作。

我们还是用广告博弈的例子对触发策略进行分析。如果桂格采取冷酷策略，对此家乐氏该如何应对呢？冷酷策略意味着只要对手在过去没有做过广告，我就不做；一旦对手做广告，我也用高强度的广告活动来报复它。事实上，只要对手在过去没有过背叛行为，各个企业都会同意合作，因为背叛行为会触发以后所有阶段的惩罚。

我们把家乐氏的应对策略分为两种：一种是合作，另一种是背叛。合作意味着只要桂格不做广告，家乐氏也不做广告，这时家乐氏每年都能获益 12 亿元。考虑到货币的时间价值，总得益需要贴现计算。若以 r 为市场利率，设 $r = 10\%$，则明年的 110 元等同于今年的 $100\left(=\dfrac{110}{1+0.1}\right)$ 元，这里的 $\dfrac{1}{1+r}$ 为贴现因子（discount factor）。所以在双方一直合作的情形下，家乐氏总得益的现值为所有阶段得益的贴现值之和⊖，即：

$$\Pi_{合作} = 12 + \frac{12}{1+r} + \frac{12}{(1+r)^2} + \frac{12}{(1+r)^3} + \cdots = 12 + \frac{12}{r}$$

如果家乐氏选择背叛，即第一阶段做中等强度的广告，此时获利最高，为 18 亿元，随即触发桂格采用高强度广告策略来永久惩罚它，以后每一阶段得益仅为 2 亿元。家乐氏的总得益的现值为：

$$\Pi_{背叛} = 18 + \frac{2}{1+r} + \frac{2}{(1+r)^2} + \frac{2}{(1+r)^3} + \cdots = 18 + \frac{2}{r}$$

将家乐氏采用背叛策略与采用合作策略时的总得益相比较：

$$\Pi_{背叛} - \Pi_{合作} = 18 + \frac{2}{r} - \left(12 + \frac{12}{r}\right) = 6 - \frac{10}{r}$$

假定利率 $r = 5\%$，代入上式：6 – 10 / 0.05 = –194。显然，家乐氏采用背叛策略会相较于采用合作策略损失 194 亿元，因此家乐氏没有动机采用背叛策略。实际上我们简单计算一下就可得出，除非 $r > \dfrac{5}{3}$，否则背叛对家乐氏没有好处，而市场利率 $r > \dfrac{5}{3}$ 是极为罕见的。

如果桂格采用一报还一报策略，即对于家乐氏的背叛行为给予报复，而当

⊖　由于 $\dfrac{1}{1+r} < 1$，$\dfrac{1}{1+r}$ 的无穷级数 $\left[\dfrac{1}{1+r} + \dfrac{1}{(1+r)^2} + \dfrac{1}{(1+r)^3} + \cdots\right]$ 收敛于 $\dfrac{1}{r}$。

家乐氏一次背叛之后回心转意，继续采取合作策略时，桂格也会在下一阶段同样继续选择合作，这时情况会有什么变化呢？在这种情形下，家乐氏选择永久合作的得益与之前的情形相同，而选择背叛一次的总得益则变为：

$$\Pi_{背叛一次} = 18 + \frac{2}{1+r} + \frac{12}{(1+r)^2} + \frac{12}{(1+r)^3} + \cdots$$

将家乐氏背叛一次的总得益与始终采取合作策略的总得益相比较（仍假定利率 $r = 5\%$）：

$$\Pi_{背叛一次} - \Pi_{合作} = (18-12) - \frac{12-2}{1+r} = 6 - \frac{10}{1+r} \approx -3.5$$

显然，家乐氏也没有背叛一次的动机。简单计算可知，如果桂格采用了一报还一报策略，只要 $r < \frac{2}{3}$，家乐氏采取背叛一次再合作的策略就并不划算，这意味着家乐氏也不会选择背叛一次的策略。由此可见，无论桂格是采用冷酷策略还是一报还一报策略，家乐氏都不会采取背叛这种不利于自己的策略。

因此，在无限重复博弈中，当利率不是很高（即折现因子不是很小）时，家乐氏与桂格都会采取不做广告的合作策略，合作是纳什均衡。也就是说，在无限重复博弈中，没有一个参与者可以采用其他策略而使自己的境况更好，因而没有改变合作策略的动机，如此一来，囚徒困境在无限重复博弈的背景下就被化解了。

6.2.2　合作的条件

若设 $\pi_{合作}$ 是双方合作获得的一次博弈的得益，$\pi_{不合作}$ 是博弈一方采用不合作策略获得的一次博弈最高得益，π^N 是一次博弈纳什均衡得益（困境得益），r 是市场利率，那么，在无限重复博弈中采取合作策略的总得益和采取不合作策略的总得益分别如下：

$$\Pi_{合作} = \pi_{合作} + \frac{\pi_{合作}}{1+r} + \frac{\pi_{合作}}{(1+r)^2} + \frac{\pi_{合作}}{(1+r)^3} + \cdots = \pi_{合作} + \frac{\pi_{合作}}{r}$$

$$\Pi_{不合作} = \pi_{不合作} + \frac{\pi^N}{1+r} + \frac{\pi^N}{(1+r)^2} + \frac{\pi^N}{(1+r)^3} + \cdots = \pi_{不合作} + \frac{\pi^N}{r}$$

要想博弈双方保持合作，就要使得不合作没有好处，即合作的总得益要大于或等于不合作的总得益。对上面两式整理可得：

$$\pi_{不合作} - \pi_{合作} \leqslant \frac{1}{r}(\pi_{合作} - \pi^N)$$

上述方程式左边表示当下采取不合作策略比采取合作策略多得的一次性得益，右边表示由于现在不合作导致以后损失的得益的现值。只要眼前的一次性得益小于由于不合作而放弃的未来得益的现值，参与者就没有动机去偏离合作均衡。

这个成本收益分析对合作的产生很重要。背叛是机会主义，看重的是眼前的短期利益，而合作则是着眼于长期利益。如果即期利益大于未来利益的现值，背叛是有利的；如果即期利益小于未来利益的现值，背叛就没有好处。博弈参与者必须在背叛行为带来的利益和这些行为带来的未来成本之间权衡。

这种成本收益分析可以运用到现实生活中的诸多方面。比如贪官外逃。曾经有一段时间，贪腐官员一旦意识到罪行即将暴露，往往会设法逃往国外。由于过去我们对外逃贪官的追捕力度不够大，再加上遣返的国际合作机制还不完善，抓捕遣返比例较低，使得一些贪官逃到海外就觉得万事大吉，造成一段时间内贪官外逃事件频发。但是，近十多年来国家采取全力追捕策略，花大力气建立追逃追赃国际合作机制，发布红色通缉令，开展"猎狐"行动，大大压缩了外逃贪官的生存空间。这在一定程度上使得贪官外逃从一次博弈变成了重复博弈，外逃贪官自首和被遣返回国的比例大幅增加。再加上广泛深入的舆论宣传，极大地震慑了贪官。这实际上是在告诫他们通过贪腐获得短期巨利后外逃，从长期来看是不会有好下场的。正因如此，现在贪官外逃的情况已经基本得到遏制。〇

〇 中央纪委副书记在 2017 年 10 月 27 日的新闻发布会上披露，由于强高压、长震撼，这几年外逃贪官人数逐年递减，2014 年为 101 人，2015 年为 31 人，2016 年为 19 人，2017 年截至 10 月为 4 人。

又如，在一个社会中，如果底层最贫困的人群无论怎么辛勤劳动都很难使自己的生活得到基本改善，无论怎么努力都看不到未来的话，其中某些人就有可能会采取机会主义的不合作策略甚至铤而走险——反正没有未来利益，铤而走险或许还能带来短期的利益。在这种情况下，社会刑事犯罪和不稳定因素就会增加。所以努力让人民群众能够安居乐业，完善社会底层人群的上升通道，形成人们对未来的良好预期，对一个社会的长治久安是非常重要的。

综上所述，当博弈无限重复、没有确定的终结之日时，合作作为纳什均衡就能够维持下去，但这需要符合几个条件。

首先，要有能力监督对手的行为。比如，在市场竞争中，获取对手的真实定价信息往往并非易事。因此，当对手产品价格下降时，确认这是因技术和成本的变化所致，还是有意降价竞争所致，对于选择下一阶段的策略是必不可少的。这就要求处于重复博弈中的企业要有辨别对手行为的能力。

其次，要有惩罚对方不合作行为的能力和声誉。这点显而易见，如果没有能力惩罚对手，对方就不在乎不合作行为的不利后果。在这里，人们的预期很重要，因为往往是对方"认为你会做何选择"而非"你事实上做何选择"影响了他的行为。

再次，利率不能太高，或者说贴现因子不能太小。贴现因子小意味着相同的未来利益对应的现值较低，这会影响参与者对最优策略的选择。贴现因子实际上反映的是参与者的耐心程度，贴现因子越趋近于1，说明参与者的耐心越好。参与者越有耐心，意味着对于未来越看重，合作的长期价值就越大。

最后，未来进行博弈的机会要多。合作可能出现是因为博弈参与者将再次相遇，参与者不仅要考虑即期利益，还需要权衡未来利益。要是博弈不能够重复进行下去，长远的利益就不复存在。这种情形下，参与者往往抱着一锤子买卖的心态，而非从长计议，所以合作也难以实现。

6.3 合谋与反垄断

在无限重复博弈中，企业通过合作共同制定高于市场竞争价格的行为是有利可图的，这种行为被称为合谋（collusion），也称串通或共谋。与一次博弈的情况不同，产生这个重要结果的根本原因是：如果一方违背了合作协议，他在未来受到惩罚的时间会很长，这足以抵消他通过背叛得到的利益。由于合作的长期利益高于背叛的短期利益，使得重复博弈中企业之间的合谋能够通过实施触发策略得以维系。

6.3.1　合谋在现实世界中的例子

将家庭生活垃圾装载运送到垃圾场的垃圾收集行业是个典型的同质服务行业，我们在第 2 章曾经分析过，同质竞争的结果就是价格等于边际成本，也就是说，同质竞争行业内的企业长期只能获得零经济利润。但是，美国佛罗里达州南部的一些垃圾收集企业，却通过触发策略来实施高价收费。这些企业雇用专门人员以监视竞争对手，如果有竞争对手以低价抢走它的客户，那它就用同样手段抢走对方 5～10 家客户予以惩罚，使竞争对手明白低价抢客户是不值得的。这样一来就好像划分好了各家企业的势力范围一样，每家企业只在自己特定范围内提供服务，不会到竞争对手势力范围内用低价竞争。所以长期以来在这些地区每户居民所面临的垃圾收集企业都只有一家，而居民日常支付垃圾收集的费用都是高价的。[⊖]

石油输出国组织（OPEC）是一个典型的产油国间的合作联盟。OPEC 成立于 1960 年，现包括沙特阿拉伯、科威特、伊朗、伊拉克、委内瑞拉、利比亚、阿联酋、阿尔及利亚、尼日利亚、赤道几内亚、刚果共和国和加蓬共 12 个成员国，总部设在维也纳。作为石油卡特尔，OPEC 成员国拥有世界 70% 的石油储量、40% 的原油产量和 50%～60% 的原油贸易量。OPEC 通过协调成员国的石油政策，调节产量配额来控制原油价格，从而避免彼此陷入低价竞争，以最大化成员国的收入。

事实上，OPEC 成员国之间的合作在一开始并不算成功。由于这些国家的

⊖　贝叶 . 管理经济学与商务战略 [M]. 张志勇，等译 . 北京：社会科学文献出版社，2003.

财政收入主要来源于石油生产，因此一些成员国的军政府为了短期利益会违背限产协议，也有一些成员国在遇到财政危机时的主要解决手段就是突破产量配额。在 OPEC 发展过程中，沙特阿拉伯起到了最重要作用。沙特阿拉伯的石油份额最高，不合作带来的伤害也会最大。为了维护自身的根本利益，沙特阿拉伯长期着力于协调各成员国限产保价，有时甚至主动减少本国的产量配额，以维持原油价格的高位水平。1973～1985 年，OPEC 比较成功地维持了合作和高价，原油价格从 1972 年的每桶 3 美元上升到 1981 年的 35 美元。到了 20世纪 80 年代中期，由于各成员国在价格和份额问题上产生了争议，合作变得不再那么有效率，1986 年原油价格又回落到每桶 13 美元。

伴随全球经济的发展尤其是中国经济的高速增长，世界石油市场需求大幅增加，原油价格不断攀升，加上投机基金大举进入石油市场，原油期货价格在2008 年甚至一度涨至每桶 147 美元的高位。当人们都认为石油会越来越少，需求和价格会越来越高的时候，俄罗斯石油出口不断增长，成为世界第一大石油输出国。而且更为重大的变化是，高油价催生了北美页岩气革命，美国取代俄罗斯成为世界第一大液化天然气输出国，并从过去的石油净进口国到 2020年之后成为石油净出口国。这对于 OPEC 不断削弱的市场控制力形成了巨大挑战。为了应对这些变化，2016 年 OPEC 与俄罗斯、墨西哥等非 OPEC 产油国合作建立了维也纳联盟，即 OPEC+。OPEC+ 成员国共拥有世界上 90% 的已探明石油储量。这一新的石油输出国组织试图通过将产油国之间定期、可持续的合作框架制度化，以实现在更大范围内协调原油产量，使原油价格稳定在较高水平的目的。

在一个行业中，当企业数量较少时，就比较容易通过价格配合或市场份额配合实现合谋。因此我们可以看到，在现实中这种合谋普遍存在于寡头竞争行业，而企业数量多的行业则难以形成合作。因为企业数量一多，每家企业都想搭便车，而维护合作也是需要花费成本的，谁都不想花费成本，都想拿好处，合作就难以形成。

在成熟的市场经济国家中，不少行业都呈现出寡头竞争的市场结构。比如碳酸饮料行业中的可口可乐和百事可乐，西式快餐连锁业中的肯德基和麦当劳，铁矿石行业中的淡水河谷、力拓、必和必拓和福蒂斯丘金属等。这些寡头企业经过长期的市场竞争，逐步从纯粹竞争走向既有竞争又有合作。它们清楚自己要什么、应该做什么，尽量避免可能导致两败俱伤的恶性竞争，往往在一定程度上实现了默契合谋。

需要指出的是，从整个社会的角度来看，企业间的合谋尽管避免了使企业自身陷入囚徒困境，却导致较低的产出和过高的价格，损害了公众利益，因而是不合法的。在美国，《反托拉斯法》禁止以限制贸易或商业为目的的各种合谋，企业间任何有价格配合作用的协议，无论是显性还是隐性的，都属违法，其后果可能是巨额罚金和 10 年以下监禁。⊖

例如，1983 年，美国航空公司总裁罗伯特·克兰德尔和布兰尼夫国际航空公司总裁霍华德·普特南曾经有过一次通话。罗伯特对霍华德说，我们在这里拼个你死我活，结果一分钱都没赚到，实在太愚蠢了！他建议双方共同将票价提高 20%，这样彼此就能赚更多的钱。霍华德知道在相互竞争企业的高管之间，即便仅仅谈论定价问题也是违法的，因此将这次通话的录音带交给了美国司法部，司法部随即对罗伯特提出起诉。⊜

又如，1993 年，克里斯蒂拍卖公司的总裁安东尼·坦南特（Anthony Tennant），与苏富比拍卖公司总裁艾尔弗雷德·陶布曼（Alfred Taubman）在陶布曼的伦敦公寓会面。此前几年，由于这两家拍卖公司的竞争激化导致收费降低，严重影响了彼此的收益表现。这一次见面后，双方在长达 7 年的时间里相互勾结，人为抬高收费标准。在这一非法价格合谋行为被美国反垄断当局发现后，苏富比拍卖公司被罚款 4500 万美元，总裁陶布曼入狱服刑一年，而克里斯蒂拍卖公司因与反垄断当局合作而免予惩罚。⊜

尽管合谋违法，但企业往往还是会通过各种各样的隐秘手法逃避反垄断当局的监管。这些合谋通常不会通过文字、协议或者语音形式达成，而是通过隐晦的长期默契达成，以避免留下证据。历史上西方国家一些企业的合谋手段之

⊖ OPEC 是国际间组织，美国法律不适用于它。
⊜ 曼昆 . 经济学原理：微观经济学分册：第 5 版 [M]. 梁小民，梁砾，译 . 北京：北京大学出版社，2009.
⊜ 哈林顿 . 哈林顿博弈论 [M]. 韩玲，李强，译 . 北京：中国人民大学出版社，2012.

高明，简直令人咋舌。

比如在反垄断史和商学院案例分析中，一个非常有名的案例就是 20 世纪 50 年代发生的"涡轮机阴谋"。当时，美国生产涡轮发电机的企业主要有通用电气、西屋电气和爱科三家。其中通用电气占 60% 左右的市场份额，西屋占 30% 左右，而爱科只占 10% 左右。它们在投标中采用了一种很难被外界觉察的合谋方法来维持各自的市场占有率，以获取尽可能高的利益。当电力公共事业对涡轮发电机进行招标时，如果招标在 1～17 日发布，西屋电气和爱科会各自提交一份价格非常高的竞价标书，这样通用电气就会以三家竞标企业中的最低竞价成为胜出者，但仍可获得高额利润。同样，如果招标是在 18～25 日发布的，西屋电气就是胜出者，而爱科则是 26～28 日的胜出者。由于电力公共事业的招标计划都是随机发布的，久而久之每家企业就都得到了自己应有的市场份额。不过，如此隐秘的合谋，最终还是被反垄断当局看出了规律，三家企业的执行总裁被判入狱，合谋就此瓦解。[⊖]

另一个典型例子是，1999 年德国电信 10 组波段牌照的拍卖，买家是两家德国最大移动通信公司：曼纳斯曼和 T-Mobil。曼纳斯曼的最初报价是 1～5 组波段 1818 万马克／兆赫兹，6～10 组波段 2000 万马克／兆赫兹。这里的关键是按拍卖规则，新的报价必须比当前报价至少高 10%，而 1818 万马克增加 10% 正好 2000 万马克。这一报价无疑是给 T-Mobil 公司的一个信号，使其相信如果它对 1～5 组波段报价 2000 万马克，但不竞争 6～10 组波段的话，就可以避免相互间的竞价。实际情况正是如此，两家都以很低的相同价格，各自获得了 5 组波段的牌照。[⊖]

6.3.2 我国企业的"垄断协议"

我国自 1992 年提出建立社会主义市场经济体制的目标以来，至今已经 30

⊖ 迪克西特，奈尔伯夫 . 妙趣横生博弈论：事业与人生的成功之道：珍藏版 [M]. 董志强，王尔山，李文霞，译 . 北京：机械工业出版社，2015.
⊖ 柯伦柏 . 拍卖：理论与实践 [M]. 钟鸿钧，译 . 北京：中国人民大学出版社，2006.

多年。在此期间，与发达国家的发展历程相类似，我国企业也从在市场经济发展初期的单纯追求价格竞争开始向竞争与合作演变，并出现了许多达成和实施"垄断协议"的行为。[一]

2008 年 8 月 1 日我国开始实施《中华人民共和国反垄断法》(以下简称《反垄断法》)，2010 年正式披露了第一起垄断协议执法案件——"南宁、柳州部分米粉生产厂家串通涨价案"。2013 年，三星、LG 等 6 家国际液晶面板生产厂商，因多次开会协调销售价格而被我国反垄断执法机构处以 3.53 亿元罚款。2008～2020 年，我国反垄断执法机构公开披露的垄断协议案件共有 179 起，涉案企业超过 1300 家。在其中的 100 起案件中，价格合谋案件有 72 起，由行业协会或者商会直接组织实施的有 42 起，涉及基于文字的协议、声明、自律公告、调价通知和承诺书等明确合谋协议的有 87 起。[二]在 2023 年 8 月，居然还出现了中国汽车工业协会组织蔚来、理想和特斯拉等 16 家车企联合签署不降价承诺书，涉嫌违反反垄断法的事件。[三]由此可见，与成熟的市场经济国家相比，我国企业间的合谋及行为特征总体处于比较初级且多发的阶段，这或许与我国实行市场经济体制的时间还不长，人们对《反垄断法》的认识还不够充分，反垄断法执法和惩处的威慑力还未能充分显现有一定关系。

本章小结 ✅

重复博弈是指同样结构的一次博弈重复进行多次，其中每次博弈称为阶段博弈。在重复博弈中，前一阶段的博弈不改变后一阶段的博弈。但由于参与者可以观察到博弈过去的历史，因此其最优策略选择将依赖于对手之前的行为。参与者的总得益是所有阶段得益的贴现值之和。重复博弈理论的重要意义在于对人们之间的合作行为给予了解释：在囚徒困境中，一次博弈的唯一均衡是不

[一] 在我国，"垄断协议"通常取代"合谋"这一学术用语，成为反垄断执法机构和学术界界定、分析合谋行为的规范用语。

[二] 白让让. 企业间合谋的特征化事实、运作机制和监管困境：以我国"垄断协议"的行政执法实践为例 [J]. 中国人民大学学报，2022（4）.

[三] 当舆论一片哗然后，中国汽车工业协会随即发表声明，删除了承诺书中涉及价格的表述，敦促车企严格遵守反垄断法。

合作。但如果博弈无限重复，且合作的未来得益现值大于背叛的即期得益时，合作作为纳什均衡就可能出现。

在无限重复博弈中参与者可以通过采用触发策略来实现合作。触发策略是一种将自己今天的选择建立在对手行动历史基础上的策略。触发策略分为两种：一种是冷酷策略，即双方从合作开始，如果在某一阶段一方选择背叛，那么另一方在下一阶段开始永远用不合作行为来惩罚他；另一种是一报还一报策略，即双方从合作开始，在以后每个阶段如果对方选择合作，那就继续与他合作，如果对方在某一阶段采取背叛行为，则另一方在随后阶段也采用不合作策略予以报复，但是，如果对方在下一阶段回心转意又采取合作策略，则另一方会给予机会重新选择合作。

无限重复博弈中企业通过合作共同控制市场价格的行为是有利可图的，这种合作行为被称为合谋。特别是当一个行业中企业数量较少时，就比较容易通过价格配合或市场份额配合实现合谋。企业之间的合谋使彼此避免了陷入囚徒困境，但因破坏正常市场竞争秩序、损害了社会利益而触犯反垄断法。尽管合谋违法，但由于丰厚利润的诱惑，企业仍会通过各种隐秘手法逃避反垄断当局的监管，企业间的合谋行为依然屡见不鲜。

本章重要术语

超级博弈　阶段博弈　劣策略重复剔除　触发策略　冷酷策略
一报还一报策略　贴现因子　耐心　合谋　反垄断法

第 7 章

有限重复博弈

到目前为止，我们分析了同步一次博弈和无限重复博弈。我们的分析表明，在同步一次博弈的因徒困境中，尽管合作对整体而言是最优的，但不合作是参与者的占优策略。每个参与者都根据自己的利益做出决策，最后的结果是集体利益受损。而在无限重复博弈条件下，参与者可以把自己的策略选择建立在对手行为历史的基础上，针对对手过去的行为予以回报或报复，使得合作有可能作为纳什均衡出现，从而得以走出困境。那么，如果博弈是有限次地重复进行的，比如因徒困境博弈重复进行 10 次、20 次就结束，结果又会怎么样呢？下面我们就对这个问题展开分析。

7.1 有限重复博弈的均衡分析

我们将分析两类有限重复博弈：一类是博弈参与者不知道什么时候结束的博弈，即不确定结束期的有限重复博弈；另一类是参与者知道什么时候结束的博弈，即确定结束期的有限重复博弈。

7.1.1 不确定结束期的有限重复博弈

我们仍以广告博弈为例（见图 7-1）。假设家乐氏和桂格这两个寡头企业重复进行图中的广告博弈，直到这种产品过时为止。由于家乐氏和桂格并不知道它们的产品过时的确切时间，这个博弈就是一个不确定结束期的有限重复博弈。

桂格

策略	无广告	中等强度	高强度
无广告	12, 12	1, 18	−1, 15
中等强度	18, 1	7, 7	0, 10
高强度	15, −1	10, 0	2, 2

家乐氏（左侧标注）

图 7-1　不确定结束期的有限重复广告博弈

　　我们假设这个不确定结束期的有限重复广告博弈，在某一阶段博弈之后结束的概率为 $p(0 < p < 1)$。那么，这个博弈进行一次后继续进行的概率为 $(1 - p)$，进行两次后继续进行的概率为 $(1 - p)^2$，博弈进行 t 次后继续进行的概率为 $(1 - p)^t$。为了简单起见，我们假设利率为零，即企业不用为未来得益折现而打折扣。

　　在这个不确定结束期的广告博弈中，假定桂格采取触发策略中的冷酷策略，即只要家乐氏不做广告，桂格就不做；一旦家乐氏做广告，桂格就用高强度的广告活动来惩罚它，直到博弈结束。这时，如果家乐氏选择合作策略，第一年的得益为 12 亿元，而第二年博弈继续进行的概率为 $(1 - p)$，它的得益为 $12(1 - p)$，第三年的得益为 $12(1 - p)^2$……依次类推。因此，如果家乐氏选择合作，那么它的期望得益为：

$$\Pi_{合作} = 12 + 12(1-p) + 12(1-p)^2 + 12(1-p)^3 + \cdots = \frac{12}{p}$$

　　如果家乐氏选择背叛，即桂格选择合作策略不做广告，但是家乐氏却选择不合作策略。比如选择做得益最高的中等强度广告，并因此获利 18 亿元，从而触发桂格在下一阶段采用高强度广告来永久惩罚它，使得它以后每期得益仅为 2 亿元。这时，家乐氏的期望得益为：

$$\Pi_{不合作} = 18 + 2(1-p) + 2(1-p)^2 + 2(1-p)^3 + \cdots = 16 + \frac{2}{p}$$

　　将家乐氏选择不合作策略与选择合作策略时的期望得益相比较：

$$\Pi_{不合作} - \Pi_{合作} = 16 - \frac{10}{p}$$

　　假设博弈进行一次后结束的概率 $p = 0.1$，那么：

$$\Pi_{不合作} - \Pi_{合作} = -84$$

　　显然，这种情况下不合作对家乐氏没有好处。

　　由此可见，对于一个有限重复但不确定结束期的博弈，如果参与者的未来收益大于背叛带来的一次性收益，合作仍然可能是纳什均衡。这也与无限重复博弈的情形一致。

　　这一结论特别重要。因为在现实生活中，严格意义上的无限重复博弈几乎没有。人的生命是有限的，人们之间交往和交易的时间长度也是有限的，但是只要并不确定博弈什么时候结束，有限重复博弈的均衡结果就类似于无限重复博弈。

还有一个关键条件是博弈在后续继续进行的概率 $(1 - p)$ 要足够大。在不确定结束期的有限重复博弈中，$(1 - p)$ 的作用如同贴现率 $\frac{1}{1+r}$。只不过，这里对未来得益打折不是因为货币的时间价值，而是在于博弈持续进行下去的不确定性。p 越小，博弈持续进行下去的可能性就越大，企业背叛获得的即期得益就越是小于合作带来的未来收益，彼此就越没有动机采取背叛策略。如果 $p = 1$，这个博弈就不再是重复博弈而是一次博弈，这时对每个企业而言，背叛的得益大于合作的得益，两家企业之间就不会有合作。

麦当劳是在世界各地拥有 3 万多家店的全球知名企业，长期以来，它的业绩、口碑和所处行业的稳定性，造成无论是消费者、合作企业还是麦当劳自己，都认为麦当劳这样的企业会一直存续下去，尽管任何企业都是有生命周期的。这种预期也使得麦当劳与合作企业的行为较为长期化，更多展现出合作的一面。比如，怡斯宝特是麦当劳的汉堡供应商。汉堡的生产过程实际上非常简单，技术壁垒很低。但是，怡斯宝特一直能以较高的价格供应汉堡给麦当劳，让同行很羡慕。这背后的一个重要原因就在于，怡斯宝特着眼于长远合作，在产品品质上采用严格的控制标准，不会为了短期利益而把食材不佳、不够新鲜或者烤制不好的汉堡供应给麦当劳。怡斯宝特杭州公司的负责人曾经说过，他们有一次把一炉 1 万多个汉堡烤过火了，后来的做法是将其全部填埋，绝对不会为了节省成本供应给麦当劳。正因为麦当劳与合作方都着眼长远，麦当劳这家并非提供玉盘珍馐的快餐企业才能够长盛不衰，在不同饮食文化的国度里都广受欢迎。

7.1.2 确定结束期的有限重复博弈与逆向归纳法

以上分析表明，当一个博弈有限重复但不确定结束期时，合作可能成为纳什均衡。那么，当确定博弈进行若干次就结束时，结果又会如何呢？在对这个问题进行分析之前，我们先介绍一种博弈论的思维方式。这是在动态博弈的均衡分析中经常会用到的重要方法，称为逆向归纳法（backward induction）。

人们平时分析问题，一般都习惯于顺向思维。而逆向归纳法则是从博弈的最后一个阶段开始分析，逐步倒推归纳出各阶段博弈参与者的策略选择。与顺向思维相比，有时候对一些问题倒过来推演反而容易求解。逆向归纳法可以用简单的一句话进行概括：向前展望，倒后推理（looking forward and reasoning backward）。

下面我们引用一个故事，给大家简单说明逆向归纳法的思路，这是运用逆向归纳法进行人生规划的一个有趣的例子[⊖]。

　　曾经创下中国台湾地区空前震撼与模仿热潮的歌手李恕权，是当时唯一获得格莱美音乐大奖提名的华裔流行歌手，同时也是"Billboard 杂志排行榜"上的第一位亚洲歌手。他在《挑战你的信仰》一书中，详细讲述了自己成功历程中的一个关键情节。

　　1976 年的冬天，19 岁的李恕权在美国休斯敦太空总署的太空梭实验室工作，同时也在总署旁边的休斯敦大学主修计算机。纵然学校、睡眠与工作几乎占据了他大部分时间，但只要稍微有空闲的时间，他总是会把所有的精力放在音乐创作上。李恕权知道写歌词不是他的专长，一直想寻找一位善写歌词的搭档一起合作创作。他认识了一位名叫凡内芮的朋友。凡内芮的家族是得克萨斯州有名的石油大亨，拥有庞大的牧场。尽管家庭极为富有，但她为人谦卑、诚恳待人，这让李恕权钦佩不已。凡内芮在得克萨斯州的诗词比赛中得过很多奖，她的作品总是让李恕权爱不释手，他们合写了许多很好的作品。自从二十多年前离开得克萨斯州后，李恕权就再也没有听到凡内芮的消息，但是她在李恕权事业起步时，给了他最大的鼓励。

　　一个星期六的早上，凡内芮又热情地邀请李恕权到她家的牧场

⊖　引自：李恕权.挑战你的信仰 [M].台北：台湾扬智文化事业公司，2000；王春水.博弈论的诡计：日常生活中的博弈策略 [M].北京：中国发展出版社，2008。

烤肉。凡内芮知道李恕权对音乐的执着。然而，面对那遥远的音乐界及整个美国陌生的唱片市场，他们一点门路都没有。他们两个人坐在牧场的草地上，不知道下一步该如何走。突然间，凡内芮冒出了一句话："想象一下你五年后在做什么？"她转过身来说："嘿！告诉我，你心目中最希望五年后的你在做什么，你那个时候的生活是什么样子？"李恕权还没来得及回答，她又抢着说："别急，你先仔细想想，完全想好了，确定后再说出来。"李恕权沉思了几分钟，告诉她说："第一，五年后，我希望能有一张唱片在市场上发行，而这张唱片很受欢迎，可以得到许多人的肯定；第二，我要住在一个有很多很多音乐的地方，能天天与一些世界一流的乐师一起工作。"凡内芮说："你确定了吗？"李恕权十分坚定地回答，而且是拉了一个很长音的"Yessssssss！"。

凡内芮接着说："好，既然你确定了，我们就从这个目标倒算回来。如果第五年，你要有一张唱片在市场上发行，那么你的第四年一定是要跟一家唱片公司签合约。那么你的第三年一定是要有一个完整的作品，可以拿给很多很多的唱片公司听，对不对？那么你的第二年，一定要有很棒的作品开始录音了。那么你的第一年，就一定要把你所有要准备录音的作品全部编曲，排练就位。那么你的第六个月，就是要把那些没有完成的作品修饰好，然后你自己可以逐一筛选。那么你的第一个月就是要有几首曲子完工。那么你的第一个星期就是要先列出一个清单，排出哪些曲子需要修改，哪些需要完工。"

最后，凡内芮笑着说："好了，我们现在不就已经知道你下个星期要做什么了吗？"她补充说："喔，对了，你还说你五年后，要生活在一个有很多音乐的地方，然后与许多一流的乐师一起工作，对吗？如果你的第五年已经在与这些人一起工作，那么你的第四年照理说你应该有一个自己的工作室或录音室。那么你的第三年，可能是先跟这个圈子里的人在一起工作。那么你的第二年，应该不是住在得克萨斯州，而是已经住在纽约或是洛杉矶了。"

1977 年，李恕权辞掉了令人羡慕的太空总署的工作，离开了休斯敦，搬到洛杉矶。说来也奇怪，虽然不是恰好五年，但大约可说是第六年，也就是 1983 年，他的唱片在亚洲地区开始畅销，他一天 24 小时几乎都忙着与一些顶尖的音乐高手一起工作。他的第一张唱片专辑《廻》首次在中国台湾地区由宝丽金和滚石联合发行，并且连续两年蝉联排行榜第一名。

这就是一个五年期限倒后推理的逆向归纳过程，实际上还可以延长或缩短时间跨度，但思路是一样的。当你在为手头的工作而焦头烂额的时候，一定要停下来，静静地问一下自己：五年后你最希望看到你自己在做什么？哪些工作能帮助你达到目标？你现在所做的工作有助于你达到这个目标吗？如果不能，你为什么要做？只有你能清清楚楚地回答这些问题时，你才能算是具备了学习人生博弈的最基本的条件。如果无法回答这些问题，那么就需要检讨一下自己想要成为什么样的人。如果你没有清晰的目标，就可能会为那些有清晰目标的人工作，事实就是如此。当你在人力资源市场上奔波时，你所追求的不是达成自己的目标，而是努力达成别人的目标，就是这么简单。

逆向归纳法确实可以很好地用于帮助规划我们的人生。人们常常会忘了初心，走着走着就像穿上了红舞鞋不断地转，到底是出于什么目的，自己也不清楚。现实中我们往往会为一些事耿耿于怀，有着太多烦恼、纠结和痛苦，但过多少年后再回头看看，所有这些绝大部分都是些可以忽略甚至一笑而过的事情。禅修或静思或许就是这个道理。要经常想想五年后的你在做什么，想想到底什么样的生活才是你想要的，然后用逆向归纳法倒推分析现在所做的是不是按照自己想要的在做，怎样做才能更好地达成自己的目标。

知道了逆向归纳法，我们接下来用它分析确定结束期的有限重复博弈。无论是 2 次、10 次，还是 20 次，只要博弈次数可数，都是有限重复博弈。我们首先分析 2 次博弈会有什么结果，然后再倒退分析 3 次博弈……依次类推。

还是以广告博弈为例。大家想一想，如果是两次博弈的话，到了博弈最后阶段是一次博弈还是两次博弈？当然是一次博弈！一次博弈中参与者是选择合作还是不合作呢？根据前面的分析，同步一次广告博弈的均衡结果应该是参与者都选择不合作。因为参与者都知道之后不会再有博弈，这时即便背叛也不会受到实际惩罚。既然参与者知道博弈的最后阶段大家都选择不合作，那么前一阶段也就变成了最后阶段。

由此，用逆向归纳法分析，在第二阶段，博弈是一次博弈，均衡是高强度的广告活动。由于每家企业都知道第二阶段的结果，这样第一阶段就变成了最后阶段。两家企业在两个阶段的均衡策略都是高强度的广告活动。

同样的逻辑，对于 3 次博弈、4 次博弈或任何有限次重复博弈，这样的结果也依然成立。所以我们说，对于均衡解为不合作的一次博弈，在无限重复或不确定结束期的有限重复条件下有可能合作，而对于有确定结束期的有限重复博弈，则跟一次博弈一样，不合作是纳什均衡。这就引申出一个概念——期末问题（end of period problem）。

7.1.3 期末问题

确定结束期的有限重复博弈与无限重复博弈及不确定结束期的有限重复博弈之间的区别，是参与者都可以准确预测到最后阶段的博弈。当所有参与者确切知道一个重复博弈什么时候结束时，期末问题就出现了：由于无法在博弈的最后阶段对对手违背协议的行为进行惩罚或报复，因此参与者就会采取如同一次博弈时的策略。

当一个长期的商业关系突然要结束时，往往会出现这种期末问题。曾经美国电话电报公司（AT&T）有很多网络服务是依托 Excite@Home 公司提供给客户的。当 Excite@Home 因科技泡沫破裂而面临破产时，AT&T 希望以合理价格买下其资产。但 Excite@Home 的债权人对 AT&T 的出价不满意，并以终止网络服务结束营业为要挟，试图让 AT&T 出更高的价格。债权人认为，如果 AT&T 的很多网络用户无法上网，AT&T 的麻烦就大了。然而 Excite@Home 高估了自己的重要性。AT&T 很快将网络用户转移到其他网络上，并在转移完毕后，撤销了对 Excite@Home 的出价。AT&T 与 Excite@Home 的关系，原本属于长期业务合作。在长期业务合作中，通常没有一家企业会采用敲诈手段获取更高收益，但是当有企业面临破产时，这种期末问题就出现了。

期末问题在我们日常生活中也屡见不鲜。比如在居民区周边，通常会有一些便利店、面包房、餐饮店、洗衣店、健身房之类的服务设施，这些中小店铺大都在店主兢兢业业经营下，为居民带来了良好的服务和各种便利。店主甚至会和附近居民比较熟识，知道他们的消费特点与偏好，有些店主还常常会给予一些熟客特殊优惠和价格外的超值服务。因为对店主而言，他并不在乎一次交易赚多少，他要的是回头客，与一次性的即期利益相比，更看重未来。只有让客人对每次服务都满意，他们才会重复消费，小店才能持续经营下去。这时店主和居民们的博弈可以说是不确定结束期的有限重复博弈，合作是博弈的均衡结果。

但是当某个店铺出于某些原因而无法经营下去时，这种合作可能就会顷刻瓦解。因为博弈什么时候结束已经确定，双方在以后不会再有交易的机会，因而很难对店主的背叛行为进行惩罚。这时店主可能会为谋取利益而一次性用尽自己以往积累的声誉，比如有些店铺会突然关门停业，店主人间消失，居民前期优惠购买的充值卡和消费券因无法使用而遭受损失，等等。

公司员工辞职过程中，也往往容易产生期末问题。对于那些处于核心岗位、掌握公司核心技术和客户网络的骨干员工而言，更是如此。不管是离职后创业，还是到竞争对手公司就职，处理不好都会给公司带来比较大的影响。全国法院受理的商业秘密侵权纠纷案件中，有大约 98% 都属于员工离职泄密案件。因此，对于这类员工提出离职，公司往往会单独进行面谈，了解辞职原因并积极予以挽留。如果对方执意要走，那也要让其明白不能一走了之，更不能不辞而别，在正式离职前必须履行好自己的工作职责，并做好离职的交接工作。对于那些签订过保密协议和竞业禁止协议的员工，就需要提醒其必须严格遵守协议，否则公司一定会予以追究。这样做的目的，是让辞职员工知道辞职并不是博弈的结束，今天的行为终会被新雇主所了解，也会影响到辞职员工的

　　⊖　米勒.活学活用博弈论 [M].戴至中，译.北京：机械工业出版社，2018.

未来。这样能够减少发生期末问题带来的负面影响。

说到期末问题，人们可能很容易会联想到所谓的"59岁现象"。改革开放前，尽管物资匮乏，但那时候实行的是供给制，大部分人的生活水平差别不大。改革开放后，国家逐步扩大企业经营自主权，国有企业负责人开始拥有更多的经营权，工资收入也得到一定提升。然而，一些政府官员和国企领导人在年龄渐高行将离任前，为防止以后生活水准下降，就开始利用手上即将过期的权力捞一把。其中最典型的人物就是原云南红塔集团董事长褚时健。褚时健在临近退休时因涉嫌严重贪污受贿被判处无期徒刑。

在这一事件中，褚时健因违法行为付出了惨痛代价，同时带给我们一个重要启示：国企负责人和我们所有人一样，都有理由以合法的方式获得与自己贡献相符的、比较合理的报酬。这可在一定程度上缓解期末问题的发生。否则，就容易诱发一些不合法的行为，并污染干部队伍。这一事件发生后不久，政府对国企负责人分配制度进行了一些改革，接任褚时健的总经理上任后，当年年薪就达到100多万元人民币，超过了褚时健17年薪酬的总和。

一系列事件引发了社会对某些政府官员和国企负责人在退休前以权谋私、贪污腐败问题的大讨论，人们开始探讨这种"有权不用、过期作废"现象背后的制度性因素。"59岁现象"成了当时时代背景下的特殊名词。然而，随着改革开放深入，"59岁现象"越来越呈现出年轻化的发展趋势。对一些官员和国企负责人而言，知道自己59岁要捞一把，不如58岁就做，知道58岁要做，57岁已经做了。甚至有些人一上任就开始以权谋私，出现了所谓的"35岁现象"。直到2012年"中央八项规定"出台，这种因期末问题导致的贪腐现象才得到了强有力的打击和遏制。

需要指出的是，运用逆向归纳法分析得出的结论是：无论博弈重复多少次，只要博弈的终止期是确定的，不合作就是博弈的纳什均衡，即有限重复博弈不可能带来参与者的合作行为。但是，这一结论与我们的直觉有时是相悖的。实际上，就如我们在日常生活中所看到的那样，如果次数足够多，有限重复博弈在前期往往也会出现合作，只是越是临近博弈的终止期时，不合作的可能性才越大。有关这个问题我们将在第13章中予以解释。

7.2 重复博弈与合作

经济学家对重复博弈框架下的囚徒困境博弈做过很多实验，证明即使存在利益冲突，但若有长期的合作利益，博弈中的合作仍是可以达成的。其中最为著名的实验是由罗伯特·阿克塞尔罗德（Robert Axelrod）在密歇根大学主持完成的。阿克塞尔罗德的计算机模拟实验表明，具有"善良、报复、宽容和清晰"特性的一报还一报策略，在重复博弈中的平均得分最高。这是在理论分析的基础上，又从实验角度证明了为什么囚徒困境在各个领域都普遍存在，而现实社会中仍然存在着大量的合作行为。

在本节中，我们将介绍阿克塞尔罗德的计算机模拟实验的一个基本概况，再通过一些实际例子，来具体分析和理解人们是如何通过重复博弈来解决期末问题和困境的。

7.2.1 阿克塞尔罗德的计算机模拟实验

为寻求重复囚徒困境博弈中的最优策略，阿克塞尔罗德教授邀请熟悉囚徒困境博弈的一些经济学家、心理学家、数学家和社会学家，请他们模拟重复囚徒困境博弈中的参与者，并各自提交自认为最优的策略程序，然后将每个策略程序与其他所有程序逐个对局，就好像计算机棋赛一样。

这一博弈的架构与我们前面讨论的囚徒困境博弈相同，允许博弈参与者从合作中得到好处，同时也提供了一方占另一方便宜或双方都不合作的可能。阿克塞尔罗德提供的得益组合是：双方都选择合作时各得 3 分，都选择背叛时则各得 1 分，在一方选择合作而另一方选择背叛的情况下，合作者得 0 分而背叛者得 5 分。每个程序在决定当前策略时，可以参考博弈双方以往打交道的历史。

有 14 名参赛者提交了他们各自设计的博弈程序。阿克塞尔罗德将提交上来的这些程序及一个随机程序输入计算机进行了 200 次重复博弈。每个策略又与其他策略中的任一个配对，并进行 5 次博弈，共形成 12 万次对局、24 万种不同的选择。最后胜出的居然是所有程序中最简单的程序：一报还一报，即我们在前面介绍过的一个以合作开始、随后跟随对手上一步选择的策略。

阿克塞尔罗德将整个竞赛结果公布之后，引起了学界的广泛关注，于是又进行了第二轮模拟实验。第二轮的参赛者事先都得到了一份关于第一轮竞赛的详细分析报告，因此他们知道第一轮竞赛的结果，也清楚第一轮竞赛中那些得以成功的策略思路和失败的教训，而且还知道其他人也了解这些结果。这使得第二轮竞赛相比第一轮有了一个更高的起点。

在这一轮更大规模的实验中，共计有 63 种策略程序被提交上来，其中有些参赛者提交的程序复杂且精巧，还包括多个事先被认为类似但优于一报还一报的改良策略。这次竞赛与第一次稍有不同的是，重复博弈的次数随机确定。63 种策略程序在竞赛中一共形成 3969 种配对、上百万次对局。令人诧异的是，如此之多的程序竞赛下来，最后取胜的仍然是由第一轮胜利者多伦多大学阿纳托尔·拉波波特（Anatol Rapoport）提交的一报还一报策略程序。

这一模拟因徒困境博弈的实验结果非常有趣。我们知道，《圣经·旧约》里有"以眼还眼，以牙还牙"⊖的说法，孔子也说过"以直报怨"⊜。看来，胜出的策略与洞察世事的古人所主张的行为准则并无二致。

阿克塞尔罗德的实验结果告诉我们，一个好的合作策略，应该具有善良、报复、宽容和清晰这四个特性。这里的"善良"指的是：在重复博弈中应当从合作开始，只要对手合作就永远合作下去。实际上，竞赛中位列前 8 的策略程序都具有善良性，即从不首先背叛；"报复"指的是可以被激怒的，即对对手的背叛行为一定要给予惩罚，只有让背叛者付出代价才能遏制不合作行为，否则对手会因背叛获益而受到激励，并在以后阶段继续尝试各种不合作行为，而且不合作者群体的规模也会因有更高得益而变得越来越大；"宽容"就是尽管对对手的背叛行为予以反击，但同时能够容忍对手偶尔犯错，如果对手回心转

⊖ 见《出埃及记》第二十一章：若有别害，就要以命偿命，以眼还眼，以牙还牙，以手还手，以脚还脚，以烙还烙，以伤还伤，以打还打……。
⊜ 见《论语·宪问》：或曰："以德报怨，何如？"子曰："何以报德？以直报怨，以德报德。"。

意改为合作时，你也会采取对应的合作策略；"清晰"意味着一个好的策略应该是简洁、易辨识的，使对手能够一看就知道你的用意所在，很容易适应你的行为模式，过于复杂反而不利于合作的促成。

7.2.2 困境、期末问题与合作

一些重复博弈中合作之所以出现，是因为博弈参与者担心不合作会受到惩罚。而对不合作行为的惩罚越严厉，合作的程度就会越高。黑手党组织就是一个典型的例子。

在囚徒困境中，囚徒选择"坦白"之后，一次博弈就结束了。但是，黑手党会把一次博弈变成无限重复博弈。

黑手党是源于意大利西西里岛的一个秘密结社的犯罪组织，19 世纪末 20 世纪初随着欧洲移民浪潮涌向美国的一些城市，在当地操纵博彩、色情、毒品交易及军火走私等行业，并从事绑票、抢劫、杀人等犯罪活动。黑手党内部纪律森严，讲究绝对忠诚，如果成员背叛组织，向警方自首，即便出狱了，黑手党还是会追杀背叛者，甚至株连他的家人——博弈并未结束。

电影中常有这样的桥段：有的黑手党成员被抓，刑讯逼供之下坦白了，之后警察会把他安排在安全的地方。一个月过去没事，两个月过去没事，时间再长他就会开始想家人，于是给家人打电话，结果暴露了他的行踪，最终还是难逃被杀。黑手党的做法是要告诉所有成员，这就是背叛的下场。这种强制力对黑手党成员的行为产生了强有力的约束。所以，即使有成员被捕，由于害怕招供的后果，大都会选择自己扛下来。如果因此被判刑，黑手党组织对他的家人还会很照顾。黑手党就是通过构建重复博弈，辅之以"胡萝卜加大棒"，化解了囚徒困境现象的发生。

阿克塞尔罗德在《合作的进化》一书中，讲述了第一次世界大战中敌对的英国和德国士兵，是如何在堑壕战的长期对峙中使彼此走出困境的。第一次世界大战始于 1914 年，战争的第一个阶段异常激烈残酷。但是当战线稳定下来时，双方的部队长时间在固定的堑壕防区里相互对峙，就如同从一次囚徒困境博弈变成重复囚徒困境博弈那样，在前线的许多地方，居然出现了部队之间相互克制谁都不首先攻击的合作局面。

这种战场上的克制行为，最初是从双方在无人区两边同时进餐开始的，而且一旦彼此从中受益，这种相互克制的策略就逐步扩大开来。士兵们都清楚，如果一方轰炸敌方堑壕后面道路上运输食品和水的车队，让敌方得不到食物，那么敌方的应对方法其实也很简单，也让你得不到自己的食物。同样地，如果一方射击另一方，另一方就会反击，双方遭受的伤害是一样的。因此，在士兵们看来，妥协比攻击要好，彼此都愿意一起克制而不愿交替采取敌对行为。

在这种情况下，一方士兵若采取停战策略，另一方也会回报这种行为，在例行射击时避免击中对方。而若一方违背这种默契，那么另一方也会做出回应惩罚这一行为。当然，有时候双方的士兵也会通过少量准确的射击来告诫对方，如果必要的话他们是能够给对方造成严重伤害的——这是要表明克制并不是因为软弱，对方的背叛将会给自身带来伤害。

在双方实施这种"自己活也让别人活"的策略的过程中，例行攻击变得敷衍了事，敌对双方在选择目标、发射时间和轰炸次数上都如此有规律而变得可以预测。这一方面是用以满足上级司令部下达的攻击命令的要求，同时又可以尽量避免给对方造成伤害。这样一来，形式上的攻击变成了一种仪式，士兵们似乎在执行进攻的命令，实际上却强化了双方对这种基于回报的合作的信念。这种和平的维系主要并不是基于同情或爱，而纯粹是为了自身利益着想，为了减少互相伤害，每一方都在努力维系这种和平。尽管双方的指挥官都试图压制这种非正式的停战协定，而且这种"自己活也让别人活"的合作策略在一系列不停顿的进攻命令下最终被瓦解了，但士兵从脱离囚徒困境中得到了好处，并在战场的一隅形成了短暂的和平。这也说明了在适当条件下，这种基于回报的合作，在合作最不可能出现的对立的双方中也可能产生。⊖就如奥曼所言，在重复的互动中，出于各自利益的考虑，即使是敌对的双方，合作也往往是更符

⊖　实际上，这种"自己活也让别人活"的策略思想，对于企业间市场竞争的策略选择，甚至国与国之间的争端处理，都有很好的启示作用。

合逻辑的行为。

重复博弈理论也可以帮助我们理解现实经济生活中很多制度和机制存在的原因。比如在生产者与消费者的博弈中，消费者想要得到质量高、价格实惠的产品，而生产者希望利润最大化。在一次性交易中，由于没有未来，生产者只看重即期利益，为了节约成本就可能会生产和销售低质量产品，这损害了消费者的利益，也可能使得交易失败。历史上，我们的祖先用了很多制度和方法，以解决这种一次博弈中可能产生的合作困境问题，"物勒工名"制度就是其中一种有效的制度安排。这里的"物"是指手工业制作的各种器物，"勒"是雕刻的意思，"工名"则是指制作工匠的名号，"物勒工名"就是制作者需要在其所生产的器物上标注名字和籍贯。《吕氏春秋·孟冬纪》曰："物勒工名，以考其诚；工有不当，必行其罪，以穷其情"。在这种物勒工名制度下，如果器物有质量问题，使用者就可进行追溯，从而将一次博弈转化为重复博弈，以避免制作者短期机会主义行为的发生。

我国物勒工名制度历史悠久，从春秋时期就开始出现，铸造的青铜器上刻上工匠的名字，以便于对制作精良者予以褒奖，对粗制滥造者追踪溯源并给予惩处。

物勒工名制度真正得到严格推广是在秦朝。在《秦律》中，物勒工名成为秦国重要的质量管理制度。从秦始皇兵马俑一、二、三号坑前后出土的 4 万余件青铜兵器来看，上面均刻有负责官员和制作者的名号。其中同类型的青铜箭镞三个棱的长度误差竟然在 0.02 毫米以内，箭镞的曲度与收分，完美符合现代空气动力学的要求。这表明在物勒工名制度下，秦朝兵器及其他器物制造在标准化和精准度上，已达到令人叹为观止的高度，这也为当年秦灭六国尽并诸侯奠定了重要的物质基础。以后的汉、唐、宋、元等朝代均在不同程度上维系和发展了这种物勒工名制度，其目的都是要"穷其情"，备"究治"，确保器物生产质量以达到富国强兵的目的。

到了明代，物勒工名这一制度在明城墙的修造过程中，更是被运用到了极致。从公元 1366 年开始建造，耗时 21 年，蜿蜒 35 公里的南京明城墙，被看作维护明朝国家稳固的根基。由于工程极其浩大，所需砖头需从外地烧制好运到南京，参与砖头烧制的竟有 5 省 37 府 162 州县，负责管理的官员、制作的工匠和运输的民夫更是不计其数。当时，烧制砖头的流程很复杂，每一块砖头都须经过 18 道工序，要求很高。在没有质量检测设备的年代，为了防止制作过程中的粗制滥造，确保砖头的质量，明朝政府规定从负责官员到制作工匠，都须将名号刻在砖头上。一旦出现质量问题，就找人治罪，严重者有杀头之祸。所以砖是和人头相关联的，据说这也是"砖头"一词的由来。这样一来，不仅那些本来想借机敛财的官吏不敢有非分之想，只求所有工程环节不出丝毫纰漏，就连工匠也为了避免将来被追责惩处，努力使自己烧制的砖头质量比其他人更好。其结果是，经过 600 多年风吹雨打，南京明城墙至今依然雄伟坚固，尽管表面风化严重，但未裸露在外的砖头依旧完好。

清朝也是如此。始建于康熙四十四年（1705 年）、因红军飞夺泸定桥而闻名于世的四川泸定桥，是一座长 103 米、宽 3 米的铁索桥，也是人类历史上第一座跨度超过 100 米的悬索桥。桥上 13 根铁链固定在两岸桥台落井里，9 根作为底链，4 根作为扶手，共有 12 164 个铁环相扣。这些环扣全仗手工捶造，且每节铁扣上都有制作工匠所在的铁匠铺和工匠的名字。所有这些都表明，物勒工名制度对我国历朝历代保障工程建设和器物制作质量有着重要的作用。

信用制度也是解决合作困境的一种行之有效的制度安排。与物勒工名不同的是，这一制度最初并不是人们集中设计的，而是在漫长的历史中演化而成的一种自发秩序。在相对封闭的农耕文明中，人们面对的是一个熟人社会。在熟人社会中，人们之间的交易主要是靠信用维系的。由于当时人们活动和交易的范围较小，彼此都很容易了解对方过往的交易信息，任何守信或失信行为都会被记下来，并成为每个人的"标签"，作为人们下一次是否选择与其交易的依据。因此，一个人或者一个家族只有诚实守信，有好的声誉，才能得到他人的信任，才能在长期交往中实现互惠互利、合作共赢。在这里，诚实守信作为一种规范成为纳什均衡，任何人都不会有单方面偏离这种规范的动机。

十多年前我曾经去山西平遥日升昌票号博物馆参观。大家知道，山西票号依靠建立在诚信基础上的信用和山西商帮，曾经执中国金融界牛耳百余年。票号最开始主要承揽汇兑业务，后来逐步发展到存放款等业务。当时我向陪同参观的博物馆讲解员请教，既然有贷款，就会有人因经营不善而还不上款，由于信息不对称，票号也不会清楚对方还不上款，究竟是因为经营不善还是想赖账，当时碰到这类事情是怎么处理的？他告诉我，这里是有规矩的：如果贷款人实在还不上，可以先还利息，这一代还不上，下一代会继续还，但是没有不还的。

我问有没有那种实在还不上的？有的话又该怎么办呢？他说据说当时有个做法，如果贷款人借钱还不上了，可以用草绳将一把大斧子捆在后背，然后跪在日升昌门口。跪一天一夜，这笔账就一笔勾销。我当时想，如果今天我们采取这个方法，第二天早上起来的时候，银行门口可能跪满贷款的人！当然这是句玩笑话。我们知道，在当时的熟人社会中，任何人的失信行为都会被人们知晓，失信人及其家族也会因此付出沉重代价。我们可以想象，如果一个人在票号门口跪了，就释放了他信用破产的信息。信用一旦破产，将来或许就没有人再会和他做交易，甚至他的儿子讨不到好人家的媳妇，他的女儿也嫁不了好人家。信用破产无异于自杀。

在这种熟人社会中，一个人可以失去工作甚至失去财富，但不可以失去信用，人们把信用看成与生命一样重要。这种将违约进行曝光的习俗或许比一般的处罚更具威慑力，对个体的行为选择形成了强有力的约束，促成了熟人社会中人与人之间的诚实守信、合作共赢。

随着社会经济的发展，人们开始走出原来固定的地域并流动起来，交易活动范围不断扩大。从熟悉走向陌生，从陌生走向匿名，成为人类社会经济生活的基本演进趋势。在原来的熟人社会中，人与人之间是可见又可及的，即在交易中交易双方彼此都比较熟悉，而且一旦出现问题还能找到对方。在陌生人社会中，我们能够看到交易对象，但一旦出现问题时难以找到对方，即陌生人间的关系是可见不可及的。在匿名社会中，人在相当程度上是隐身的，比如一些网络交易，人们之间的关系是不可见又不可及的。

在陌生人社会和匿名社会中，原来在熟人之间建立起来的信任关系开始不复存在。人们的交易对象众多，交易主体之间的交易次数减少，过去的熟人间的重复博弈开始向无数陌生人、匿名者之间的一次性博弈转变。这时，熟人社会中曾经自发形成的传统信用机制日渐衰微，这就需要建设与陌生人社会和匿名社会相适应的集中统一的社会信用体系。

现代社会征信体系实行以个人身份代码为基础的公民统一社会信用代码制度、以组织机构代码为基础的法人及其他组织统一社会信用代码制度，可以动态地记录并保存个人和企业在经济交往中的信用信息。对于个人或企业而言，一旦失信将被记录在案，未来很多方面都会受限。这样就把陌生人和匿名者之间的一次博弈转化成了重复博弈，使人们知道作弊是得不偿失的。

上海第一财经《波士堂》节目曾经做过一次采访，受访者是一位法国留学归国人士。在受访中，这位留学生讲述了自己的一个故事。他早年在法国一所著名大学读书，当时经济条件不好，为了读书，打了好几份工，穿梭在城市之间，每天睡眠都很少。幸运的是，他熬过来了，而且门门课程成绩都非常优秀。他认为自己可以以这份优异的成绩单在法国找到一份理想的工作，于是去应聘了一些法国著名公司。蹊跷的是，连续十多家公司的笔试、面试都非常顺利，可是没有一家最终录用他。

感到崩溃之余，这位留学生就给拒绝录用他的一家公司的人事经理写了一封言辞恳切的信。他说自己已经不是第一次碰到这样的情况了，一定是做错了什么，他感到非常无助，希望对方能够指点。后来对方把原因告诉了他。

原来在欧洲的一些城市，乘坐城际列车通常是不检票的，上车后偶尔会查票。这位留学生乘坐公共交通很频繁，车票对当时的他来说是一笔不小的开支。他粗略地算了算，逃票带来的好处要远大于被抓住后罚款的金额，所以他就常常逃票。留学期间他一共有三次逃票罚款被记录在案。人事经理告诉他："如果出现一次这样的情况还可以原谅，而你三次被抓，说明你这个人缺少诚信，也不按规则做事。我们这样的大公司，如果有人钻我们制度的漏洞，对公司来说简直就是灾难。这样的人即便再优秀我们也不会录用。"听到这些，他终于明白了，后来就回国创业。

由此可见，在社会信用体系高度完善的社会里，一个人一旦被贴上不诚信的标签，基本上就失去了立足的根本，这也使得遵纪守法、诚实守信成为人们的一致性预测和最优选择。

建设和完善统一的社会信用体系，对于我们这种转型国家而言尤显重要。大约二十年前，我在浦发银行担任独立董事，其间就碰到过一件令我作为一名教师而感到汗颜的事情。从 1999 年大学开始扩招以后，学生中贫困生数量增加，为了解决这些学生的经济困难，国家出台了大学生助学贷款制度，要求高校所在地的商业银行为贫困生提供助学贷款，由政府提供利息补贴，学生毕业工作后再予以偿还。这原本是件很好的事情，但问题是，由于很多学生毕业后的收入并不高，经济压力大，于是其中一些人就不想还助学贷款了，甚至银行催讨的电话也不接了。

助学贷款单笔额度不高，但人数众多，银行催讨难度大、成本高。一旦联系不上，且还款逾期达到一定年限后，银行只能作为坏账予以核销。结果银行这边越是核销，学生那边越是不还。师弟师妹开始工作了，碰到师兄师姐说：“我的助学贷款还没还呢！”师兄师姐会告诉他们：“不用还的，我们都不还的！”尽管学校在毕业生贷款还清前，有暂缓发放毕业证书的做法，但往往无济于事。由于当时学生的个人信用难以查证，学生与银行的交易属于一次博弈，贷款人的失信行为几乎没有成本，这使得失信的收益大于守信，导致违约现象频发。结果银行因遭受本金损失而出现普遍惜贷现象，助学贷款制度一度陷入困境。

2007 年以后，国家为调整和改善助学贷款制度出台了一系列政策，并导入国家开发银行，推出了以政策性银行生源地信用助学贷款为主、政策性银行和商业银行校园地国家助学贷款为辅的政策体系，缓解了校园地贷款中存在的假贫困、骗贷等情况和因流动性大而难以追讨的问题。特别是随着覆盖全国的个人征信系统的建立和完善，使得借贷者一旦出现恶意违约，将会产生信用不良记录。这样就把一次博弈变成了重复博弈，大大提高了违约失信的成本。当失信导致的惩罚成本远高于即期收益时，这个问题就得到了解决。

通过构建重复博弈以解决合作困境问题的这一思路，在我们实际生活中也可以有非常多的应用。这里再举一个例子。

人们在不同的单位学习、工作，比较容易有意见的就是单位餐厅。我们常常开玩笑说，判断一个单位的管理大致是个什么水平，一般看两个地方就可以了：一个是餐厅，另一个是卫生间。即便在自己家里，一成不变的饭菜连续吃几次的话，也会腻味。所以餐厅要能迎合众人的口味，还要不断变化品种，确实是件很不容易的事。二十多年前，我在组建上海国家会计学院的时候，最初是把我原来工作学校的后勤餐厅服务团队请过来帮忙，毕竟我和他们过去是同事，彼此比较熟悉。一开始的时候后勤团队做得确实不错，后来高校后勤实施社会化、产业化改革，餐厅服务就民营化了。长期在体制内工作的人，一下子到市场上去竞争并不容易，所以他们就会想办法依靠学校餐厅服务来实现降本增收，以维系公司运营。

当我注意到餐厅的经营有点问题时，就想到应该引入竞争。于是又聘了另外一家餐厅进驻经营。刚开始的时候，两家餐厅之间竞争得很厉害——你那边推出山西刀削面，我这边就新增上海小馄饨，菜肴品种丰富，效果挺好。但仅仅几个月之后，彼此就偃旗息鼓——合谋了！因为它们都知道校园基本上是个封闭市场，就餐人数就这些，反正不是到你那里去，就是到我这里来，彼此互掐陷入囚徒困境只会造成两败俱伤，长期看并不划算。另外，市场容量有限，由两家企业经营，平均成本也比较高。

后来我们就通过招标聘用了锦江集团作为我们学院的独家餐饮承包商。锦江集团是上海酒店餐饮业中最大的国有企业之一，经营管理比较规范。我们和锦江集团一次签约两年，同时让所有就餐学员给餐厅的服务质量打分。我们跟餐厅约定，如果一年下来平均分数是 4 分以下（满分 5 分），我们另换服务商；如果在 4 分以上，锦江集团需要按照大家提出的意见进行整改后再续约。采取这个机制以后，每当一段时间餐厅服务评价分数比较低的时候，他们就开始搞美食周，力图把分数拉上来，否则到年底就不能续约了。

通过这种打分机制，实际上把原来的确定结束期的有限重复博弈变成了不确定结束期的有限重复博弈，从而给予承包商一种激励，促使其从长期合作的角度，确保产品或服务的质量，还避免了合同到期时的期末问题。我从行政岗位辞任已经十多年了，现在锦江集团仍然是学校的餐饮服务承包商。所以重复博弈理论可以帮助我们分析、解决很多现实生活中的问题。

游戏 5　海盗分金币

据说这个游戏曾作为牛津大学招生的一道面试题。它说的是有 5 个海盗，在海上劫到一艘船，将船上的人杀死再扔到海里去了。这些海盗在船上发现一袋金币，不多不少正好 100 枚。在回去的船上，他们商量如何分这 100 枚金币。假定这 5 个海盗分别为海盗 1、海盗 2、海盗 3、海盗 4 和海盗 5，他们最后达成如下共识：先由海盗 1 提方案，如果海盗 1 提出来的方案得到包括他自己在内超过半数海盗同意，就按照这个方法分，如果达不到，就把海盗 1 扔到海里去，然后由海盗 2 接着提方案；海盗 2 提出的方案，如果得到包括他自己在内超过半数海盗同意则通过，否则海盗 2 也会被扔到海里，由海盗 3 继续提方案……依次类推。

现在的问题是，如果你是海盗 1 的话，你会怎么提方案？

本章小结

有限重复博弈分为两类：不确定结束期的有限重复博弈和确定结束期的有限重复博弈。当一个博弈有限重复但不确定什么时候结束时，其均衡结果和无限重复博弈相类似，合作可能是纳什均衡。当一个博弈有限重复并确切知道什么时候结束时，就会出现期末问题。由于无法在博弈的最后阶段对对手的背叛行为进行惩罚，参与者就会采取如同一次博弈时的不合作策略。

确定结束期的有限重复博弈可以用逆向归纳法分析。逆向归纳法是从博弈的最后一个阶段开始分析，逐步倒推归纳出各阶段博弈参与者的策略选择。逆向归纳法可以用简单的一句话进行概括：向前展望，倒后推理。

阿克塞尔罗德的计算机模拟实验结果表明，在重复囚徒困境博弈中，一报还一报策略是表现最好的，一个好的合作策略，需要具有善良、报复、宽容和清晰这四个特性。

囚徒困境在诸多领域都可能发生，一些例子，包括黑手党组织的“胡萝卜加大棒”、第一次世界大战堑壕战中“自己活也让别人活”策略、中国古代的

"物勒工名"制度、传统熟人社会信用机制的自发形成与现代陌生人社会、匿名社会统一的社会信用体系的建设等，将有助于我们认识和理解如何通过重复博弈来解决现实中的合作困境问题。

本章重要术语

不确定结束期的有限重复博弈　确定结束期的有限重复博弈
逆向归纳法　期末问题　熟人社会　陌生人社会　匿名社会

第8章

混合策略

我们在前几章讲到的各种博弈，每种博弈都至少存在一个纳什均衡。比如，囚徒困境或智猪博弈，各自有一个纳什均衡，而协调博弈则存在多重纳什均衡。不过，还有一类博弈是不存在前面所讲的那种纳什均衡的，而只有所谓的混合策略纳什均衡。本章我们将介绍纯策略和混合策略的概念，以及混合策略纳什均衡的具体解法和实际应用。

8.1 纯策略与混合策略

"石头、剪刀、布"是我们常玩的游戏，这类博弈无法用前几章介绍的方法进行求解。事实上，"石头、剪刀、布"游戏不存在我们前面讨论的那种纳什均衡。为了分析这一类博弈，我们需要将策略和均衡的概念向随机行动扩展。

8.1.1 不存在纯策略纳什均衡的情形

我们用图 8-1 的矩阵来表示"石头、剪刀、布"游戏。假设赢者得益为 1，输者得益为 -1，平局各自得益为 0。在这个博弈矩阵的每一栏中，双方的得益之和都为 0，显然这是一个零和博弈。

		乙	
策略	石头	剪刀	布
石头	0, 0	1, -1	-1, 1
剪刀	-1, 1	0, 0	1, -1
布	1, -1	-1, 1	0, 0

图 8-1 "石头、剪刀、布"博弈

容易发现，当博弈是零和博弈，即一方所得是另一方所失时，不存在我们前面所讨论的那种纳什均衡。因为在这个游戏中，乙若出石头，甲的最优策略是出布；甲若出布，乙的最优策略是出剪刀；乙若出剪刀，甲的最优策略是出石头。显然，这是个不断循环的过程。我们说，纳什均衡应该是稳定的，给定其他参与者的策略，没有参与者有动机改变自己的策略。但对于"石头、剪刀、布"游戏来说，我们找不到这样的策略和原来意义上的纳什均衡，因为无论对于甲还是乙，坚持三个选项中的任何一个，最终都会输。所以我们说这类博弈不存在纯策略纳什均衡。

回顾长虹和海信之间的彩电定价同步一次博弈，无论一方选择何种价格，另一方都会采取低价策略，{低价，低价}是博弈的纳什均衡。像"低价"或"高价"这类被参与者确定选择的具体策略，我们称为纯策略（pure strategy），相应地，其纳什均衡也称为纯策略纳什均衡。而在"石头、剪刀、布"游戏这一类博弈中，不存在两个互为最佳的纯策略，因此是不存在纯策略纳什均衡的。

那么，我们平日里是怎么玩"石头、剪刀、布"游戏的呢？实际上我们是在这些纯策略当中随机选取一个策略，作为实际的选择。这时，任何一方都要避免自己的选择具有某种规律性，否则对手可据此获胜。因此，双方都希望自己的行动是不可预测的，这就需要以随机行动来实现。这种赋予纯策略某种概率分布的策略被称作混合策略（mixed strategy），即参与者在一组纯策略中以一定的概率随机选取的策略。

8.1.2　混合策略纳什均衡

纳什均衡存在性定理表明，在一个参与者及其纯策略数量有限的博弈中，至少存在一个纳什均衡，它可能是纯策略的，也可能是混合策略的。这意味着，如果一个博弈不存在纯策略纳什均衡，那它至少存在一个混合策略纳什均衡。威尔逊的奇数定理（oddness theorem）还证明了，在任意有限重复博弈中，均衡点数目是有限的并且是奇数。这表明，如果某一个博弈存在两个纯策略纳什均衡，那么它一定还存在第三个混合策略纳什均衡。

我们都知道，在"石头、剪刀、布"游戏中，参与人最好以相同的概率随机选择策略。因为如果一方出某一策略（比如"石头"）的概率高于其他两个策略，那么对手发现后就会有针对性地多出"布"，前者在游戏中输的可能性就较大。所以人们在进行"石头、剪刀、布"游戏时，通常都以 1/3 的同等概率随机选择每个策略，如此一来，没有一方能通过改变自己选择策略的概率来提高得益，因此 {(1/3, 1/3, 1/3)(1/3, 1/3, 1/3)} 就是混合策略纳什均衡，也是这一博弈唯一的纳什均衡。

　　一个混合策略的得益，是构成这个均衡策略的所有纯策略得益的加权平均值。我们首先计算一下在"石头、剪刀、布"游戏中甲方的期望得益。如果乙选择 (1/3, 1/3, 1/3) 的混合策略，那么甲出石头的话，对应乙均以 1/3 的概率选择石头、剪刀、布，甲的得益分别为 0、1、−1。这样，甲出石头的预期得益为：$0 \times \frac{1}{3} + 1 \times \frac{1}{3} + (-1) \times \frac{1}{3} = 0$。同理，我们也很容易证明甲出剪刀或布时，其预期得益也都为 0。由于甲也选择 (1/3, 1/3, 1/3) 的混合策略，即甲选择石头、剪刀、布的概率均为 1/3，这样甲的混合策略的期望得益为 0。由这个博弈的对称性可知，乙的混合策略的期望得益同样也为 0。

　　需要指出的是，一个混合策略并不意味着必须包含所有的纯策略。比如对于上述"石头、剪刀、布"博弈，如果不考虑最终输赢的话，我们当然也可以采用 (1/2, 1/2, 0) 这样的混合策略，即均以 1/2 的概率出石头或剪刀，但从不选择布。一种极端情况是，给混合策略中的某个纯策略赋予 1 的概率，对所有其他纯策略均赋予 0 的概率。这种混合策略其实就是纯策略，所以我们可以把纯策略看成混合策略的一种特例。

　　混合策略是参与者根据特定的概率分布对每个纯策略的随机选择，这增加了参与者策略选择的不确定性，使参与人难以准确预测对手会采取什么行动。因此，每个参与者需要充分考虑到其他参与者可能的选择，这种考虑可视为参与人彼此间的一种信念，即每个参与者都形成了关于其他参与者选择混合策略的信念，并据此做出自己的最优策略选择。

8.2　求解混合策略纳什均衡

　　如果每个参与者的混合策略都是对其他参与者混合策略的最优反应，即任何参与者都无法通过单方面改变纯策略的概率分布来提高自己的得益时，这个混合策略组合就是混合策略纳什均衡。上一节我们通过常识，很容易得出了"石头、剪刀、布"游戏的混合策略纳什均衡。但对于一些更复杂的博弈，还是需要通过专门的方法来求解，本节我们对此进行介绍。

8.2.1　小偷和警卫的博弈

1994 年诺贝尔经济学奖获得者泽尔腾，1996 年到华东师范大学演讲时，举了一个小偷和警卫博弈的例子。下面我们通过这个例子，来介绍两种常用的混合策略纳什均衡的求解方法。

有一个警卫负责在夜间看守仓库，而小偷策划夜间到仓库偷盗。假定警卫有两个策略：睡觉和不睡觉；小偷也有两个策略：偷和不偷。如果警卫睡觉，小偷偷盗成功，其得益为 5，而警卫由于失职受惩罚，得益为 –5。如果警卫不睡觉，小偷偷盗会被抓，其得益为 –10，警卫则获得嘉奖，得益为 10。如果警卫睡觉而小偷不偷，双方得益均为 0。如果警卫不睡觉而小偷不偷，警卫因为休息不好得益为 –2，小偷得益则为 0。

我们通过图 8-2 所示的博弈矩阵找出这个博弈的纳什均衡。

小偷

	策略	偷	不偷
警卫	睡觉	–5, 5	0, 0
	不睡觉	10, –10	–2, 0

图 8-2　小偷和警卫博弈

运用画线法，我们很容易证明，图 8-2 这个博弈没有纯策略纳什均衡：如果小偷选择偷，警卫的最好策略是不睡觉；如果小偷选择不偷，警卫则应该选择睡觉。同样地，如果警卫选择睡觉，小偷的最好策略是偷；如果警卫选择不睡觉，小偷则应该选择不偷。但是，根据纳什定理，这个博弈必定存在混合策略纳什均衡。

警卫的混合策略是按照一定的概率选择睡觉或不睡觉，小偷也可以按照一定的概率选择偷或不偷。求解混合策略纳什均衡，实际上是确定偷和不偷、睡觉和不睡觉的概率分别是多少，才能互为最优反应。我们可以通过建立这一博弈的得益函数，最大化每个参与者的期望得益，来求解混合策略纳什均衡。

如图 8-3 所示，我们假设警卫选择睡觉的概率为 $p_1^{睡}$，选择不睡觉的概率为 $p_1^{不睡} = 1 - p_1^{睡}$；小偷选择偷的概率为 $p_2^{偷}$，选择不偷的概率 $p_2^{不偷} = 1 - p_2^{偷}$。根据图 8-3 对警卫和小偷不同策略的概率赋值，我们可以得出他们各自的期望得益。

<table>
<tr><td></td><td></td><td colspan="2" align="center">**小偷**</td></tr>
<tr><td></td><td></td><td align="center">$p_2^{偷}$</td><td align="center">$1-p_2^{偷}$</td></tr>
<tr><td></td><td>策略</td><td align="center">偷</td><td align="center">不偷</td></tr>
<tr><td>**警卫** $p_1^{睡}$</td><td>睡觉</td><td align="center">-5, 5</td><td align="center">0, 0</td></tr>
<tr><td>$1-p_1^{睡}$</td><td>不睡觉</td><td align="center">10, -10</td><td align="center">-2, 0</td></tr>
</table>

图 8-3　小偷和警卫博弈（混合策略 1）

我们知道，计算一个混合策略的期望得益，实际上就是求出该混合策略中每个纯策略的期望得益的加权平均值。以警卫为例，如果选择睡觉，小偷有偷和不偷两个策略。若小偷选择偷，警卫获得 -5 的得益，而这个事件发生，需要警卫选择睡觉和小偷选择偷这两个事件都发生。根据独立事件同时发生的概率计算法则，只需要把这两个事件的概率相乘。因此，警卫的期望得益可表达为 $-5p_1^{睡}p_2^{偷}$；若小偷选择不偷，警卫的期望得益为 $0 \cdot p_1^{睡}(1 - p_2^{偷})$。如果警卫选择不睡觉，对应小偷的偷或不偷策略，警卫相应的期望得益分别为：$10(1 - p_1^{睡})p_2^{偷}$ 和 $-2(1 - p_1^{睡})(1 - p_2^{偷})$。把这 4 部分数字加总整理，就得到了警卫混合策略

的期望得益函数:

$$\pi^{警卫} = -5p_1^{睡}p_2^{偷} + 0p_1^{睡}(1-p_2^{偷}) + 10(1-p_1^{睡})p_2^{偷} - 2(1-p_1^{睡})(1-p_2^{偷})$$
$$= -17p_1^{睡}p_2^{偷} + 12p_2^{偷} - 2 + 2p_1^{睡}$$

同样地,我们可以得出小偷混合策略的期望得益函数:

$$\pi^{小偷} = 5p_1^{睡}p_2^{偷} + 0 \cdot p_1^{睡}(1-p_2^{偷}) - 10(1-p_1^{睡})p_2^{偷} + 0(1-p_1^{睡})(1-p_2^{偷})$$
$$= 15p_1^{睡}p_2^{偷} - 10p_2^{偷}$$

有了警卫和小偷的期望得益函数之后,我们可以运用求极大值的方法,来最大化每个参与者的期望得益,得出这个博弈的混合策略纳什均衡。在对警卫的期望得益求偏导的时候,我们把 $p_2^{偷}$ 看作常数,把 $p_1^{睡}$ 看作变量。对 $p_1^{睡}$ 求导,可得:

$$\frac{\mathrm{d}\pi^{警卫}}{\mathrm{d}p_1^{睡}} = -17p_2^{偷} + 2 = 0$$

可得:

$$p_2^{偷} = \frac{2}{17}, \quad p_2^{不偷} = \frac{15}{17}$$

在对小偷的期望得益求偏导的时候,我们把 $p_1^{睡}$ 看作常数,把 $p_2^{偷}$ 看作变量。对 $p_2^{偷}$ 求导,可得:

$$\frac{\mathrm{d}\pi^{小偷}}{\mathrm{d}p_2^{偷}} = 15p_1^{睡} - 10 = 0$$

可得:

$$p_1^{睡} = \frac{2}{3}, \quad p_2^{不睡} = \frac{1}{3}$$

这样就得到了小偷和警卫博弈的混合策略纳什均衡:{(2/3, 1/3)(2/17, 15/17)}。也就是说,警卫选择睡觉的概率是 2/3,选择不睡觉的概率是 1/3;小偷选择偷的概率是 2/17,选择不偷的概率是 15/17。

8.2.2　无差异得益法

在前文我们介绍了运用最大化得益法求解混合策略纳什均衡,接下来我们介绍一种更为简洁的求解混合策略纳什均衡的方法，即无差异得益法。

我们首先计算警卫在不同策略选择下的期望得益，警卫的某个纯策略的期望得益，是该纯策略所对应的策略矩阵同一行中警卫的得益与小偷的概率的积之和，即警卫选择睡觉的期望得益为 $-5p_2^{偷} + 0(1 - p_2^{偷}) = -5p_2^{偷}$，选择不睡觉的期望得益为 $10p_2^{偷} - 2(1 - p_2^{偷}) = 12p_2^{偷} - 2$。

警卫的混合策略要成为最优策略，必须使选择上述两个纯策略的期望得益无差异。如果存在差异，警卫就会更多选择期望得益高的纯策略，因为这样做可以增加警卫的期望得益。只有当选择两个纯策略的期望得益相同时，警卫就无法选出哪个纯策略更优，只能随机选择。也就是说，这时的混合策略是警卫的最优策略。

因此，令警卫选择睡觉的期望得益与选择不睡觉的期望得益相同：

$$-5p_2^{偷} = 12p_2^{偷} - 2，则 p_2^{偷} = \frac{2}{17}, p_2^{不偷} = \frac{15}{17}$$

同样，小偷的某个纯策略的期望得益，是该纯策略所对应的策略矩阵同一列中小偷的得益与警卫的概率的积之和，即小偷选择偷的期望得益为 $5p_1^{睡} - 10(1 - p_1^{睡}) = 15p_1^{睡} - 10$，选择不偷的期望得益为 $0 \cdot p_1^{睡} + 0(1 - p_1^{睡}) = 0$。

小偷的混合策略要成为最优策略，也必须使选择上述两个纯策略的期望得益相同：

$$15p_1^{睡} - 10 = 0, 则 p_1^{睡} = \frac{2}{3}, p_1^{不睡} = \frac{1}{3}$$

这样，我们运用无差异得益法，很容易得出小偷与警卫博弈的混合策略纳什均衡为 {(2/3, 1/3)(2/17, 15/17)}，与前面的计算结果完全相同。

需要指出的是，我们计算出了警卫与小偷的均衡策略，并不意味着警卫和小偷就按照这个概率有规律地选择某个纯策略。比如警卫每三天中前两天选择睡觉，后一天选择不睡觉；小偷 17 天中，前两天选择偷，后 15 天选择不偷。因为任何有规律的选择方式，都有可能被对手识破并加以利用而从中获利。混合策略的关键是不可预测性。对于警卫与小偷博弈的混合策略均衡，我们可以这样来理解：警卫可以准备 3 张扑克牌，其中 2 张红桃、1 张黑桃，然后每天晚上值班前随机抽出 1 张牌，抽到红桃选择睡觉，抽到黑桃选择不睡觉；小偷也准备 17 张牌，其中 2 张红桃、15 张黑桃，每次也随机抽出 1 张牌，抽到红桃就去偷，抽到黑桃就不去偷。双方的每次策略选择都是相互独立的，因而是不可预测的，使得对方没有任何可乘之机。这时候，警卫以一定概率随机选择睡觉和不睡觉，而小偷也以一定概率随机选择偷和不偷，他们谁也不会单独改变策略，因为改变策略不会使他们变得更好，这样就达到了均衡。

对于小偷和警卫博弈以及与此类似的纳税稽查等博弈的混合策略，除了表示参与双方的随机行动，根据需要还可以把它看作对集体行为的推测。把混合策略视为不同群体所选纯策略的概率分布，相当于众多警卫和众多小偷之间的博弈。当偷盗增加时，选择不睡去看守仓库的警卫人数会增加；而一旦看守仓库的警卫人数增加，选择偷盗的小偷人数会减少；而偷盗的小偷人数减少，看守仓库的警卫人数也会减少，偷盗案件又随之增加……最后的均衡状态是 1/3 的警卫选择不睡觉，2/3 的警卫选择睡觉；15/17 的小偷选择不偷，2/17 的小偷选择偷。

8.2.3　存在多重均衡博弈的混合策略

前文分析了不存在纯策略纳什均衡的情形。我们说，虽然有些博弈不存在纯策略纳什均衡，却存在混合策略纳什均衡。但是这并不等于说，只有不存在纯策略纳什均衡的博弈才有混合策略，实际上许多有多个纯策略纳什均衡的博弈，也存在混合策略纳什均衡。

我们仍然用第 3 章讨论过的情侣博弈来分析。如图 8-4 所示，我们知道，情侣博弈有两个纯策略纳什均衡：要么一起去看足球，要么一起去看芭蕾。如果两人一起去看足球，男孩得益为 2，女孩得益为 1；如果一起去看芭蕾，女孩得益为 2，男孩得益为 1；如果分开，双方得益均为 0。也就是说，选择相同的策略是这个博弈的纳什均衡。按照奇数定理，情侣博弈还存在混合策略，即他们可以以一定概率在足球和芭蕾两个策略中进行随机选择。

女

策略	足球	芭蕾
足球	2, 1	0, 0
芭蕾	0, 0	1, 2

男

图 8-4　情侣博弈

我们还是运用无差异得益法，分别计算男孩和女孩选择不同纯策略时的期望得益。假定男孩选择足球的概率为 p，选择芭蕾的概率为 $1-p$；女孩选择足球的概率为 q，选择芭蕾的概率为 $1-q$，则：

男孩选择足球的期望得益为 $2q + 0(1-q) = 2q$，选择芭蕾的期望得益则为 $0 \cdot q + 1(1-q) = 1-q$。令两种策略选择的期望得益相等，可得 $q = \dfrac{1}{3}$，$1-q = \dfrac{2}{3}$。

女孩选择足球的期望得益为 $1p + 0(1-p) = p$，选择芭蕾的期望得益则为 $0 \cdot p + 2(1-p) = 2-2p$。令两种策略选择的期望得益相等，可得 $p = \dfrac{2}{3}$，$1-p = \dfrac{1}{3}$。

这样就得出了情侣博弈的混合策略纳什均衡：{(2/3, 1/3)(1/3, 2/3)}。也就是说，男孩选择足球的概率是 2/3，选择芭蕾的概率是 1/3；女孩选择足球的概率是 1/3，选择芭蕾的概率是 2/3。

据此，我们可以分别计算男孩和女孩采取混合策略时总的期望得益。男孩选择足球的期望得益为 2/3，选择芭蕾的期望得益也是 2/3。当男孩采取混合策略，即 2/3 的概率选择足球、1/3 的概率选择芭蕾时，他的总体期望得益仍然是 2/3。同样地，女孩总体期望得益也是 2/3。

由此可见，情侣博弈共有三个均衡：第一个均衡是两个人都去看足球，这是个纯策略纳什均衡，男孩和女孩的得益分别为 2 和 1；第二个均衡是两个人一起去看芭蕾，这也是纯策略纳什均衡，男孩和女孩的得益分别为 1 和 2；第三个均衡是他们都混合这两个纯策略，双方的得益均为 2/3。显然，选择混合策略的得益要低于两个纯策略均衡的得益。这是因为选择混合策略，双方一起

去看足球的概率是 $pq = \dfrac{2}{3} \times \dfrac{1}{3} = \dfrac{2}{9}$，一起去看芭蕾的概率是 $(1-p)(1-q) = \dfrac{2}{9}$，因此与两个纯策略均衡中双方始终在一起不同，选择混合策略时他们有 5/9 的概率不在一起，双方的得益自然就低。

这个结果一方面说明了在这一类博弈中协调的重要性，因为选择任何一个纯策略纳什均衡，参与者的得益都会高于混合策略的均衡结果。另一方面也解释了在分析存在纯策略纳什均衡的博弈时，除非有特殊需要，否则我们通常只关注博弈的纯策略均衡结果，而往往会忽略可能还存在的混合策略纳什均衡。

从以上混合策略纳什均衡的求解过程中，我们还可以得出一些有趣的结论。由于女孩选择的概率 q 使男孩在各策略之间的期望得益无差异，因此当男孩以 p 的混合概率选择各个纯策略时，他的总体期望得益实际上就等同于他选择某个纯策略的期望得益。比如，我们用 a、b 分别表示男孩选择足球和芭蕾时的期望得益，且无差异条件使得 $a = b$，那么男孩以 p 的混合概率选择各个纯策略的总体期望得益为：$ap + b(1 - p) = ap + a(1 - p) = a = b$。也就是说，在混合策略纳什均衡中，每个参与者的期望得益实际上与他选择某个纯策略的期望得益是相同的。

上述求解过程还表明，每个参与者的混合均衡策略只取决于对方的得益，而不取决于他自己。比如在情侣博弈中，如果男孩看芭蕾的得益从 1 增加到 2，也就是说，博弈矩阵右下框的得益组合由原来的 (1, 2) 变成现在的 (2, 2)，而其他所有的得益都保持不变。改变后的情侣博弈矩阵如图 8-5 所示。

女

策略	足球	芭蕾
足球	2, 1	0, 0
芭蕾	0, 0	2, 2

（男）

图 8-5　改变后的情侣博弈

这时，男孩看足球的期望得益为 $2q$，看芭蕾的期望得益为 $2(1-q)$，令二者相等，则 $q=(1-q)=\dfrac{1}{2}$；女孩看足球的期望得益为 p，看芭蕾的期望得益为 $2(1-p)$，同样令二者相等，可得 $p=\dfrac{2}{3}$，$1-p=\dfrac{1}{3}$。男孩的均衡策略没有变化，仍然是 {2/3, 1/3}，而女孩的均衡策略由原先的 {1/3, 2/3} 变为 {1/2, 1/2}。也就是说，男孩的得益变化只是改变了女孩的均衡策略，却没有改变自己的均衡策略。

这一结论也可以在更一般的情况下予以证明。它表明，混合策略中参与者的均衡策略并不随自己的得益变化而变化，只会随着对方的得益变化而变化：改变纵列参与者的得益，就会改变横行参与者的混合策略；改变横行参与者的得益，就会改变纵列参与者的混合策略。在小偷与警卫博弈的例子中，这一结论意味着增加小偷被抓后的处罚力度，对降低偷盗率作用不大，只是给警卫提供了更多偷懒睡觉的机会，而真正能降低偷盗率的方法是要加重对失职警卫的惩罚。这是一个非常有意义的结论，它表明在社会治理过程中，加大对违规者的惩治固然非常重要，但更为重要的可能是要加强对监管者不作为的追责力度。

8.3　混合策略的一些应用

8.3.1　体育赛事中的混合策略

混合策略在体育赛事中有诸多应用。下面，我们用博弈论教材中常用的网球比赛的例子进行解释。

我们假定，这是在澳网半决赛上李娜与莎拉波娃（以下简称"莎娃"）的一场对决。站在球网附近的莎娃把球打给站在底线的李娜，而李娜接到球后正准备回击。李娜可以向莎娃的左侧打直线穿越球，也可以向莎娃的右侧打斜线穿越球[⊖]。而莎娃也在考虑向哪边移动准备防守。莎娃希望自己防守的方向与李

　　⊖ 为了分析方便起见，这里排除了上旋吊高球。

娜击球的方向相一致，而李娜则希望能将球打到莎娃没有防守的一边。为了力求做到不可预测，双方都会尽可能地隐瞒自己的行动意图，直到要行动的最后一刻。

在职业网球选手比赛中我们不难发现，由于球速极快，当对手击球后再开始移动，往往为时已晚。因此，选手通常在对手击球的同时便开始移动，这得益于她们出色的球感、超前的预判能力和经验，所以她们的行动也可以看作是同步进行的。我们用比赛中莎娃站立的方向作为判断左和右的基准，用某一特定击球和防守回合中双方成功的概率作为该回合各自的得益[⊖]。该博弈矩阵可以用图 8-6 表示。

莎娃

策略	左	右
左	50, 50	80, 20
右	90, 10	40, 60

李娜（行标签，位于左侧）

图 8-6　网球博弈

我们假定李娜选择左，即她向莎娃左边打直线穿越球，而莎娃预判失误选择右，即向右侧移动去防守，李娜有 80% 的成功概率，而莎娃只有 20% 的概率得分[⊖]；如果李娜选择右，即她向莎娃的右侧打对角穿越球，而莎娃判断失误向左移动，李娜有 90% 的成功概率，莎娃只有 10% 的概率得分；如果李娜和莎娃都选择了左侧，这时莎娃反手接球，各自成功的概率都为 50%；如果双方都选择了右侧，此时莎娃正手接球，有 60% 的成功概率，而李娜只有 40% 的成功概率。事实上，在历届网球比赛中，李娜和莎娃共有 15 次交锋，我们可以假设矩阵中的这些数据是根据她们以往交战数据统计出来的。

我们来找出这个博弈的纳什均衡。先从博弈矩阵的左上框开始，我们可以

⊖　为了分析简便起见，我们把这一回合直接获胜或者接球者成功回球都看作一种成功。
⊖　主要是因为李娜在底线打穿越球，也会有一定概率打到界外。

发现，李娜希望从选左变成选右，因为从左上框偏离到左下框可以使她的成功概率从 50% 增加到 90%。但是在左下框，莎娃又希望从选左变成选右，因为偏离到右下框可以使她的成功概率从 10% 增加到 60%。而李娜又希望从右下框偏离到右上框，莎娃又希望从右上框偏离到左上框。如此无休止的循环，每一个框对应的策略组合都不是纳什均衡，因为总有人会改变她的策略。

可以看出，这是一个零和博弈，不存在纯策略纳什均衡，但存在一个混合策略纳什均衡。下面我们还是运用无差异得益法，求解网球博弈的混合策略纳什均衡。我们假定李娜选择左的概率为 p，选择右的概率为 $1-p$；莎娃选择左的概率为 q，选择右的概率为 $1-q$。则有：

李娜选择左的期望得益为 $50q + 80(1-q) = 80 - 30q$，选择右的期望得益为 $90q + 40(1-q) = 40 + 50q$。令两种策略选择的期望得益相同，则 $q = (1-q) = \dfrac{1}{2}$。

莎娃选择左的期望得益为 $50p + 10(1-p) = 10 + 40p$，选择右的期望得益为 $20p + 60(1-p) = 60 - 40p$。令两种策略选择的期望得益相同，则 $p = \dfrac{5}{8}$，$(1-p) = \dfrac{3}{8}$。

这样就得出了网球博弈的混合策略纳什均衡：{(5/8, 3/8)(1/2, 1/2)}，即李娜选左的概率为 5/8，选右的概率为 3/8；莎娃选左和选右的概率都为 1/2。这就是她们双方互为最佳的混合策略，任何一方的偏离行为都会因被对方识破而遭受损失。

体育对抗赛中的上述均衡结果分析也得到了一些实际数据检验结果的支持。瓦尔科（Wlker）和伍德（Wooders）曾经对网球主要赛事中双方都是顶尖高手且多次交手的十场比赛数据进行了分析，发现发球方发向左边和发向右边的赢球概率非常接近且与理论保持一致。帕拉肖思·赫塔也对足球比赛中的罚球做了类似于网球数据那样的检验。在罚球中，守门员希望能正好扑向罚球员射向的一边从而将球扑住，而罚球员则希望相反。考虑到球速和人的反应时间，守门员看清射球方向后再做动作为时已晚，因此必须与罚球员同时行动。赫塔通过对经常相互对峙且具有高超球技的球员的数据分析发现，对于几乎所有的罚球员来说，踢向左边而赢球的概率与踢向右边而赢球的概率是一致的；对于几乎所有的守门员而言，向左边扑住球的概率与向右边扑住球的概率也是一致的。[⊖]

让我们再回到李娜与莎娃的比赛。现在假定莎娃通过训练提高了反手截击能力，使得当李娜打左侧时，莎娃防守成功的概率从 50% 提高到了 70%。莎娃技术的提高改变了博弈矩阵（见图 8-7），那么这种改变又会如何影响双方的策略均衡呢？下面我们来做一个分析。

莎娃

策略	左	右
左	30, 70	80, 20
右	90, 10	40, 60

（李娜）

图 8-7　改变后的网球博弈

改变后的矩阵与前面图 8-6 的矩阵唯一不同的是，其左上框的得益从原来的 (50, 50) 变成了现在的 (30, 70)。显而易见，这个新的博弈同样没有纯策略纳什均衡，下面我们来求解它的混合策略纳什均衡。

李娜选择左的期望得益为 $30q + 80(1 - q) = 80 - 50q$，选择右的期望得益为 $90q + 40(1 - q) = 40 + 50q$。令两种策略选择的期望得益相同，则 $q = \dfrac{2}{5}$，$1 - q = \dfrac{3}{5}$。

莎娃选择左的期望得益为 $70p + 10(1 - p) = 10 + 60p$，选择右的期望得益为 $20p + 60(1 - p) = 60 - 40p$。令两种策略选择的期望得益相同，则 $p = (1 - p) = \dfrac{1}{2}$。

这样就得出了改变后的网球博弈的混合策略纳什均衡：$\{(1/2, 1/2) (2/5, 3/5)\}$。也就是说，李娜的混合策略由原来的 (5/8, 3/8) 变为现在的 (1/2, 1/2)，

⊖　奥斯本. 博弈入门 [M]. 施锡铨，陆秋君，钟明，译. 上海：上海财经大学出版社，2010.

莎娃的混合策略由 (1/2, 1/2) 变为 (2/5, 3/5)。

按照一般直觉，莎娃反手水平提高了，接左侧穿越球成功的概率增加了，应该更多向左防守。但是我们得到的新的均衡结果却与这种直觉不同，莎娃选择左侧的概率反而变小了，由以前的 1/2 变成现在的 2/5。之所以会出现这种反直觉的现象，在于我们没有从策略互动角度将莎娃反手技术提高对李娜行为的影响纳入考虑。由于莎娃现在更擅长防守左侧，为了避免被莎娃成功防守，李娜就会更多地击打莎娃的右侧，而正因为如此，莎娃也会相应更多地去防守右侧。

莎娃反手防守技术的提高，使李娜明显减少了击打莎娃左侧的概率，而增加了击打莎娃右侧的概率，那么这是否意味着莎娃提高反手技术就没有多大意义了？显然，这也需要通过比较改变前和改变后博弈双方的均衡得益来予以说明。

我们知道，在混合策略纳什均衡中，每个参与者的总体期望收益就是他选择某个纯策略的期望收益。

改变前的期望得益：

李娜：$80 - 30 \times \dfrac{1}{2} = 40 + 50 \times \dfrac{1}{2} = 65$。

莎娃：$10 + 40 \times \dfrac{5}{8} = 60 - 40 \times \dfrac{5}{8} = 35$。

改变后的期望得益：

李娜：$80 - 50 \times \dfrac{2}{5} = 40 + 50 \times \dfrac{2}{5} = 60$。

莎娃：$10 + 60 \times \dfrac{1}{2} = 60 - 40 \times \dfrac{1}{2} = 40$。

由此可见，莎娃通过提高反手截击技术确实获得了好处。由于现在莎娃更擅长于防守左侧，这就使得李娜更多地打她右侧，作为应对莎娃也会多向右侧移动。这表明，当你反手越厉害时，用到的机会反而会越少。莎娃反手技术的提高，使她正手的威力得以更多发挥，结果她成功的概率从改变前的 35% 提高到改变后的 40%，并且使李娜的成功概率从原先的 65% 下降到现在的 60%。

这种现象在其他体育赛事中也屡见不鲜。在足球和篮球比赛中，我们会发现有时一些明星运动员的表现似乎并不佳。但是按博弈论的观点，这并非明星运动员本人不优秀，恰恰是因为这些运动员太优秀了，引起了对手的围追堵截，从而影响了他的进球。而当对方被迫将大部分防守资源用于看管这些明星运动员时，明星运动员的队友就更有机会进球了。从表面上看，明星运动员可能得分不高甚至没有得分，但是为团队取胜做出了不可或缺的贡献。例如在1986 年的世界杯足球赛决赛上，阿根廷队的马拉多纳被对手德国队严防死守，一个球也没进。但是，全靠他从一群德国队后卫中将球传出来，阿根廷队两次射门得分，最终夺得冠军。

更有趣的是，在篮球比赛中，当一个明星运动员遭遇对方队员严防死守时，甚至可能发展出左右妙手。比如波士顿凯尔特人队的明星球员拉里·伯德（Larry Bird），他喜欢用右手投篮。对方知道伯德通常用右手投篮，自然集中力量防守他的右手。但是，伯德又练就了左手投篮的超级本领，左右两手投篮的混合策略，让对手防不胜防。[⊖]

8.3.2　商业和其他对抗中的混合策略

除了体育竞赛，混合策略的应用也存在于我们日常生活的诸多方面。其中一个很重要的应用在于，混合策略可以以较低的监管成本来促使人们遵守规则。比如食品安全监管部门对商家的随机抽检，竞技体育中的对违禁药物的随机检测，海关入境时的行李抽检，违章酒驾的停车检测，以及税务部门的纳税稽查等，都会运用到混合策略。

以食品安全为例，如果对所有食品实行百分之百完全检测，不仅难以操作，监管成本也将高到无法承受。但是如果完全放任，就可能给民众健康和社会带来严重危害。运用混合策略不仅可以节约监管成本，而且可以发现食品卫生安全隐患，促使食品生产经营者将食品安全工作真正落到实处。

⊖　迪克西特，奈尔伯夫 . 策略思维：商界、政界及日常生活中的策略竞争 [M]. 王尔山，译 . 北京：中国人民大学出版社，2023.

比如海关入境时的行李抽查。为防止食品中的有害生物入境导致口蹄疫、禽流感等在本国传播蔓延，很多国家都禁止旅客入境时携带肉制品、蔬菜水果和种子等物品。特别是针对屡禁不绝的肉制品携带现象，近年来一些国家纷纷提高了查获后的惩罚力度。日本出台的新规规定，携带肉制品入境将被处三年以下有期徒刑或三百万日元以下罚款。海关当局试图通过加大预期惩罚强度，以较低的开箱检查的概率，就能阻吓那些出于侥幸心理导致的不合作行为。

混合策略在军事领域也有很多应用。比如在现代战争中，导弹作为基于信息系统一体化联合作战中进行精准打击的作战利器，是主导战争走向的决定性力量之一。为了避免遭受毁灭性定向打击，防守方必须利用反导系统，竭尽全力拦截攻击方发射过来的每一枚导弹。然而，攻击方也可利用随机策略来削弱防守方反导系统的作用。本来，拦截导弹的成本远低于发射导弹，但是攻击方可以用假导弹掩护真导弹，大大提高防守方的成本使其难以承受。除非防守方能够辨别真假导弹，否则只能开动反导系统去拦截所有入侵导弹。攻击方的这种混合策略可以大大降低防守方的拦截效率，使得防守方的反导系统不堪重负。[一]

本章小结 ✅

纯策略是指在博弈中，每个参与者在做决策时均选择稳定的具体策略。混合策略是参与者按照一定的概率，随机地从纯策略集合中选择不同的纯策略。混合策略引入了随机行动和概率分布的思想，而纯策略则可以看作混合策略的特例。

混合策略以概率分布来描述，表示参与者在选择不同的纯策略时的概率。如果每个参与者的混合策略都是对其他参与者混合策略的最优反应，即任何参与者都无法通过单方面改变纯策略的概率分布来提高自己的得益时，那么这个混合策略组合就是混合策略纳什均衡。

在一个参与者及其纯策略个数有限的博弈中，至少存在一个纳什均衡，它

[一] 迪克西特，奈尔伯夫. 妙趣横生博弈论：事业与人生的成功之道：珍藏版 [M]. 董志强，王尔山，李文霞，译. 北京：机械工业出版社，2015.

可能是纯策略的，也可能是混合策略的。也就是说，如果一个博弈没有纯策略纳什均衡的话，那它至少有一个混合策略纳什均衡。根据奇数定理，如果一个博弈存在两个纯策略纳什均衡，那么一定还存在第三个混合策略纳什均衡。

　　混合策略纳什均衡可以通过最大化得益法和无差异得益法予以求解。一个参与者选择不同纯策略的概率分布不是由自己的得益决定的，而是由对手的得益所决定：如果改变纵列参与者的得益，就会改变横行参与者的混合策略；如果改变了横行参与者的得益，就会改变纵列参与者的混合策略。当参与者的得益改变时，均衡策略会有一些反直觉的性质。

　　依据博弈的性质，对于混合策略我们也可以从三个层面予以理解：首先是把它理解为随机行动，其次是把均衡理解为参与者彼此之间的信念，最后是把它看成集体行动中某一类人的比例。

本章重要术语

　　纯策略　混合策略　混合策略纳什均衡　奇数定理　无差异得益法

第 9 章

案例讨论：《京都议定书》与清洁发展机制

人类诞生几百万年以来,一直和自然界相安无事。人类的活动能力和破坏自然的能力相对较弱,最多只能引起局部较小的气候改变。但是工业革命开始后情况就不一样了。工业化过程大量使用煤炭、石油等化石燃料,产生了超越环境容量和自然净化能力的废气和废弃物。其中全球大气中二氧化碳(CO_2)含量在百年内增加了25%,形成大气温室效应,造成地球表面温度升高、极地冰川融化,进而使得海平面上升、大洋环流变化。据预测,如果按目前二氧化碳浓度的增加速度,到2100年,大气中二氧化碳含量将比工业革命前增加一倍,届时全球平均气温上升将导致海平面上升15~95厘米,淹没大片沿海土地和岛屿,引发许多自然灾害。因此,减少温室气体排放,以避免全球气温进一步升高已迫在眉睫。《京都议定书》的生效和实施,则是国际社会通过合作以缓解气候变化的一个有益的尝试。

9.1 《京都议定书》的形成背景

国际社会实现温室气体减排的困难,很大程度来自各国所面临的囚徒困境。温室气体减排是需要花费巨额成本的,但与其他环境污染不同的是,排放对当地环境的直接影响并不大,而减排的好处却由各国共同分享。所以,对每个国家来说,如果其他国家减排,它应该选择不减排,这样既不用花费减排成本,又能分享其他国家减排所带来的好处;如果其他国家都不减排,它也应该选择不减排。这样的结果就是所有国家都选择排放,排放成了每个国家的占优策略。

英国政府的一份预测报告估计,如果各国协调一致共同减少温室气体的排放,可能会给每个国家造成1%的GDP损失,如果各国都不减排,则会给各国带来的损失达GDP的4%~20%,平均为12%。如果其他国家不减排,本国独自减排的最高成本大约为GDP的20%。如果他国减排,本国不减排对应的得益为0。

依据上述预测数据,在两个国家的温室气体排放博弈中,博弈矩阵如图9-1所示。⊖

⊖ 迪克西特,斯克丝,赖利.策略博弈:第4版 [M].王新荣,马牧野,等译.北京:中国人民大学出版社,2020.

B国

	策略	减排	不减排
A国	减排	−1, −1	−20, 0
	不减排	0, −20	−12, −12

图 9-1　温室气体排放博弈

　　显而易见，这是一个囚徒困境博弈。"不减排"是两国的占优策略，构成了这个博弈的唯一纳什均衡，然而它们随后将遭受气候变化带来的恶果。这种现象的存在，本质上也是因为产权缺失导致的公地悲剧，由于排放者不承担成本，使得它们过度使用公共资源。

　　20世纪七八十年代，国际社会意识到气候变化问题的严重性和紧迫性，要求各国共同合作以应对气候变化的呼声越来越高。在这样的背景下，第45届联合国大会于1990年12月21日通过了第45/212号决议，决定成立气候变化框架公约政府间谈判委员会。该委员会于1991年2月至1992年5月举行了6次会议，经过艰难的谈判，于1992年5月9日在纽约通过了《联合国气候变化框架公约》（简称《公约》或UNFCCC），并在1992年里约热内卢召开的联合国环境与发展会议期间供与会各国签署。1992年6月11日，当时的国务院总理李鹏在里约热内卢代表中国政府签署了《公约》。《公约》于1994年3月21日生效。

　　《联合国气候变化框架公约》只是一个原则性的、概念性的公约，对各国的约束力也是很含糊的。要真正达到使各国减少排放温室气体的目的，就需要订立一个约束力更强、明确规定各国控制温室气体义务的议定书。1997年12月，149个国家和地区的代表在日本京都召开《联合国气候变化框架公约》缔约方第三次会议，经过紧张而艰难的谈判，会议通过了《京都议定书》（*Kyoto Protocol*）。

　　《京都议定书》的目标是"将大气中的温室气体含量稳定在一个适当的水

平,进而防止剧烈的气候改变对人类造成伤害"。《京都议定书》包括 28 条条款和 2 个附件,为各国的二氧化碳等 6 种温室气体的排放量规定了具体标准。在 2008~2012 年的第一承诺期,以 1990 年的排放量为基准,每年平均减少 5.2%。具体分配则是:欧盟及东欧国家减排 8%;美国减排 7%;日本、加拿大、匈牙利、波兰等国减排 6%,新西兰、俄罗斯和乌克兰则不必削减,可将排放量稳定在 1990 年水平上。《京都议定书》同时允许爱尔兰、澳大利亚和挪威的排放量分别比 1990 年增加 10%、8%、1%。[一]所有承担具有约束性减排义务的国家都是发达国家,也就是《公约》附件 1 所列的 37 个欧洲国家(通常被称为"附件 1 国家"),加上摩洛哥和列支敦士登。对于中国、印度、巴西等发展中国家(通常被称为"附件 2 国家"),《京都议定书》并没有规定具体的减排指标。

为什么只规定发达国家的排放量?这就涉及《联合国气候变化框架公约》和《京都议定书》的一条基本原则:全球各国对气候变化负有"共同但有区别的责任"。"共同",就是各个国家都有责任。突出"有区别",是因为发达国家从工业革命以来,持续二百多年一直大量燃烧煤炭和石油,现在该轮到发展中国家发展经济了,温室气体排放量就需要限制了,因此,从公平性上讲,发达国家应该率先采取行动减排,发展中国家具有责任,但不规定具体的减排指标。国际舆论普遍认为,《京都议定书》是迄今为止对发展中国家最为有利的一个公约。

《京都议定书》需要在占全球温室气体排放量 55% 的至少 55 个国家和地区批准之后才具有国际法效力。2002 年 8 月 30 日,中国常驻联合国代表向联合国秘书长安南交存了中国政府核准《〈联合国气候变化框架公约〉京都议定书》的核准书。2002 年 9 月 3 日,当时的中国国务院总理朱镕基在约翰内斯堡可持续发展世界首脑会议上讲话时宣布,中国已核准《〈联合国气候变化框架公约〉京都议定书》。

2002 年 3 月,欧盟环境部长会议批准了《京都议定书》。同年 6 月,日本政府也批准了《京都议定书》。美国是温室气体最大排放国之一,其排放的二

㊀　资料来源:《联合国气候变化框架公约》京都议定书,联合国,1998 年。

氧化碳占全球二氧化碳排放量的 25% 以上，克林顿政府曾于 1998 年 11 月签署了《京都议定书》。但 2001 年 3 月，布什政府以"减少温室气体排放将会影响美国经济发展"和"发展中国家也应该承担减排和限排温室气体的义务"为借口，宣布拒绝批准《京都议定书》，此举引起国际社会的广泛谴责。2004 年 11 月，俄罗斯总统普京在《京都议定书》上签字，这也使这项历经波折的国际协议具备了生效的条件。

2005 年 2 月 16 日，作为联合国历史上首部具有法律约束力的温室气体减排协议《京都议定书》正式生效，成为联合国认可的国际法。虽然《京都议定书》由于美国这个头号工业化国家拒绝签署而大幅缩水，但它的生效仍然对促进建立全球环境治理机制具有重大的里程碑式的意义，标志着国际社会通过合作，在破解温室气体排放困境方面迈出了重要的一大步。

9.2　三种减排机制

提出目标和要求尽管意义重大，但并不意味着问题已经解决。温室气体的排放是经济活动的连带产物，如果不是因为治理排放对经济活动有负面影响，那么温室气体减排根本就不是一个难题。我们既不愿意气候变暖，也不可能轻易放弃工业文明带来的经济成果而回到农业社会。这就决定了问题的重心在于采用怎样的可操作机制，在减少温室气体排放的同时，对经济发展的抑制作用最小。

《京都议定书》在减排途径上提出了三种旨在减少温室气体排放的灵活履约机制：清洁发展机制（clean development mechanism，CDM）、联合履约机制（joint implementation，JI）和排放贸易机制（international emissions Trading，IET）。CDM 允许发达国家通过资助在发展中国家进行的具有减少温室气体排放效果的项目，获得"经核证的减排额度"（certification emission reduction，CER），用于完成其在议定书下承诺义务的一部分。与此同时，发展中国家也可以受益于这种项目。JI 与 CDM 相似，主要区别在于项目只能在发达国家之间进行。IET 也是在发达国家之间进行的，是指难以完成削减任务的国家，可以花钱从超额完成任务的国家买进超出的额度。也就是说,JI、IET 两种机制是发达国家之间进行的减排合作机制;CDM 是发达国家与发展中国家之间进行的减排合作机制,主要是由发达国家向发展中国家提供资金和技术,帮助发展中国家实施温室气体减排,同时也为发达国家提供低成本减排的方案,从而帮助发达国家达成量化排放限制的目标。

通过 55 个以上、大约占全球总排放量一半以上的国家签订温室气体排放协议,意味着环境不再是免费的公共资源,任何协议国和企业再也不可以随意排放温室气体。而各国企业可在产权界定的前提下,通过碳交易市场进行排放权交易,用市场机制尽量使世界范围内的减排成本最小化。比如,CDM 允许发达国家帮助发展中国家减少温室气体的排放,从而冲减自己的减排额度。对于发达国家来说,由于完成二氧化碳排放项目的成本比发展中国家高出 5～20 倍,所以可以通过向发展中国家转移资金、技术,帮助发展清洁能源项目来降低自己的减排成本,并以此履行《京都议定书》规定的义务。对于发展中国家来说,这些资金和技术有助于减少碳排放,因此是一个合作共赢的结果。

这样,一个非常棘手的涉及主权国家利益分配的难题,竟然通过巧妙的机制设计得以缓解了。减排机制设计之精巧,以及设计者所表现出的博弈智慧,令人赞叹。英国《卫报》在评价《京都议定书》三个减排机制时称,这些灵活的机制是《京都议定书》最终获得通过的重要原因。

在欧洲,《京都议定书》在附件中给欧盟 25 个成员国的减排目标为 8%。同时,对欧盟也设立了一个 8% 的总体减排额度。按照规定,超排量的国家可以通过购买其他成员国的排放量来达到目标。欧盟各国的操作方法是将减排任务分解到各个公司,各成员国给国内的公司颁发碳排放许可证。这些公司只能在额度范围内排放温室气体,否则被视为违法。以德国巴斯夫公司(BASF)为例,德国政府给它的碳排放额度为每年 120 万吨,这个额度比它往年的平均排放量少 8.5 万吨。如果企业无法满足碳排放额度的要求,可通过向其他超额完成任务的公司购买减排信用额度,或者帮助发展中国家推行清洁能源项目,或者开展碳汇造林等有利于环保的活动以获取 CER。

从 2005 年开始，欧盟实行强制"碳津贴市场"方案，允许那些实际排放量低于规定的公司将它未使用的减排信用额度投入市场，供那些超额排放的公司购买。这个方案也极大地推动了减排信用额度市场的建立和发展。

9.3　初始排放权的界定

《京都议定书》初始排放权的界定经历了一个艰苦的博弈过程。古巴、新加坡、巴布亚新几内亚、牙买加、巴哈马、图瓦卢、马尔代夫等岛国坚决支持《京都议定书》尽早落实，且不在乎可能加给本国的减排约束。因为这些国家受全球变暖的威胁最大，同时，它们有的是依赖旅游业的国家，工业薄弱，有的国家的支柱产业已经摆脱工业化阶段，总之，它们减排的压力不大。其次是欧洲国家，它们在减排问题上态度坚决，一方面是因为它们在控制温室气体排放方面已经做得比较成功，另一方面它们也担心，气候变暖造成的大洋环流改变，将导致欧洲气候变冷，直接威胁到它们的生存环境。而美国、加拿大、日本、澳大利亚等发达国家组成的伞型集团，一度不赞成。这是因为，《京都议定书》是这样要求的：1990 年，发达国家排放的二氧化碳折成碳是 37 亿吨，首先要求它们在 2000 年降到 1990 年的水平。而《公约》是 1992 年签订的，到 1997 年时二氧化碳排放量已经又比 1992 年增加了。这样一来，实际要减排的量就不止当下的 5%，它们就觉得成本太大，犹豫不定。不过，这几个国家中，除美国外，最终都相继签署了《京都议定书》。

美国由于经济总量极为庞大，相应的减排成本也大。与此同时，美国受到由温室气体引起的气候变化的负面影响相对较小，而且它对于《京都议定书》中没有规定中国、印度、巴西等发展中大国承担温室气体减排义务也颇为不满，认为在发展中国家特别是发展中大国不承担量化减排义务的情况下，美国承担《京都议定书》规定的减排义务将有损美国的国家利益。美国在 2001 年 3 月宣布退出《京都议定书》谈判，提出按照自己的方式解决减排问题，这对《京都议定书》的生效产生了非常不利的影响。

各国减排温室气体的背景符合囚徒困境的一般情形，但《京都议定书》谈判中国家间的重复博弈又使得彼此合作有可能成为均衡结果。迈克尔·李伯里赫（Michael Liebriech)的研究认为,《京都议定书》所涉各国应该使用阿克塞尔罗德的一报还一报策略,即采用"善良"（签订《京都议定书》并开始减少排放)、"报复"(设置对那些不参与国家的惩罚机制)、"宽容"(欢迎新接受《京都议定书》的成员)、"清晰"(明确行动和反应)的策略。李伯里赫还对参与国的行动表现进行了评估和建议。他认为欧盟在"善良""宽容""清晰"方面做得很好,但在"报复"方面尚有不足。为此,他建议欧盟制定与碳相关的进口税,或者制定处置贸易对手的报复性政策。李伯里赫认为美国的行为不是"善良"和"清晰"的,其解决方案是应该做出一个被多数国家认同的关于碳排放的有意义的承诺。他把发展中国家集团的行动描述为"不友善的"(自己不承担碳排放限额),更佳策略是明晰它们在全球减排努力中的义务,这样它们也更有可能从全球气候改善中获益。[⊖]

9.4　从《京都议定书》到《巴黎协定》

中国政府于 2004 年和 2005 年先后发布了《清洁发展机制项目运行管理暂行办法》和《清洁发展机制项目运行管理办法》,并专门建立了清洁发展机制基金,用以促进 CDM 项目在中国的有效开展。2004 年,在联合国开发计划署的帮助下,中国清洁发展机制能力建设项目正式开始实施。2005～2017 年,中国 CDM 项目共完成注册 3764 个,成为全球 CDM 项目最多的国家,其中风电、水电和生物能源等可再生能源项目占 85% 以上。

截止到 2023 年 8 月底,CDM 总计签发约 24.17 亿吨 CER。分阶段来看,在《京都议定书》第一承诺期,国际碳减排进展良好,CDM 下的 CER 签发量逐年上升,到第一承诺期结束（2012 年）前后,年签发量超过 3 亿吨。2012年底的联合国气候变化谈判多哈会议确立了《京都议定书》2013～2020 年的第二承诺期,这一结果体现了发达国家与发展中国家之间长达 8 年的艰苦谈

⊖　迪克西特,斯克丝,赖利.策略博弈:第 4 版 [M]. 王新荣,马牧野,等译.北京:中国人民大学出版社,2020.

判。由于加拿大以全球约束性减排义务未能涵盖中、美这两个最大排放国家为由退出《京都议定书》，再加上俄罗斯、新西兰和日本声明不在第二承诺期承担量化减排限额义务，第二承诺期国际碳减排进程放缓。特别是全球最大碳市场欧盟碳市场（EU ETS）宣布从 2013 年开始仅接受来自"最不发达国家"（LDC）的 CER，导致能注册的 CDM 项目骤减，此后多年保持低位，年签发量约 1 亿吨，在 2019 年更是达到低谷，年签发量仅为约 5000 万吨。此后，随着全球碳中和政策力度的提升，以及企业等减排主体对碳减排量需求的增加，CER 签发量触底反弹，2022 年达到 1.5 亿吨。从国家来看，中国是 CDM 最大的供应国。截止到 2023 年 8 月底，来自中国的项目共计签发约 11.93 亿吨，约占全球总签发量的 49%；其次是印度、巴西和韩国，累计签发量分别占到全球总签发量的约 13%、9% 和 8%。

2015 年 12 月，第 21 届联合国气候变化大会正式通过了《巴黎协定》，并于 2016 年 11 月 4 日正式实施。这份由全世界 178 个缔约方共同签署的气候变化协定，为全球气候治理提供了新的框架。该协定被视为实现《联合国气候变化框架公约》目标的重大进步，它继承并发展了《京都议定书》的国际碳交易的制度安排，奠定了各国在《巴黎协定》下基于碳交易促进全球减排合作的基本政策框架，并为碳交易的全球协同提供了新的机制。

《巴黎协定》设定的目标是通过大幅减少全球温室气体排放，将 21 世纪全球平均气温上升幅度控制在不高于工业化前水平的 2 摄氏度，并努力控制在1.5 摄氏度以内，同时在 21 世纪下半叶实现净零排放。

与《京都议定书》不同的是，《巴黎协定》在制度上采取自下而上的自我限制模式，要求无论是发达国家还是发展中国家，都要根据自身能力确认并提出国家自主贡献（NDC）。而各国实际排放量低于 NDC 的部分，构成国际转让减缓成果（ITMO），可以在国家间交易，帮助其他国家履行 NDC 承诺。同时，《巴黎协定》还设定了新的由非国家主体参与的碳交易机制——可持续发展机制（sustainable development mechanism, SDM）。SDM 是对《京都议定书》CDM 的继承与发展，其框架与 CDM 基本一致，主要不同之处在于，《京都议定书》没有为 CDM 项目所在的发展中国家设定减排目标，而在《巴黎协定》

下，SDM 下买卖双方都将受到所在国家温室气体减排总体目标的限制。

《巴黎协定》是继 1992 年的《联合国气候变化框架公约》、1997 年《京都议定书》之后，人类历史上合作应对气候变化的第三个里程碑式的国际公约，对构成 2020 年后的全球气候治理格局具有决定性意义，也是全球碳中和的目标起源。截至目前，全球 50 余个国家实现碳达峰，130 多个国家和地区提出碳中和的目标，其中大部分国家和地区承诺将在 2050 年前实现碳中和。

2022 年 12 月，欧盟宣布碳边境调节机制（CBAM）将于 2023 年 10 月 1 日开始试运行，过渡期至 2025 年 12 月 31 日，2026 年 1 月 1 日正式起征，并在 2034 年前全面实施。至此，欧盟成为世界上第一个征收碳关税的经济体。欧盟 CBAM 征收范围目前主要覆盖钢铁、水泥、铝、化肥、电力和氢 6 个行业，未来极有可能继续扩大征收范围。这意味着，在生产过程中释放二氧化碳等温室气体的商品，在进入欧盟关境时，需要向欧盟额外支付一笔款项，其数额与生产该商品过程中的碳排放量和欧盟碳市场配额拍卖价格相当。2023 年 12 月 18 日，英国政府也发表声明称，计划于 2026 年开始征收碳边境税。

中国作为发展中国家，工业化高速发展过程中的大量生产活动导致了高排放量。这其中有一部分通过国际贸易满足他国需求，导致基于生产责任制的碳排放量过高。2005 年，我国的温室气体排放总量增至世界第一，人均排放量也在迅速增加，2010 年升至 G20 国家的平均水准。自 2012 年起，我国主动承担碳减排责任，而且在水能、风能和太阳能等可再生能源开发利用、新能源汽车生产以及植树造林碳汇等诸多方面，取得了令世人瞩目的成绩。

2020 年，我国宣布力争在 2030 年前实现"碳达峰"，2060 年前实现"碳中和"。随着减碳上升至国家战略，国内产业结构调整也进入绿色低碳转型的新阶段。国家通过鼓励科技创新和机制创新，构建新型电力系统和新型能源体系，发展绿色建筑、节能减排产业和低碳交通、建立全国碳排放交易市场等一系列政策措施，积极构建面向碳达峰碳中和的新型产业体系，以实现经济与环境的良性循环发展。这个过程中，也必然会出现许多不同以往的新的商业机会。

目前，我国可再生能源的开发利用规模已居世界首位，风电、光伏发电设备制造规模和技术水平均处于世界前列，新能源汽车产量和出口量世界第一。在今天的中国，应对全球变暖的行动已不再仅仅被视为制约经济发展的障碍和成本，而是发展智慧绿色经济、构建人与自然和谐共生的新经济社会的重要契机和新的增长点。

9.5 问题讨论

从现象来看，环境破坏和气候变化问题是产业活动的急剧扩大所导致的大量废弃物和有害物质的排放，超过了自然环境的自净能力所造成的，是人类经济活动与自然生态系统不均衡的直接后果。但是，在传统的市场经济社会中，市场机制未能起到遏制污染形成的作用，反而在相当程度上是造成污染物排放的制度诱因。由于环境资源对大众来说是一种非排他性的公共资源，并不直接计入生产者的生产成本，这样一来，传统市场经济环境下，生产者从各自利益出发，在经济决策和技术选择过程中，为了节约必须支付成本的生产要素，就会尽可能多地耗用不需要支付成本的环境资源。这种现象因竞争机制的强制作用而愈演愈烈，从而破坏了属于社会全体共有的环境的质量，导致并加剧了环境污染和气候变暖问题。

气候变暖问题必然导致自然、社会及人体本身的损害，而消除和遏制这种损害需要付出相应的代价。这种经济主体的经济行为不通过市场机制而给其他人带来的损害，就是负外部性，由这种负外部性所产生的由其他人负担的费用就是社会成本。由此可见，气候变暖问题实质上是由于市场机制的缺陷而造成的社会成本，它损害了属于社会全体共有的环境的质量。

因此，为了将大气中的温室气体含量稳定在一个适当的水平，进而防止剧烈的气候改变对人类造成伤害，迫切需要在全球范围内大力推进温室气体减排。但这时候问题出现了，谁来为减排买单呢？生产所带来的收益归生产主体所有，而污染造成的代价却可转嫁给周边甚至全人类共同分担。这导致所有人都缺乏减排的积极性。于是，人类陷入了一种两难的境地：一方面深知破坏环境最终必将带来巨大危害；另一方面却由于收益与成本的不对称而不愿承担保护环境的责任，人人都害怕自己的付出被他人无偿搭便车。产权的界定是防止搭便车，进而可能就相关权利进行交易的前提。有了明晰的产权界定，有了所有权主体对其他主体拥有的权利的共同认知和尊重，这种权利才有了价值。当其他主体认识到这一权利对自己的意义大于某一可承受的代价，而此代价对于拥有权利的主体而言超过了权利给其带来的直接价值时，针对这项权利的交易就可以发生。若这项交易没有其他不良影响，社会总体就会因权利的清晰界定和交易的实现而得利，社会总福利因此提高，而这正是整个市场机制有效运作的基本依据。

其中需要非常注意的一点是，权利的界定过程和对其保障并不是一件容易的事情，其过程本身就是不同利益主体博弈的过程，这一过程的总代价在经济学上被称为制度费用或宽泛的交易费用。所以说，交易会带来好处，但正因如此，作为交易前提的产权界定，就不容易是件平和之事。一国的法律就是保障国内不同利益主体的产权界定和相关规则的，正因承担这样的责任，它要有权威性。国家之间的产权界定则往往需要国际组织的权威，需要协调和界定不同国家之间就某一经济物品权利达成共识并使其得以保障。这个过程一定是存在成本的，所以往往会经历一个痛苦的过程。实际上整个人类社会从野蛮到文明，在相当程度上就是一个具有稀缺性的财产权利的界定和保障成本由高（比如通过战争掠夺、殖民）到低（比如通过各种国际法和国际公约）的过程。随着这一交易成本降低，交易规模和范围不断扩大，人类逐步从困境走向合作，社会由此进步。

事实上，《京都议定书》及三种减排机制的核心内容，就是明晰环境问题中所涉及的产权界定问题，并实现排放权交易。当产权缺失引起市场失灵时，一个现实可行的解决方法是通过界定产权，重新释放市场的力量。只要产权界定清楚，机制安排合理且交易费用不高，负外部性所导致的公地悲剧问题就有可能通过市场机制得以缓解。《京都议定书》的实施就是这一理论的具体体现。

《京都议定书》达成了温室气体排放权的国际共同所有，任何协议国和企业再也不可以随意排放温室气体。而在产权界定的条件下，各国企业可以通过三种减排机制，用市场激励机制尽量做到在世界范围内的减排成本最小化。由于在发达国家完成碳减排项目的成本比在发展中国家要高出 5～20 倍，对利益的追逐使得那些本来对减排并没有多少兴趣的企业，也纷纷愿意投入技术、资金帮助发展中国家减少温室气体排放以获取 CER，CDM 项目自然而然就蓬勃发展起来了。这也表明，只有把减少温室气体排放这个社会难题变成有利可图的商业机会时，气候变暖问题才有可能得到根本缓解。

《京都议定书》之所以能够获得超过 55 个国家批准从而得以生效，与《京都议定书》并没有规定发展中国家特别是发展中大国具体的减排义务有很大关系。从博弈论角度看，实际上这也是欧盟等为推动应对全球气候变暖行动所采取的一种策略，即所谓的香肠策略（sausage strategy）。

香肠策略是国际政治和军事中常用的策略，是指在博弈过程中像切香肠一样，先切一片，达成一个中间目标，然后再切一片……循序渐进地实现自己所希望达成的目标。也就是说，香肠策略是由一连串实现相对有限目标的策略所构成的，而中间往往会进行大量的沟通、调整与协同，通过渐进的方式最终达成既定目标。我们知道，减排行动对所有国家而言，既有共同利益也有利益冲突，需要从全球角度最大化整体利益的同时兼顾各个国家自身的利益，特别是广大发展中国家的现实利益。这个谈判过程注定是极其艰难的，需要所有参与国坐在一起，经过多个回合不断的交锋和妥协，才有可能一步一步地达成一致。如果一开始就只强调"共同"而忽视"有区别"的责任，就很有可能受到发展中国家的抵制，这样《京都议定书》就难以生效和实施，也不会有后来的《巴黎协定》，控制温室气体排放的国际协同与合作可能也就无从谈起。

思考题

1. 如何从博弈论的视角来理解气候变化问题的成因以及可能的解决思路？
2. 《京都议定书》是如何通过机制安排，使市场机制在控制温室气体排放中重新发挥作用的？

3.《京都议定书》在减排机制设计和初始排放权界定中的精妙之处,主要
体现在哪些方面?

4. 在我国各地区之间,这种以巧妙的制度安排来缓解经济问题的思路是
否可以借鉴?

5. 你认为对中国而言,加入《京都议定书》和《巴黎协定》意味着什么
样的挑战和机遇?

III

GAME THEORY

Strategic Interaction, Information
and Incentives

第三部分

序贯博弈

第10章

序贯博弈与子博弈精炼纳什均衡

我们在第一部分所讨论的同步一次博弈都有一个特点，就是参与者同时选择行动；或者即便并非同时，但后行动者不知道先行动者采取什么行动，这类博弈在逻辑上也可视为静态博弈。我们曾说过，在互动情境下还有另外一大类博弈，其中参与者的行动具有先后顺序，且后行动者能够观察到先行动者的行动。例如棋类游戏，通常是一方先走，另一方后走。这类博弈就是序贯博弈，序贯博弈属于动态博弈。

在序贯博弈中，我们将一个参与者的一次选择称为一个阶段。一个序贯博弈至少有两个阶段，通常有多个阶段，如象棋。因此序贯博弈也被称为多阶段博弈（multistage games）。

同步博弈中参与者同时行动，没有一个参与者能事先观察到其他参与者的行动，这时策略和行动是相同的。但是在序贯博弈中，参与者先观察对方行动，然后自己再行动，因此行动顺序是博弈的基本要素。

在序贯博弈中，由于参与者的行动有着严格的先后顺序，后行动者的策略依赖于先行动者的选择，且每个后行动者在行动前都知晓先行动者的选择，因此参与者在这种情境下的策略选择较之同步博弈通常更为复杂。每个参与者都需要预判自己的行动如何影响博弈各方之后的选择，并且在计算未来可能结果的基础上倒推当前的最优选择。

10.1　序贯博弈的表现形式与均衡分析

在序贯博弈中参与者的行动有先后顺序，为了更直观简洁地描述序贯博弈的行动顺序，不同于同步博弈通常采用的矩阵形式，我们用扩展式博弈即博弈树（game tree）的形式进行分析。

10.1.1　进入博弈

我们用进入博弈（entry game）的例子来予以说明。

这是一个描述市场中已有企业（在位者）和潜在进入企业（进入者）之间

博弈的一个简单的例子。假定有两家企业 A 和 B，其中在位者 B 是某个行业的垄断企业，进入者 A 正在考虑是否要进入这个市场（见图 10-1）。

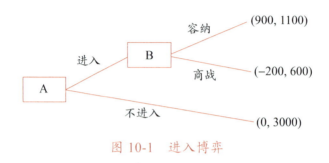

图 10-1　进入博弈

首先由进入者 A 决策。A 需要决定是否进入市场，即 A 有"不进入"和"进入"两个策略。如果选择不进入，其得益为 0，而在位者 B 因独享市场而获得 3000 万元的得益。如果选择进入，那么 B 就要决定是与 A 分享市场还是通过商战来排挤它，即 B 也有两个策略："容纳"和"商战"。如果 B 选择容纳，原本这个由自己垄断的市场，将因供给增加而价格下降，使得市场总盈利降为 2000 万元，B 的盈利从 3000 万元降为 1100 万元。考虑到 A 刚进入会有很多费用要摊销，不妨假设其盈利为 900 万元。

对于 A 的进入，B 的另一个策略是商战。比如 B 投入 800 万元扩大产能以增产降价并增加广告投放。由于 A 刚进入市场，成本较高，B 发起的价格战将导致 A 亏损 200 万元。而 B 因为投入增加和打价格战，盈利降为 600 万元。

这样我们就给出了一个序贯博弈的扩展式表现形式。在这个序贯博弈中，潜在进入者 A 和在位者 B 是参与者，各自都有若干策略。首先由 A 选择策略，然后 B 根据 A 的选择给出自己的策略。图 10-1 中的方块称为决策结（decision node），表示在博弈的某个阶段，参与者必须进行策略选择。最左端的决策结也称为初始结（initial node），它意味着博弈的起点。决策结之间用线段连接，显示博弈的路径。沿每条路径都会有一个终点，到终点后所有参与者都不再行动，即意味着博弈到此结束。终点括号中的数字表示如果博弈沿着该路径进行，参与者最终的得益，前边的数字表示参与者 A（先行动者）的得益，后边的则表示参与者 B（后行动者）的得益。这是一个两阶段序贯博弈的扩展式表现形式，当然还可以是多个阶段。这种表现形式看上去像一棵树，所以称为博弈树。

接下来，我们来分析这个两阶段序贯博弈的纳什均衡。假设 B 的策略是：如果 A 进入，就发起商战。给定 B 的这种策略，A 又应该如何选择策略呢？A 会想：如果我不进入，得益为 0；如果我进入，B 发起的商战将导致我损失 200 万元。显然，A 不进入比进入要好。所以，给定 B 威胁 A——你进入我就商战，A 就不进入；而给定 A 不进入，B 只是威胁就可以了，并不需要真正发起商战。也就是说，给定 B 的策略，A 没有改变自己策略的动力。同样，给定 A 的策略，B 也不会改变自己的策略，这个结果就是纳什均衡。所以进入博弈的纳什均衡之一是：如果 A 进入市场，B 威胁选择商战，因此 A 就选择不进入市场。

然而，这个纳什均衡中的威胁不可信：A 之所以选择不进入，是因为 B 威胁——A 进入就要商战。但实际上如果 A 的进入变成现实时，B 是否真有动力实施这种威胁呢？

给定 A 进入市场，B 选择容纳时的得益为 1100 万元，而选择商战为 600 万元。作为理性经济人 B 选择容纳才是其最优反应。同样地，给定 B 会选择容纳，A 应该选择进入。所以进入博弈还有另外一个纳什均衡：A 选择进入，B 选择容纳。

进入博弈有两个纳什均衡，⊖那么这两个纳什均衡结果哪个更合理，或者说，哪个是精炼纳什均衡呢？

10.1.2　子博弈精炼纳什均衡

1994 年诺贝尔经济学奖得主泽尔腾最重要的学术贡献之一，就是提出了所谓的子博弈精炼纳什均衡（subgame perfect nash equilibrium）。

子博弈精炼纳什均衡是纳什均衡概念的重要改进，其目的是把序贯博弈中合理的纳什均衡和不合理的纳什均衡区分开，即将那些包含不可信威胁的纳什

⊖　严格意义上是有三个纳什均衡，还有一个混合策略纳什均衡。

均衡从均衡中剔除，从而给出序贯博弈均衡结果的合理预测。正如纳什均衡是完全信息静态博弈均衡解的基本概念一样，子博弈精炼纳什均衡是完全信息动态博弈均衡解的基本概念。

接下来我们分析一下什么是子博弈。

我们把图 10-1 这样的一个博弈，即从博弈的初始结开始，包含所有的决策结，最后到终点的完整博弈，称为原博弈。我们给出的这个两阶段博弈例子相对简单，事实上有的博弈涉及多个阶段，"树枝"很多，博弈树很长。子博弈则是原博弈的一部分，由序贯博弈第一阶段以外的某个阶段开始的后续博弈阶段构成，且其本身可以作为独立的博弈进行分析。比如以进入博弈为例，当 A 进入发生后，将这条"树枝"切断，从决策结 B 开始直到最后终点，这就是一个子博弈。也就是说，如果前面行动都是已知的共同知识，那么从一个新的决策结开始至博弈结束就构成一个子博弈。

子博弈精炼纳什均衡是指在整个博弈的均衡路径（equilibrium path）当中，不仅在结果上要达到纳什均衡，而且在博弈的每一个阶段都要达到纳什均衡。也就是说，构成子博弈精炼纳什均衡的策略组合必须满足：首先，它是纳什均衡；其次，在博弈的每个阶段（决策结），没有一个参与者可以通过改变自己的策略而增加得益，即子博弈精炼纳什均衡是不包含不可信威胁的纳什均衡。

上述进入博弈例子中有两个纳什均衡。第一个纳什均衡，如果 A 进入市场，B 就威胁选择商战，所以 A 不进入市场。这个纳什均衡并非子博弈精炼纳什均衡：A 不进入的原因是，B 威胁如果 A 进入市场 B 会选择商战，但是给定 A 进入，商战不是 B 的最优反应，因为 B 选择商战不如选择容纳的得益高。这就会出现所谓的相机选择（contingent play）问题，使得 B 有动机改变其策略。因此，B 的商战威胁实际上是不可信的，或者说原博弈的这一纳什均衡在子博弈上并不构成纳什均衡。

第二个纳什均衡（A 进入，B 随之容纳）则是一个子博弈精炼纳什均衡。因为给定 A 选择进入，B 选择容纳比选择商战要好，容纳是 B 的最优反应。既然如此，A 就应该选择进入。与第一个纳什均衡不同的是，"A 进入，B 随之容纳"这一策略组合不仅是纳什均衡，而且还是子博弈精炼纳什均衡，也就是说，它在均衡路径上不包含不可信的威胁。

　　为了更好地帮助读者理解子博弈精炼纳什均衡这个概念，我们举一个日常生活中的例子予以说明。

　　我们知道，通常情况下女孩会比男孩成熟得更早一些，一些女孩在中学开始谈恋爱。对此，大多数中国父母是不支持的，担心影响学业，也怕女孩子吃亏。父母往往会给女儿做工作，告诫她不要谈恋爱，应该好好读书，等考上大学后再谈也不迟。但是父母再怎么劝，也未必劝得住。这个时候父亲往往就会放狠话："跟你再三好好说，就是不听！我告诉你，再让我发现你跟他谈恋爱，我就把你的腿打断！"女孩谈恋爱是为了幸福，给定父亲威胁再谈恋爱就打断腿，那女孩就不谈了；给定女孩不谈，父亲威胁一下就行了。

　　这是纳什均衡，但不是子博弈精炼纳什均衡。因为父亲的这个威胁不花费任何成本，不可信。过了一段时间，尽管女孩克制了好些天，但还是架不住那男孩穷追猛打就又去见面了。这时候被父亲知道了会被打断腿吗？也许打骂一顿会有的，但做父亲的绝不忍心把自己孩子的腿打断。也就是说，父亲真要兑现他的威胁，对自己更不利，因而就不构成子博弈精炼纳什均衡。

　　这之后女儿也许听话了，也许出于其他考虑，于是很用功地读书——读书也是会上瘾的。读完本科读硕士，读完硕士读博士。等到博士毕业，差不多 28 周岁了，再工作两年，合适的男朋友可能就不太好找到了。这时父母就开始催了。有一天女儿告诉父母说找到喜欢的男生了，父母很开心。但是带到家里一看，父母又傻眼了。男方不仅长相一般，而且学历、家庭条件等都没女儿好，父母又不干了。因为父母一直把女儿当作他们的骄傲，一直在亲戚朋友面前讲自己女儿有多优秀，结果找来一个各方面条件都不怎么理想的对象，自然不愿接受。但女儿觉得对方人可靠，对自己又好，双方谈得来，就想和他结婚。父亲这时候又开始威胁了："我们丢不起这个人，你要是跟他结婚，我就跟你断绝父女关系。"显然和前面一样，这也不是子博弈精炼纳什均衡。因为对父母来说，当女儿结婚已成事实时，跟女儿断绝父女关系，对父母来说更加不利，因此这个威胁是不可信的。最后的结果大概是：女儿选择结婚，父母找台阶妥协，选择容纳，这才是子博弈精炼纳什均衡。

由此可见，在序贯博弈中，每个参与者的实际选择和均衡结果与他们在各个阶段各种行为的可信性有很大关系。尽管一些参与者为影响和制约对手，会声称要采取某些特定行动，但如果这些行动缺乏动态一致性，那么这种威胁往往不会有真正的效果。而子博弈精炼纳什均衡排除了均衡策略中不可信的威胁，因而在序贯博弈的分析中具有真正的稳定性。

10.2　逆推均衡与逆向归纳法

子博弈精炼纳什均衡是分析序贯博弈的关键概念，而逆向归纳法是寻找序贯博弈的子博弈精炼纳什均衡的基本方法。这一节我们将介绍如何运用逆向归纳法求解子博弈精炼纳什均衡，并分析逆向归纳法的某些局限性。

10.2.1　逆推均衡

如前所述，在序贯博弈中，由于不同参与者在行动上有先后次序，因此会存在一个威胁是否可信的问题。子博弈精炼纳什均衡能够排除均衡策略中不可信的威胁，这意味着参与者在博弈每个决策阶段的策略选择都是按照利益最大化原则进行决策的，因而都是理性的，这种理性又被称为序贯理性（sequential rationality）。下面我们用一个简单的序贯博弈（见图 10-2），介绍如何求解序贯博弈的子博弈精炼纳什均衡。

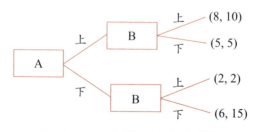

图 10-2　一个简单的序贯博弈

这个序贯博弈的两位参与者 A、B 各自有两个策略：上和下。如果 A 选择上：B 若选择上，A 的得益为 8，B 的得益为 10；B 若选择下，双方得益均为 5。如果 A 选择下：B 若选择上，双方得益均为 2；B 若选择下，A、B 得益分别为 6、15。

这个博弈有两个纳什均衡。其中之一是：B 扬言，A 若选择上，他就选择下，A 若选择下，他也选择下，所以 A 选择下。既然不管 A 如何选择，B 称都会选择下，而对于 B 选择下，A 选择上得益为 5，选择下得益为 6，于是选择下是 A 的最优反应。这是纳什均衡，但这不符合序贯理性，不是子博弈精炼纳什均衡。

A 选择下，是因为 B 扬言不管 A 选择上还是下，B 都会选择下。但如果 A 选择了上，B 选择下得益为 5，而选择上得益为 10。作为理性人，B 会改变他的选择，因此他的说法是不可信的。另一个纳什均衡是：A 选择上，B 随之选择上。这是纳什均衡，同时也符合序贯理性，是子博弈精炼纳什均衡。因为给定 A 选择上，B 不会改变他的策略——改变不会使他变得更好。

对于序贯博弈，我们可以用逆向归纳法进行求解。

这种通过逆向归纳法求得的子博弈精炼纳什均衡，通常也被称为逆推均衡。求解逆推均衡的基本思路是，由于参与者的行动是按顺序发生的，先行动的理性参与者在选择行动时，必须考虑后行动参与者在以后阶段会怎样选择行动。只有到了博弈的最后阶段不再有任何后续阶段影响时，参与者才能做出明确选择。因此，求解逆推均衡是运用逆向归纳法的向前展望、倒后推理，先从博弈的最后阶段开始，确定参与者的最优策略和路径，然后再倒推确定上一阶段的最优策略和路径，直至第一阶段。

仍以该博弈为例，我们先从博弈树的末端开始分析。

如图 10-3 所示，如果 A 选择上，B 选择上得益为 10，选择下则得 5，所以此时 B 会选择上。这样，我们就可以把 B 选择下的路径去掉；如果 A 选择下，B 选择上得益为 2，而选择下则得益为 15，所以此时 B 会选择下。同样地，我们把 B 选择上的路径去掉。于是，对于 A 来说，选择上得益为 8，选择下得益为 6，所以 A 应该选择上，我们再把 A 选择下这条路径给去掉。最后只剩下一条均衡路径，就是 A 选择上，B 也选择上。这就是逆推均衡，和我们前面的分析是一致的。

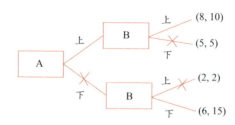

图 10-3　逆推均衡（逆向归纳法）

10.2.2　讨价还价博弈

下面是一个非常简单的序贯讨价还价（sequential bargaining）博弈的例子（见图 10-4）。

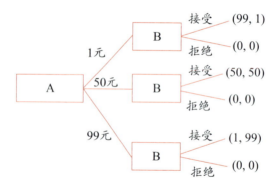

图 10-4　序贯讨价还价之一

我们假设 A 和 B 双方合作能够获得 100 元的盈利（假设不考虑成本），现在他们就如何分配 100 元进行谈判。如果 A 先提方案，然后由 B 决定是接受还是拒绝。如果 B 接受提议，B 获得所提议数目，A 得到剩余收益部分；如果 B 拒绝提议，合作破裂，双方什么也得不到。为了使问题简化，假设 A 提议给 B 的分配是以下三个中的一个：1 元、50 元或 99 元。那么现在问题就是，A 应该提什么样的方案？

A 给 B 分 1 元 B 会接受吗？应该会接受。因为当 A 提出给 B 分 1 元时，如果 B 是完全经济理性的，应该明白拒绝就什么也得不到，有总比没有好，所以他会接受。下面我们用逆向归纳法来求解（见图 10-5）。

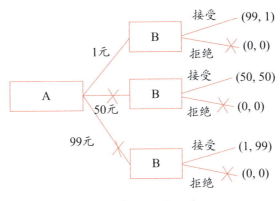

图 10-5　序贯讨价还价之二

首先分析最后一步 B 所面临的选择。无论 A 提出 1 元、50 元还是 99 元的分配提议，B 都会接受，因此将 B 拒绝的路径去掉。再倒推至第一步，这时候 A 的选择也变得简单，他只需要做出符合自己最大收益的决策就好。显然 A 会提出给 B 分 1 元的提议，这时候他自己能够得到 99 元。那么我们再把 A 提出分配 50 元和 99 元的路径给去掉，最后只剩下 "A 提出给 B 分 1 元、自己分 99 元的提议，B 接受" 这条路径，这就是这个序贯讨价还价博弈的逆推均衡，即子博弈精炼纳什均衡。

再举一个三个回合的序贯讨价还价博弈的例子。

这次我们假设 A 和 B 分配的是一块重量为 100 克的冰激凌，并以克为单位进行分配。由于冰激凌会随时间融化，我们假定每增加一个回合，冰激凌就会融化 20%，即第一回合 100 克，第二回合变成 80 克，第三回合只剩 60 克。首先由 A 提方案，A 提出的方案如果 B 接受，就按方案分配，如果不接受，进入第二回合，并由 B 提方案。如果 A 接受 B 所提方案，就按方案分配，如果不接受，就进入第三回合，再由 A 提方案。由于这是最后回合，不管 B 接受还是不接受，博弈都到此结束。

我们还是用逆向归纳法推导均衡结果。由于第三回合是最后阶段，这时冰激凌还剩 60 克，A 只要给 B 分 1 克，自己分 59 克，B 会接受。再倒推到第二回合，B 若要 A 同意他的方案，分给 A 的重量就不能少于第三回合 A 所能分到的重量，否则 A 就不会同意。所以 B 会提出将 80 克冰激凌给 A 分 59 克，自己分 21 克。这样在第一回合 A 所提方案应该是给 B 分 21 克，自己分 79 克，即 {79, 21} 是这个序贯讨价还价博弈的逆推均衡。

读者可以自行推导当这个博弈是四个回合或五个回合时，会有什么样的均衡结果。比较这些结果你会发现，谁是最后提议者，在讨价还价中谁就可获得相对多的冰激凌，而且随着回合数的增加，两者分配到的重量的差距也会越来越小。

10.2.3 逆向归纳法的局限性

序贯博弈分析的核心内容是子博弈精炼纳什均衡，而求解子博弈精炼纳什均衡的主要方法是逆向归纳法。逆向归纳法思路清晰，方法简单，能够得出明确的结论，是一种均衡求解的有效工具。但是，这种向前展望、倒后推理的分析方法也是存在局限性的。下面，我们通过最后通牒博弈和蜈蚣博弈来更直观地理解这些问题。

1. 最后通牒博弈

最后通牒博弈（ultimatum game）实验始于 1982 年的德国柏林洪堡大学。当时，在该校经济学系沃纳·古特（Werner Guth）等 3 位教授主持下，42 名同学分成两人一组参加了一项名为 "最后通牒" 的博弈论实验。这项开创性实验的结果公布之后，引起了人们的广泛关注，世界各地的研究者陆续在不同国家和地区，针对不同人群进行了类似的实验，成为博弈中实验次数最多、范围最广的一个博弈。

这个博弈说的是假设有 100 元提供给甲、乙两个人，分配规则如下：甲作为提议者，先由甲提出分配方案，即分给乙 X，分给自己 $100 - X$。乙作为回应者，可以选择接受或不接受。如果乙接受，就按照甲的方案分，这时甲可以拿到 $100 - X$，乙可以拿到 X。如果乙不接受，那么钱会被实验主持者收回，甲乙两人分文都拿不到，博弈结束。该博弈的扩展式如图 10-6 所示。

图 10-6　最后通牒博弈

　　运用逆向归纳法，不难得出该博弈的逆推均衡：甲给乙最少的钱，比如 1
元，其他 99 元据为己有。因为甲知道，这时对乙来说，要么拿 1 元，要么什
么都得不到。按照理性人假设，能拿到 1 元总比什么都得不到要好，因此乙应
该同意甲提出的分配方案。但是，这个用逆向归纳法得出的预测与实验的结果
显然并不相符。

　　在全世界不同国家用不同金额所做实验的统计结果表明，大多数提议者分
配给回应者 40%～50% 的金额，分配金额的比例大于 50% 或小于 20% 的极少
见，而且分配比例越小，被回应者拒绝的可能性越大，被拒绝的概率随着分配
比例的增加而递减。

　　上述实验中受试者所表现出的公平分配的倾向表明，博弈论在理论上给出
的解释和预测，有时与现实世界中人们的真实行为有差距。人们并不是完全理
性的，仅仅依据利益最大化来决定其行为。公平理念也是影响人们行为的一个
非常重要的因素。提议者之所以都能提出比较公平的分配方案，既可能存在某
种利他动机，也有可能是他们担心不公平分配会遭到回应者的拒绝，即回应者
宁可牺牲小部分利益也要拒绝这种不公平的分配方案。

2. 蜈蚣博弈

　　蜈蚣博弈（centipede game）是由罗森塔尔（Rosenthal）提出的，是一个由
两个参与者交替进行策略选择的有限次序贯博弈。由于其博弈树形似多脚的蜈
蚣，故称之为蜈蚣博弈（见图 10-7）。

　　这个博弈设计得蛮有意思。假设一开始有 2 元，首先由 A 来做分配决策。
A 要考虑是否与 B 合作：如果 A 选择不合作，博弈到此结束，A、B 各得 1 元；
如果 A 选择合作，那么博弈继续进行，轮到 B 决策。此时，在 B 的决策点
上，可供分配的钱由于 A 此前选择合作而增加为 3 元了，如果 B 选择不合作，

自己得 3 元，A 只得 0 元；如果 B 选择合作，接下来又由 A 决策，且可分配的钱因之前的合作增加为 4 元了。依次类推，如果一方选择不合作，博弈到此结束，如果选择合作，则博弈就会持续，而且随着合作的次数增加，饼是不断地做大的，从最初的 2 元到 3 元、4 元……一直到最后的 20 元。

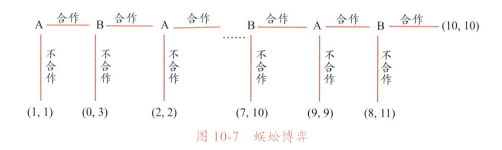

图 10-7 蜈蚣博弈

显然，从整体看合作对双方都是有利的，但问题是，如果一方选择合作，而另一方在下一阶段选择不合作，那么合作的一方利益就会受损。

我们来找出这个博弈的逆推均衡。按照逆向归纳法，最后是轮到 B 来决策，B 选择合作是得 10 元，选择不合作是得 11 元，B 显然选择不合作，所以我们把合作这条路径去掉。也就是说，如果博弈持续到了最后一步，B 的决策会是不合作。那么倒推一步到 A 的决策，A 不合作得 9 元，合作得 8 元，所以 A 也会选择不合作。这样一轮轮倒推下去，A 从博弈一开始就不会合作。相应地，A、B 各得 1 元，远小于彼此都采取合作策略时的得益。从个体理性出发的最优选择导致极差结果的问题，在蜈蚣博弈的推导中达到了极致。

这个逆推均衡的逻辑是严密的，但结论与人们的直觉很不一致。无论是国外还是我们自己所做的诸多课堂实验，极少有参与者在一开始就选择不合作，相反，大家通常选择几个回合的合作。这也许是因为开始阶段得益数字小，参与者可能不太在乎，而长期合作对应的得益大，显得更有吸引力。但是随着几个阶段的合作使得得益数字增加，如果一方选择合作，而另一方一旦选择不合作，那前者的得益就会减少。所以博弈越是临近结束，大家都会越是小心，不合作的可能性就越大。事实上，从课堂实验来看，也很少有将合作进行到最后阶段的。

逆向归纳的理性结论与现实情形的差别，背后的原因可能在于：一方面，这种方法要求参与者对各个阶段的所有行动都达成一致性预测，即对人们的理性程度要求太高；另一方面，人们在决策过程中，通常会从整体出发，将即期得益与未来可能的得益进行对比，这种长期利益与短期利益的落差影响了决策。而在逆向归纳法中，即期得益与紧邻阶段得益的比较起到了决定性作用，因而也可以说，更加看重短期利益。

逆向归纳法包含的这一特点在我们分析有限重复博弈时也同样有所体现。这些局限性表明，博弈理论也存在着不足。但它不是一门停滞的学科，正是人们不断地质疑推动了博弈论的不断发展。

10.3　同步行动与序贯行动并存的博弈

到目前为止，我们分析了博弈参与者在行动上同时做出策略选择的同步博弈，也分析了有先后顺序的序贯博弈。前者我们用矩阵来表示，后者用博弈树来分析。实际上，现实中很多博弈既可能包含一些同时行动过程，也可能包含一些相继行动过程，也就是说，同步行动与序贯行动是并存的。这时就需要将矩阵和博弈树结合起来进行分析。下面我们以投资博弈的例子来描述两类行动并存的博弈。

我们假设万豪和凯悦两家酒店决定是否在内蒙古乌兰布统景区投资建造一家面向高端游客的旅游酒店。在第一阶段同步行动的投资博弈中包含四种行动组合。

第一种行动组合是两家企业都不投资，得益均为零，博弈结束。

第二、第三种行动组合分别是一家投资，另一家不投资。投资的公司进入第二阶段的客房定价决策——定高价或定低价。如果选择高价，每天每间客房均价 1000 元，全年共可租出客房 4 万间 / 天，可获得收益 4000 万元，减去折旧及各种运营成本 2000 万元，获得净利润 2000 万元。如果选择低价，每天每间客房均价 600 元，全年共可租出客房 5 万间 / 天，可获得收益 3000 万元，减去 2000 万元成本，净利润下降为 1000 万元。

　　第四种组合是两家企业都选择投资，在第二阶段的定价决策中，每家企业都可以选择高价或低价。高端酒店投入大，给定有限的市场，如果都选择高价，两家企业平分市场，每家各得 2000 万元收益，减去 2000 万元成本，净利润均为零；如果都选择低价，每家各得 1500 万元收益，减去 2000 万元成本，各自亏损 500 万元。如果一家选择高价而另一家选择低价，那么选择高价的将得不到任何收益，每年还要净亏 2000 万元；选择低价的将获得 1000 万元的利润。这是一个同步博弈与序贯博弈并存的两阶段博弈，如图 10-8 所示。

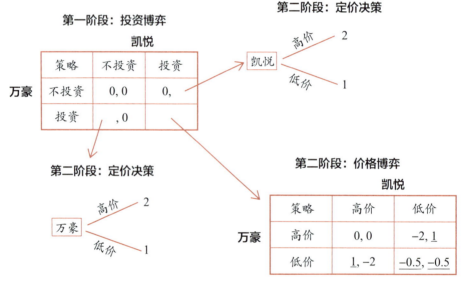

图 10-8　投资博弈：同步行动与序贯行动并存

　　我们还是用逆向归纳法来求解这一博弈的均衡，即先从第二阶段博弈开始，然后倒推。

　　首先是第二阶段两家各自独立进行定价决策时的情形，这时高价策略显然会获得更高的利润。再看第二阶段的价格博弈，实际上这是个囚徒困境博弈，其均衡结果就是一次博弈的困境均衡。把所有这些得益代入第一阶段投资博弈的矩阵中，我们即可看出这是一个同步一次的懦夫博弈（见图 10-9）。

凯悦

策略	不投资	投资
不投资	0, 0	0, 2
投资	2, 0	–0.5, –0.5

（左侧标注：**万豪**）

图 10-9　第一阶段投资博弈

　　我们知道，懦夫博弈有两个纳什均衡：一家选择投资，另一家选择不投资。为了确保在博弈中获得最大收益，当然万豪可以在凯悦做出投资决策之前率先发布投资计划，以阻止凯悦进行投资。但问题是，凯悦也同样会这么做。于是，对任何一家企业而言，如何率先通过承诺行动来改变对手的预期，促使对手选择对自己有利的策略，就显得尤为重要。这将是我们在下一章讨论的内容。

游戏 6　饿狮博弈

　　一群饥饿的雄狮，逮到了一只小羚羊。狮子社会的秩序是，只有最强壮的头狮才能吃掉那只羚羊。但如果头狮吃了羚羊，吃饱之后就会犯困，那么第二强壮的雄狮就会趁机吃掉头狮；第二强壮的雄狮吃掉头狮后也会犯困，这样它就会被第三强壮的雄狮吃掉，依次类推。现在的问题是，如果这个狮群有 5 头狮子，头狮的最优策略是什么？它会吃掉小羚羊吗？如果这群狮子有 6 头呢？

本章小结　✅

　　在序贯博弈中参与者的行动具有先后顺序，后行动者可以根据先行动者的行动调整自己的决策，因此每个参与者都需要预判自己当前的行动会如何影响未来对手的行动，然后倒推得出当前的最优选择。序贯博弈参与者的策略是一个完备的行动计划，它说明每个参与者在其他参与者可能采取的各种策略组合下的应对策略。序贯博弈通常采用扩展式博弈即博弈树的形式来表示。

序贯博弈的某些纳什均衡可能包含不可信的威胁，即那些决策实施后会与自身利益相冲突，这类决策会在其他参与者行动以后发生改变。这就给出了所谓的子博弈精炼纳什均衡。构成子博弈精炼纳什均衡的策略组合必须满足：首先，它是纳什均衡；其次，它必须是符合序贯理性的，即在博弈树的每个决策结，没有一个参与者可以通过改变策略而使自己的得益提高。子博弈精炼纳什均衡去除了那些包含不可信威胁的纳什均衡，从而给出序贯博弈结果的合理预测。子博弈精炼纳什均衡可以通过逆向归纳法求解，因此也被称为逆推均衡。但是逆向归纳法存在局限性。

现实中的博弈很多是同步行动与序贯行动并存的，需要将矩阵和博弈树结合起来，通过倒推进行分析。

本章重要术语

博弈树　决策结　初始结　子博弈　子博弈精炼纳什均衡　相机选择
序贯理性　逆推均衡　序贯讨价还价　最后通牒博弈　蜈蚣博弈

第11章

威胁、许诺与
承诺行动

上一章的分析表明，序贯博弈的某些纳什均衡可能包含不可信的威胁，即那些与自身利益相冲突的决策。这类决策会在其他参与者行动以后随之改变。因此，为使威胁变得可信，必须对博弈进行改变，以确保其他参与人行动前后自己的最优选择是动态一致的。接下来，我们就专门讨论这个问题。

11.1　威胁、许诺与承诺行动的含义

我们知道，当序贯博弈的部分纳什均衡涉及不可信威胁时，就不是子博弈精炼纳什均衡，参与者在博弈路径上的某个阶段的策略选择会发生改变。而子博弈精炼纳什均衡在博弈的每一个阶段，没有一个参与者可以通过改变自己的策略而增加得益，即子博弈精炼纳什均衡是不包含不可信威胁的纳什均衡。这就给出了一些重要的概念，即可信的威胁、许诺与承诺行动。

11.1.1　威胁与许诺

在序贯博弈过程中，参与者往往会采取威胁或许诺的方式来影响对手的行动选择，以达成促使对手采取对自己有利的行动，或者阻止对手采取对自己不利的行动的目的。这里的威胁（threat）是指如果对手采取与发起威胁的一方利益相违背的行动，威胁方将使对手在博弈中遭受损失。威胁具有威慑作用，目的在于防止对手采取对威胁方不利的行动。许诺（promise）则是指如果对手采取对发起许诺的一方有利的行动，许诺方将在博弈中给予回报。许诺具有诱导作用，目的在于引导对手选择对许诺方有利的行动。也就是说，威胁意味着除非对方按照你的意愿行事，否则你会使他受到伤害；许诺则意味着如果对方遵从你的意愿，那么他会受到奖励。

每个威胁通常都可以与一个许诺相关联。比如，"如果你不答应做某事，我就会如何惩罚你"，这是一个威胁。但也可以变成"如果你答应做某事，我会如何奖励你"，这就是一个许诺。

同样，每个许诺也会和一个威胁相关联。它们的区别在于，如果一个威胁

成功了，提出威胁的一方无须再实施威胁的内容，因此对威胁方而言，威胁成功后是不用再花费成本的；而如果一个许诺成功地改变了对手的行动选择，那么许诺方必须兑现诺言，这时许诺是有代价的。

威胁或许诺是否有效，关键在于这种威胁或许诺是否可信。我们把不可信的威胁和许诺分别称为空头威胁（empty threats）和空头许诺（empty promises）。所谓空头威胁（空头许诺），是指声称这种威胁（许诺）是不需要花费任何成本的，而一旦真的将威胁（许诺）付诸实施，比选择某些其他行动对自己更为不利。比如，父亲反对女儿谈恋爱时所说的"再让我发现你和男生谈恋爱就打断你的腿"，就是个空头威胁。对这个威胁本身，父亲没有花费任何成本，而他若实施这一威胁，会使自己处于更加不利的境地——毕竟打断孩子的腿对父亲而言可是极大的痛苦。

11.1.2　可信的威胁、许诺与承诺

将不可信的威胁或许诺变成一个可信的威胁或许诺的行动被称为承诺（commitment）。在经济学中，被公认最早提出和定义承诺这一概念的，是2005 年诺贝尔经济学奖得主托马斯·谢林。

谢林把承诺定义为"有决心、有责任、有义务去从事某项活动或不从事某项活动，或者对未来行动进行约束。承诺意味着要放弃一些选择和放弃对自己未来行动的一些控制。而且这样做是有目的的。目的就在于影响别人的选择。通过影响别人对已做出承诺一方行动的预期，承诺也就影响了别人的选择"。

谢林认为，承诺这一概念至少在 2400 年前就出现了。当时古希腊著名历史学家、军事家色诺芬及其部队被波斯人追赶到一个几乎无法逾越的峡谷时，手下将军提醒说已经无路可逃了。但色诺芬认为这正是其求之不得的。当撤退已经不可能时，唯有拼命一搏战胜敌人才能自保，这也就是所谓的"置之死地而后生"。这时每个战士都不必担心当自己与敌方奋力作战时，自己的战友会

弃他而去，这种承诺是战友彼此之间的，也是针对敌人的。[一]

承诺行动可以通过限制自己的策略选择范围，从而使得其声称的威胁或许诺变得可信；或者说，参与者可以通过减少自己在博弈中的可选行动，改变对手对自己的预期，来迫使对手选择自己所希望的行动。我们过去经常讲要给自己留更多的后路，要给自己更多选择的自由，但博弈论告诉我们，行动自由的存在会影响对手的行动，有时限制自己的自由反而可以变得更加自由。这是非常有意思的思想。

既然通过限制自己的选择可以让威胁或许诺变得可信，那么增加对手的选择同样可以让对手的威胁或许诺变得不可信。这种策略称为反承诺策略，这时你的目标是防止你的对手做出别无选择的承诺。《孙子兵法·军争篇》中有"围师必阙，穷寇勿迫"一说，即对包围的敌军，务必要留下逃走的缺口，对走投无路的敌人，不要穷追不舍。其基本思想就是，通过给敌方提供更多的选择，给他们留后路，让他们知道除了死亡还有第二种选项，以削弱他们顽抗到底的斗志，使其难以拼死一搏。

11.2　历史与现实中的承诺行动

建立可信的威胁与许诺，可以促使对手选择对自己有利的行动，或者阻止对手采取对自己不利的行动，这种为改变博弈的结果而采取的行动就是承诺行动。无论是在历史上还是在现实中，都有很多这种威胁和承诺的例子。

11.2.1　威胁和承诺的一些例子

历史上有很多威胁和承诺的典型例子。比如春秋战国时期的质子交换，这里的"质"原意是指交换过程中的抵押品，而"质子"就是充当抵押的人。在国与国之间结盟联合对抗共同的敌国时，当时的做法就是要将本国国君最心爱的儿子各自质于对方国家。单靠誓言和信义无法维持双方的盟约，因为这种

[一] 谢林.承诺的策略[M].王永钦，薛峰，译.上海：上海人民出版社，2009.

不花费成本的许诺是不可置信的，因此只能靠质子交换来约束彼此，即所谓的"质其爱子以累其心"。如果一方国君背信弃义，就会有失去自己最心爱的孩子的风险，这时盟约就比较有约束力。《战国策》中的"触龙说赵太后"就有记载：秦军攻赵，赵国向齐国求援，齐国就提出要以赵太后最心爱的幼子长安君为质子。赵太后不舍，赵国老臣触龙巧妙地说服了赵太后，将长安君送至齐国，从而解救了国家危难。到了汉唐时期，作为一种承诺行动，纳送质子更是成了边疆少数民族政权向强盛的中原王朝表示归顺之心、寻求庇护的重要方式。

"投名状"实际上也是一种承诺行动。投名状最早源于林冲被逼上梁山的故事，是指在加入一个组织时，需要实施一个组织认可的有代价的行为，以表达对组织的忠心。《水浒传》第十一回"朱贵水亭施号箭 林冲雪夜上梁山"写到林冲上山落草时，梁山首领王伦要求林冲纳投名状。林冲道："小人一身犯了死罪，因此来投入伙，何故相疑？"王伦道："既然如此，你若真心入伙，把一个投名状来。"林冲便道："小人颇识几字，乞纸笔来便写。"朱贵笑道："教头你错了。但凡好汉们入伙，须要纳投名状，是教你下山去杀得一个人，将头献纳，他便无疑心，这个便谓之投名状。"这里王伦向林冲索要的，实际上是林冲真心落草为寇的一种可信的承诺，对于一个试图加入该团伙的卧底而言，这一承诺的代价太高。在中国历史上，这种投名状是一个人加入非法团体的保证书，它比歃血为盟更为有效，是其死心塌地入伙的可信性的表现。

尽管与这种非法组织通常显得血腥的投名状不同，在日常社会生活中，也还是有不少自我伤害式的类似投名状思维的做法。比如在人际交往中，明知道醉酒会伤害身体，但为了加深彼此间的感情，主动豪饮将自己灌醉；又如在众目睽睽之下说一些为人不齿的阿谀奉承的话，以向人表示自己的忠心等，实际上反映的也都是纳投名状这种通过付出代价以表达自己忠诚的基本逻辑。

诺贝尔经济学奖得主诺思和斯坦福大学教授温加斯特，在 1989 年发表的《宪政与承诺：17 世纪英国公共选择的制度演化》的经典论文中，运用承诺行动来分析历史上英国光荣革命所确立的权力制约对经济发展的影响。诺思和温加斯特认为，英国之所以能在 17 世纪崛起，其中的一个重要原因是光荣革命后的宪政制度使得对公民私有产权的保护成为可信的承诺。此前，由于国王权力太大，不受制约，国王事先做出的承诺往往是不可信的，特别是在伴随重大战争带来财政压力时更是如此。贵族和商人了解到这一点，因为害怕事后财富被剥夺，就会缺乏对投资的信心。而国王根据自身利益改变产权的可能性越大，预期的投资回报就越低，相应的投资激励就越小。

光荣革命后宪政制度所确立的制衡机制，约束了国王的强制权力，使得英国王室也不能随意违约或征敛财富，政府履行协议的承诺变得可信。这种制度性变革为私有产权提供了有效保障，刺激了投资活动的开展，促进了经济增长，同时有利于国王的利益。由于再也不能随心所欲地横征暴敛，使得贵族和商人可放心地将钱借给政府或进行投资，而政府则可通过发债和征税从做大的饼中获取更大利益。数据表明，在英国光荣革命限制了国王的强制权力后，英国主权债务违约风险的下降带来国债利率下降，债务规模扩大。这种制度优势增强了资本市场上英国的信用融资能力，使得政府能以较低利率发行大量国债为战争融资，而法国国王的绝对权力却制约了法国的发债能力。[⊖]对产权保护的可信的承诺，为英国在与法国的长期战争中最终赢得胜利奠定了坚实的金融基础。这也再一次表明，一个国家最重要的资产来自民众对未来的预期和信心，来自政府承诺的可信性所形成的制度优势。

在很多场合，让承诺发挥作用的关键是成本，承诺的成本越高，威胁和许诺就会越可信。如果从这一视角，重新审视现实生活中一些被我们认为是封建落后的传统风俗，就会发现这些习俗在当时环境下常常具有一定的合理性。比如，笔者在东北农村插队落户时，经常看到当地农村女孩出闺选亲，父母倾向于向男方收取很高的聘礼。当时农村婚嫁大多还是由媒人提亲、撮合而成的，婚娶决策很大程度上就是取决于聘礼和家庭情况，取决于双方家长，而不是当

⊖ 到 1752 年时，英国的国债利率约为 2.5%，而同期法国国债利率是 5% 左右，法国政府支付的国债利息基本上是英国的 2 倍。当时英国每年财政收入的一半用来支付国债利息。这意味着假如英国的国债利息跟法国一样高，要么所有的财政收入都要用来支付利息，最后导致政府破产；要么减少借债，使得英国没有办法筹到更多的钱用于发展国家实力。这样，英国也就不可能拥有世界最强大的海军，以不到 2000 万人口主宰世界两个世纪。详见陈志武. 金融的逻辑：通往自由之路 [M]. 北京：中信出版集团，2020。

事人双方感情因素。婚前甚至只有女方家长见过男方本人，有时女方自己连男方长啥模样都不知道。

当年在我们知青看来，这种包办婚姻完全是一种封建腐朽的习俗。但如果从承诺角度审视，当时这种传统的婚嫁聘礼习俗或许也有它存在的合理性。因为在那个极度贫困的农村，女性没有太多选择的余地，嫁出去的女孩被认为是"泼出去的水"。为了让男方提出婚约的承诺变得可信，近乎唯一的办法就是要让他穷尽积蓄，甚至再欠一屁股债，作为聘礼送过来。聘礼越昂贵，婚礼的成本越高，承诺的可信性就越强。因为婚后这个男人若抛弃妻子，就意味着在耗费大笔财力之后，他可能再也无力重新娶媳妇了。与其人财两空，不如保持婚姻稳定，高昂的婚姻成本成了当时男方对婚约所做出的一种可信的承诺。

花费成本让婚约承诺变得可信，类似的现象在西方国家也同样存在，只不过表现形式不同。在 20 世纪初，美国人对女孩的婚前性行为是很排斥的，婚前性行为会让女人付出一定代价。为防止一个男人为了发生性行为许诺结婚，而后又不兑现承诺的现象发生，在美国的许多州通过了专门的法律以遏制这种悔婚行为。只是自 20 世纪 30 年代开始，这些法律由于不合时宜而逐渐被废除。然而，一个相当有趣的社会习俗在这一时期形成了——用钻戒求婚。一个真心打算结婚的男人愿意为他未来妻子准备一颗钻戒，但是骗婚的男人可能会认为代价过于高昂。[⊖]

举这个例子并不是提倡凡是订婚，都要送那种很大很贵的钻戒，而是说，相对你的收入而言，如果购买这颗钻戒是很大的一笔钱，至少说明你是认真想跟女孩过一辈子的，否则就不会愿意承担这么高昂的代价。判断一个人，你不光要听他说了什么，更重要的是要看他为你做了什么。对那些只会口头上说对你怎么好，但从不愿真正为你付出（这种付出既包括金钱，也包括时间和心血）的人，离开他可能会是个不错的选择。言语许诺或许太廉价，光说我多么爱你是不需要花费成本的。从这个意义上而言，钻石的珍贵不仅是因为它的晶莹璀璨，更重要的在于，它需要花费高昂成本，因而可能是一种可信的承诺。

⊖ 哈林顿. 哈林顿博弈论 [M]. 韩玲，李强，译. 北京：中国人民大学出版社，2012.

承诺行动也被应用于安全生产管理中。比如，最近这些年我国煤矿矿难事故发生量和发生率都有较大程度的降低，这当然跟安全监管的加强、生产设施的改进有关，但是其中一个非常重要的原因是严格实施了矿长带班下井制度。矿长自己不下井的时候，即便知道井下或多或少存在一些安全隐患，但考虑到停产检修的经济损失大，于是有可能在利益支配下心存侥幸。当煤炭供给紧张、价格高企时尤甚。而一旦他自己必须得下井了，就要认真思考井下是否真的安全，因为这关乎他自己的性命。所以现在安监部门执法检查最严的一条，就是严格落实矿长带班下井制度。规定每个作业班次必须保证至少有一名矿领导在井下现场带班，并与矿工同时下井、同时升井，以便及时发现和排除安全隐患。对于没有矿领导带班下井的，矿工有权拒绝下井作业，且矿井不得因此减少其收入。这样一来，安全第一成了矿长符合自身利益的最优选择，生产管理中侥幸心理作祟的因素就在相当大程度上被杜绝，井下作业安全承诺的可信性提高了。

承诺行动还可以用于提高我们的行动力。比如，新年之际我们很多人都会许下心愿，像今年一定要考过 CFA 二级、CPA 要通过多少门，或者考上名校 MBA 等。其中，很多人的愿望是新的一年实现减重。于是过完年以后，就会开始控制饮食，并保持天天锻炼。开始时还是有行动力的，但时间一长就懈怠了。有时候事儿一多，或者刷短视频入迷了，健身房就不去了。遇到自己喜欢的食物，大多数人无法抵制诱惑，就会想放过这次吧，以后不吃了。结果一年之后体重并没有减下来。这是在我们身上经常会发生的事。之所以这样，归根到底，是因为我们的许愿是不花费成本的。今天的心愿和未来的行动可能会不一致，这就好比是今天的我和未来的我之间的博弈，而且通常是未来的我获胜。那么，怎样让今天的许愿在未来能够真正得到有效的实施呢？这里的关键是需要花费成本来改变自己的得益，使得未来的行动难以逆转。

要使新年许愿变得可信，一个最直接的办法就是让自己在未遵守承诺时会遭受某种惩罚或损失。在美国广播公司的电视节目《生活：博弈》中，导演曾请博弈论学者就减肥难题设计了一个方案。节目招募了一些严重肥胖的人参与，活动前让他们穿上比基尼拍下照片，并且约定，在随后两个月里他们必须按照医生的要求做，保证减重 15 磅，如果达不到，就将照片在节目网站公开亮相。由于增加了惩罚机制，如果违背承诺就会当众出丑，这就限制了减肥者的行为。结果是除了一位女性差了一点没有达标，其他所有人都完成了减肥 15 磅的预定目标。

11.2.2 最低价格承诺

承诺行动也常常出现在企业的价格竞争博弈中。多年前我到上海浦东大拇指广场，看到家乐福超市入口处的一副广告牌上写着："若您在本超市购买的商品价格高于距离本超市三公里内其他同类超市同一商品（促销品除外）的价格，或者商品实际收银价格高于卖场内价签标示价格，我们将给予您该商品差价五倍的赔偿。"消费者看到这样的承诺，会认为家乐福的价格一定是方圆三公里内最便宜的，也不用再到别的卖场去询价了。但是这里有一个问题，家乐福的这种最低价格承诺，究竟是为了实现高价还是低价呢？

最低价格承诺是连锁超市、家电零售等商家常用的一种定价方法，像家乐福、百思买（Best Buy）等就经常采用这种方法。

众所周知，商家定低价是为了促销，目的是把其他商家的客户挖过来。但是在家乐福的最低价格承诺下，三公里范围内的其他商家即便降价也难以吸引到消费者。因为如果消费者在家乐福所买的商品比别的卖场贵，可以拿到五倍差价赔偿。这就好比一个自动降价的承诺机制，只要其他商家降价，家乐福的价格就会比它更低！如此一来，其他商家如果降价，非但不能增加销售，还会降低利润。

既然降价没有好处，那就不如不降价。这样，家乐福的最低价格承诺事实上避免了囚徒困境，形成了三公里范围内的价格合谋，每家都从中获得了好处。同时，家乐福作为大型连锁超市，供应商提供的商品价格通常是最优惠

○ 1 磅 = 0.454 千克。
○ 迪克西特、奈尔伯夫 . 妙趣横生博弈论：事业与人生的成功之道：珍藏版 [M]. 董志强，王尔山，李文霞，译 . 北京：机械工业出版社，2015.

的。如果真有其他商家同款商品的价格比家乐福更低，家乐福就可与供应商交涉，而赔偿部分也只能是供应商买单。也就是说，家乐福还能通过最低价格承诺获取同行信息，以确保供应商不会欺骗它，而它也不用再花费搜索成本与其他卖场进行比价。所以，家乐福的最低价格承诺看似是一个低价策略，表面上是给消费者让利，实际上是通过承诺行动改变了其他商家的行为，起到了遏制价格战的作用，形成了一定范围内的价格合谋。而且，这种实质上的高价策略还确保了最低的进货价格，可谓高明的商战招数。

11.2.3 过度生产能力与策略性行为

分析了如何通过承诺行动使得威胁或许诺变得可信之后，我们再重新审视上一章一开始讨论的进入博弈，讨论在位企业 B 是否可以通过承诺行动来阻止潜在企业 A 进入。

按照前面的分析，尽管在位企业 B 可以威胁潜在进入者 A："你若进入，我就选择商战"，但是 A 不会相信。因为一旦 A 真的进入市场后，B 选择容纳的得益为 1100 万元，而如果选择商战，需要投资 800 万元建设新的生产能力，又要打价格战，B 的得益就只有 600 万元，显然选择容纳比商战要好。即"A 进入，B 容纳"才是子博弈精炼纳什均衡。

那么 B 应该如何做，才能够让"你若进入，我就选择商战"的威胁变得可信呢？

我们可以通过承诺行动来改变博弈，使得在位企业的威胁变得可信。比如 B 可以在潜在进入者 A 还没有进入以前，就把进行商战所要投资的 800 万元提前投入，将商战需要增加的生产能力预先设置好。也就是说，在 A 没进入市场时，B 就预先投资建设了一部分生产能力，这些额外的生产能力在 A 没有进入时是多余的，我们称之为过度生产能力（excess capacity）。但是，一旦 A 进入，这些过度生产能力就能够降低在位企业 B 选择商战的成本。这样一来，博弈的得益就发生了变化。因为 B 预先花费了 800 万元，如果 A 选择不进入，B 的得益从 3000 万元变成了 2200 万元。如果 A 选择进入，B 选择容纳，得益从 1100 万元变成了 300 万元；如果选择商战，由于只是将本来 A 进入后发生的 800 万元投资提前投入，因此得益不变，还是 600 万元。而潜在进入者 A 的得益在这里没有变化。这样改变前和改变后的进入博弈就如图 11-1 所示。

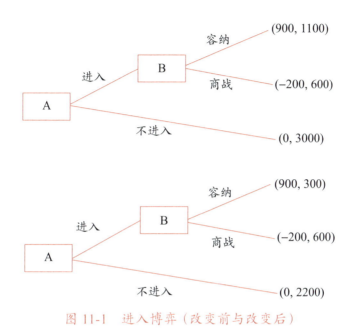

图 11-1　进入博弈（改变前与改变后）

从改变后的进入博弈可以看出，这时在位企业 B "你进入，我就选择商战"的威胁是可信的。因为一旦 A 进入了市场，B 选择商战的得益为 600 万元，而选择容纳只有 300 万元，商战成了 B 的最优反应。在不存在信息不对称的情形下，潜在进入者 A 知道，当进入发生之后，在位者 B 一定会选择商战。这就改变了潜在进入者对在位企业行为的预期。B 通过事先设置过度生产能力使得商战威胁变得可信了。A 知道如果进入，导致的商战会使自己遭受 200 万元的损失，于是不进入就变成了 A 的最优策略。

这个博弈均衡的改变很简单，但是意义非常深刻。在位企业 B 通过预先投入 800 万元设置过度生产能力，使得当 A 进入时，B 的最优反应从容纳变成了商战，这就改变了 A 对 B 行为的预期，A 的最优策略从进入变成了不进入。对于在位企业 B 来说，预先花费成本不仅成功地阻止了潜在进入者 A 的进入，还使它的均衡得益从改变博弈前的 1100 万元变成了改变后的 2200 万元。

需要指出的是，在位企业在进入尚未发生时就预先设置的过度生产能力，必须是一种不可逆的投资。也就是说，这种投资会产生沉没成本（sunk cost），使得在位企业被套牢，只能在投资发生后别无选择地实施其最初的承诺。投资结果的不可逆性是策略选择具有承诺性的基础，它表明当进入发生时在位企业将扩大产量降低价格的威胁是可信的。反之，如果这些投资是可逆的，潜在进入企业就不会认为商战的威胁是可信的。

过度生产能力在进入没有发生时看似多余，但一旦进入发生，这部分先期投入就能降低与新进入者进行商战的成本，使在位企业的最优选择从容纳变成商战，此时潜在进入者知道一旦自己进入市场，价格战就必然发生，因而对其构成可信的威胁。这样，在位企业通过预先设置过度生产能力，改变了潜在进入者的预期，有效地实现了进入阻止，为自己获取超额利润创造了有利条件。

需要指出的是，这种过度生产能力除了有利于实现进入阻止，也有利于阻止行业内在位企业的低价竞争。比如在 20 世纪 70 年代，杜邦公司投资建设了能够满足未来 10 年市场需求的强大的二氧化钛生产能力。这些过度生产能力的储备，使得一旦有企业降价竞争，杜邦都将随之予以惩罚性降价成为可信的威胁，从而维系了杜邦在行业中的领导地位和很大的利润空间。

进入阻止的例子表明，威胁与许诺可信与否，不是听对手说了什么，而是看对手做了什么。如果对手所声称的威胁或许诺真要实施的话对其自身反而不利，那么这种威胁或许诺是不可信的。但是先行者往往可以通过预先设置过度生产能力等承诺行动来限制自己可选择的行动，从而改变博弈并使威胁或许诺变得可信。这也意味着，博弈参与方不应该仅仅是一个被动的参与者，满足于接受既定的博弈规则，而应该设法改变博弈，使均衡结果对自己更为有利。

由此可以引申出的一点，就是你要尽可能地参与到游戏规则的制定中去。在很多情况下，如果制定完游戏规则后你才加入进来，往往就已经处于不利的地位了。所以在加入一个重要博弈之前，首先要运用你的智慧和博弈论的知识，看看有无可能改造这个博弈，以使自己处于较为有利的局面。

可信的承诺能够促进长期利润，但承诺方也因此对自己的行为施加了严格的限制，这种通过承诺行动以获取优势的做法，在产业组织理论中又被称为策略性行为。策略性行为（strategic behavior）一词最早也是由谢林在他 1960 年出版的《冲突的战略》一书中被定义的。谢林认为，"一种策略性行为就是某人通过影响他人对自己行为的预期，来促使他人选择对自己有利的策略，是某人通过限制自己的行为来限制其对局者的选择"。策略性行为理论用于分析在既定的初始均衡状态下，如何运用策略性行为，以实现对自己有利的新的均衡。

策略性行为适用于具有相互依赖关系的寡头或垄断市场，主要包括将一些在位企业排挤出市场和阻止潜在进入者进入两个方面，策略性阻止行为是其中的重点。

除了投资设置过度生产能力，策略性阻止行为还包括进行大规模的研发、广告投入以及采取品牌多样化策略等。这些前期投入是一种沉没成本，当进入发生时可以降低在位企业与新进入者商战的成本，从而为进入阻止行为提供可信的承诺。以广告为例，在位者前期的大量广告投入已经为其创造了良好的品牌形象和稳定的市场需求，而新进入者要挤进市场就必须付出很高的代价，在竞争中处于不利地位。又如品牌多样化策略，在位企业往往会根据多样化需求对某一产品市场进行细分，针对不同细分市场填满差异化的产品和多样化的品牌，通过先占优势使得潜在进入者很难找到可以切入的产品空间。

所有这些策略性阻止行为都会产生大量沉没成本，对阻止进入的威胁产生承诺作用，从而改变对手的预期，使竞争对手做出对该企业有利的策略选择。

11.3　斯塔克尔伯格模型：先发优势与承诺行动

前面在讨论同步博弈的时候，我们简单介绍了伯特兰模型和古诺模型。这两个模型中的企业的竞争地位是对称的，并且是同时进行决策。但在现实中，同一行业内不同企业往往规模不同，竞争地位并不是对称的。一些行业既有大型寡头企业，也有若干中小规模企业，在这样的行业中，市场份额和生产规模的不同引起了决策次序的先后，通常是大企业率先行动，中小企业观察到大企业的行动之后再决定自己的策略，这符合序贯博弈的特征。

下面我们介绍与伯特兰模型和古诺模型相对应的经典序贯博弈模型——斯塔克尔伯格模型（Stackelberg model）。

11.3.1　斯塔克尔伯格模型

斯塔克尔伯格模型是由德国经济学家斯塔克尔伯格在 20 世纪 30 年代提出的。该模型的决策变量是产量，并且其大多数假设条件与古诺模型相同。二者不同之处在于，在斯塔克尔伯格模型中，这些企业中有一家是领导者，处于支配地位，其他企业是跟随者，因此这个模型也被称为"领导厂商模型"。模型假设领导者首先确定自身产量，跟随者在观察到领导者的产量之后，再确定产量以最大化自己的利润。也就是说，领导者可以承诺选择某种产出水平，使得跟随者在做出产量决策时不得不把这一承诺产出当作一个事先给定的量来看待。

我们运用逆向归纳法求此两阶段博弈的解。首先，从第二阶段跟随者的反应开始分析。对于领导者的任一产量水平，跟随者都有相应的最优产量。显然，这个最优反应函数与古诺解是相同的。其次，再逆推第一阶段领导者的最优产量。由于领导者清楚跟随者的反应，因此就可以在先行决策中纳入跟随者的反应，并确定自己的最优产量。

与古诺模型类似，我们给出一个数学形式的斯塔克尔伯格模型解法。

为简便起见，我们假设市场中只有两家企业：企业 1 是领导者，企业 2 是跟随者。逆市场需求函数为：$P = a - b(Q_1 + Q_2)$，其中 a 和 b 为正常数。

企业的成本函数分别为：$C_1(Q_1) = c_1 Q_1$，$C_2(Q_2) = c_2 Q_2$。

那么，企业 1 的利润为：$\Pi_1 = [a - b(Q_1 + Q_2)]Q_1 - c_1 Q_1$。

同样地，企业 2 的利润为：$\Pi_2 = [a - b(Q_1 + Q_2)]Q_2 - c_2 Q_2$。

我们知道，企业 2 是依据企业 1 的产量 Q_1 做决策的，其一阶必要条件为：

$$\frac{d\Pi_2}{dQ_2} = a - 2bQ_2 - bQ_1 - c_2 = 0$$

可得到企业 2 的反应函数为：$Q_2 = \dfrac{a - c_2}{2b} - \dfrac{Q_1}{2}$

我们可以发现，企业 2 的反应函数与古诺模型中是一样的。

将企业 2 的反应函数代入企业 1 的利润函数，可得：

$$\Pi_1 = \left\{ a - b\left[Q_1 + \left(\dfrac{a - c_2}{2b} - \dfrac{Q_1}{2} \right) \right] \right\} Q_1 - c_1 Q_1$$

这样，企业 1 只需要选择一个产量，使得上面这个新的利润函数最大化即可。我们知道对利润函数求一阶导数能够得到这个产量，即：

$$\dfrac{\mathrm{d}\Pi_1}{\mathrm{d}Q_1} = a - bQ_1 - \dfrac{a - c_2}{2} - c_1 = 0$$

可得：$Q_1 = \dfrac{a + c_2 - 2c_1}{2b}$

把企业 1 的产量代入企业 2 的反应函数，得到企业 2 的产量为：

$$Q_2 = \dfrac{a - c_2}{2b} - \dfrac{Q_1}{2} = \dfrac{a + 2c_1 - 3c_2}{4b}$$

以上的求解过程有两点需要注意：第一，领导者有先行一步的优势；第二，领导者知道跟随者能够观察到它的产量，并据此做出反应，因此领导者能够判断自己的产量对跟随者决策的影响。

11.3.2 斯塔克尔伯格均衡解与卡特尔解、古诺均衡解的比较

我们给上述表达式中的部分参数赋予具体的数值，会更便于大家的理解。

这里的赋值与古诺模型部分一致，这样我们就能把斯塔克尔伯格均衡解与古诺均衡解、卡特尔解进行比较。

假设 $a = 10$，$b = 1$，$c_1 = c_2 = 1$，则逆市场需求函数为：$P = 10 - (Q_1 + Q_2)$，成本函数为：$C_1(Q_1) = Q_1$，$C_2(Q_2) = Q_2$。

企业 2 依据反应函数确定其产量，即：

$$Q_2 = \dfrac{a - c_2}{2b} - \dfrac{Q_1}{2} = \dfrac{10 - 1}{2 \times 1} - \dfrac{Q_1}{2} = 4.5 - \dfrac{Q_1}{2}$$

为了利润最大化，企业 1 的产量应使得下式最大：

$$\Pi_1 = \left\{ a - b\left[Q_1 + \left(\frac{a-c_2}{2b} - \frac{Q_1}{2} \right) \right] \right\} Q_1 - c_1 Q_1$$

$$= \left\{ 10 - \left[Q_1 + \left(4.5 - \frac{Q_1}{2} \right) \right] \right\} Q_1 - Q_1$$

$$= 4.5 Q_1 - \frac{Q_1^2}{2}$$

由一阶必要条件可得：$Q_1 = 4.5$，$Q_2 = 2.25$

进一步可求得价格以及两家企业的利润分别为：$P = 3.25$，$\Pi_1 = 10.125$，$\Pi_2 = 5.0625$。

由两家企业的利润数值可见，领导者能够凭借先发优势获得更多的利润。这种先发优势可视为承诺行动，而更多利润也意味着一定情形下承诺的价值。在这里领导者先行选择高产量其实就是一种沉没成本，难以改变，使得跟随者不得不认为领导者的承诺是可信的。

下面，我们再把双寡头条件下古诺模型、卡特尔模型以及斯塔克尔伯格模型这三类市场结构的结果展示在表 11-1 中，来看看它们之间有什么差异。

表 11-1 古诺均衡解、卡特尔解及斯塔克尔伯格均衡解

	古诺均衡解	卡特尔解	斯塔克尔伯格均衡解
产 量	$Q_1 = Q_2 = 3$	$Q_1^M = Q_2^M = 2.25$	$Q_1 = 4.5$，$Q_2 = 2.25$
价 格	$P = 4$	$P^M = 5.5$	$P = 3.25$
利 润	$\Pi_1 = \Pi_2 = 9$	$\Pi_1^M = \Pi_2^M = 10.125$	$\Pi_1 = 10.125$，$\Pi_2 = 5.0625$

对比可见，卡特尔市场结构对消费者来说是最不利的，此时产量最小，市场价格最高，合谋者的利润最大。而斯塔克尔伯格模型的均衡价格最低，总产量最高。其中，领导者的产量高于古诺均衡产量，且拥有更高的市场份额和利润，其利润水平与卡特尔解相同；相反，跟随者的产量则低于古诺均衡的水平，只能得到更低的市场份额和利润。

古诺均衡是同步博弈时的决策结果，而斯塔克尔伯格均衡是序贯博弈时的决策结果。由于竞争双方在地位上的不对称，领导者可以通过这种承诺行动形

成先发优势，使得跟随者采取对领导者有利的行动。这也在一定程度上说明了为什么在市场竞争中，企业大都会有扩大市场份额的强烈动机。

本章小结 ✅

　　将不可信的威胁或许诺变成一个可信的威胁或许诺的行动被称为承诺。承诺行动的实质是通过限制自己的选择，从而使得威胁或许诺变得可信，即参与者通过减少自己在博弈中的可选行动，来促使对手选择参与者所希望的行动。同样的道理，增加对手的选择往往可以让对手的威胁或许诺变得不可信，这种策略称为反承诺策略。

　　在位企业可以通过预先花费成本设置过度生产能力来限制自己可选择的行动，使得威胁变得可信，从而改变潜在进入者的预期，实现进入阻止的目的。这种通过承诺行动以实现进入阻止、获取优势的做法也被称为策略性行为。

　　斯塔克尔伯格模型指出了在策略环境中，较之古诺均衡，先行决策者拥有更大的市场份额和更高的利润，而跟随者只有更小的市场份额和更低的利润。领导者的这种先发优势可以用承诺行动予以解释。

本章重要术语 ✅

　　威胁　许诺　承诺行动　最低价格承诺　过度生产能力　不可逆的投资
　　沉没成本　策略性行为　斯塔克尔伯格模型

第12章

案例讨论：维生素C行业的策略性行为与反垄断

维生素 C 又名抗坏血酸，是人体必需的一种水溶性维生素。维生素 C 有助于改善机体免疫系统的功能，参与胶原蛋白、细胞间质和神经递质的合成等，被广泛应用于医药、食品、日用消费品和饲料领域。我国目前已是全球最大的维生素 C 生产国和出口国。从产能来看，2022 年我国维生素 C 的产能约为 27 万吨，已占全球 90% 的份额。产量方面，据博亚和讯估算，2023 年我国维生素 C 产量为 24.5 万吨，出口 18.5 万吨。但谁又能知道，在几十年前，我国每年都要花费大量外汇通过进口来满足国内对维生素 C 的需求呢？

12.1　发展历程

人类的祖先，最早是可以由自身机体合成维生素 C 的。但不知道什么原因，在长期的进化中，人类和其他灵长类动物逐渐失去了肝酶，而肝酶是将糖类转化为维生素所必需的成分。人类和其他灵长类动物失去了将血糖转化为维生素 C 的能力，成为地球上极少数的不能自己合成维生素 C 的物种。许多人类特有的疾病，如感冒、肝炎、心脏病及癌症等，在动物中通常都很少见，而这些疾病大多与人体不能自行生成维生素有关。

人类最早开始认识维生素 C，还得从哥伦布发现新大陆说起。早在哥伦布发现美洲的航行中，就发生过许多船员生病乏力、牙龈出血甚至死亡的情况。1519 年航海家麦哲伦率领船队远渡太平洋，三个月后到达目的地时，最初 200 多个船员只剩下 35 人。1740 年，英国的乔治·安森率领六艘战舰进行环球航行时，961 名船员最后只剩下 335 人。人们发现，只要在海上远航，船员就非常容易生病，首先是疲惫无力、精神消退、肌肉酸痛，接着是脸部肿胀、牙龈出血、牙齿脱落、皮肤大面积出血，最后严重虚脱、呼吸困难，肝肾衰竭直至死亡。另外，在荒漠中长期行军的士兵，也会出现类似症状。人们把这种病症称为坏血病。坏血病在欧洲大航海时代流行了几百年，成千上万人因此死亡。然而坏血病是什么原因造成的，究竟应该如何预防和治疗？对此人们却一无所知、束手无策。

后来，事情有了转机。1747 年，有一位年轻的英国随船医生詹姆斯·林德发现，坏血病都发生在船员身上，而包含他在内的船长等管理人员，却没有人得坏血病。一次他偶然到船员餐厅用餐，发现船员只有面包和腌肉可吃，而船长等管理人员还配有马铃薯与卷心菜。林德医生根据人们早期对坏血病的叙述记载和自己的观察，敏锐地意识到这可能与没有食用新鲜蔬果有关。后来他们遇上了满载柳橙和柠檬的荷兰货船，林德就买了许多柳橙和柠檬。他在船上做了一个著名的实验，他将 12 名患有坏血症的船员分成 6 组，2 人 1 组，每组受试船员除了吃一样的食物，每天还在饮食中分别加入以下不同的东西：海水、矾剂（稀硫酸）、醋、药剂、苹果酒与柠檬、柑橘。观察一个星期后，喝苹果酒的船员稍有好转，而吃柠檬和柑橘的船员基本恢复了健康。

林德医生就此写了一份《论坏血病》的报告，并建议在所有远航船员饮食中，增加浓缩柠檬汁或者其他柑橘类新鲜水果。可惜这个建议在当时因实施成本过高，而未被官方采纳。但美国探险家库克读到了这份报告并采纳了林德的建议。他在随后三次率队远航太平洋的过程中，都坚持给船员定量提供柑橘类水果和新鲜蔬菜。库克创造了第一个远航时没有船员丧生于坏血病的纪录，并因此荣获英国皇家学会最高奖——科普利奖。

林德医生不仅发现了柑橘类水果可以预防坏血病，而且这场实验也因为是医学史上最早的临床随机对照试验，而开启了现代医学研究的新时代。林德去世后不久，英国海军也开始为每个海军官兵每天提供 3/4 盎司[⊖]柠檬汁，海军中坏血病病例数大幅降低，战力倍增，英国水兵也因此有了"柠檬人"的称号。到了 1808 年，坏血病在英国海军中绝迹。英国能在 19 世纪享有"日不落帝国"的称号，除了船坚炮利外，柠檬汁也起到了特殊的作用。

林德医生用柠檬汁战胜了坏血病，挽救了成千上万人的生命，然而从柠檬汁中提取出能预防坏血病的这种物质，人类却又花了一两百年的时间。直到 20 世纪，在众多科学家的共同努力下，预防坏血病的物质终于被研究出来，并命名为抗坏血酸，也就是维生素 C。1907 年，两位研究脚气病的科学家偶然发现实验用的天竺鼠得了坏血病，于是天竺鼠开始被用来做坏血病实验，研究进展大大加快。1924 年，英国科学家齐佛从柠檬汁中成功提取到一种白色

⊖ 1 盎司 = 28.35 克。

晶体维生素 C。1928 年，匈牙利生化学家圣捷尔吉·阿尔伯特成功从牛的副肾腺中分离出 1 克纯粹的维生素 C，后又从辣椒中分离出维生素 C，并先后两次将其送到英国的霍沃思研究室做分析。1933 年，霍沃思等人在伯明翰大学成功地确定了维生素 C 的化学结构。圣捷尔吉·阿尔伯特因此荣获 1937 年诺贝尔生理学或医学奖，而霍沃思获得了该年度的诺贝尔化学奖。

也是在 1933 年，瑞士化学家莱齐特因等用化学合成法合成了维生素 C，这种生产方法后来被称为莱氏化学法。该方法包括发酵、酮化、氧化、转化、精制五道工序，即用葡萄糖为原料，经过催化加氢制取得到山梨醇，然后用醋酸菌发酵氧化成为山梨糖，山梨糖经丙酮和硫酸处理生成双丙酮山梨糖，再用氯及氢氧化钠氧化成为双丙酮古龙酸 DAKS，DAKS 溶解在混合的有机溶液中，经过盐酸酸化得到维生素 C。莱氏化学法是最早工业化生产维生素 C 的方法。该法生产的维生素 C 产品质量稳定，收率[⊖]可达 60%，而且生产原料容易获得，中间产品化学性质平稳。它的缺点是生产工序繁杂，劳动强度高，大量有机溶剂的使用容易造成环境污染。

这个方法在诞生翌年，其专利权就被瑞士霍夫曼 – 罗氏制药公司（简称罗氏公司）购得。从第一年生产 60 千克维生素 C 开始，通过不断改进与完善，莱氏化学法成为之后 50 多年国际上工业化生产维生素 C 的主要方法。20 世纪 40 年代以后，由于维生素 C 在医疗方面的诸多应用，市场需求逐渐扩大，许多企业纷纷进入这一行业。随着大量维生素 C 药片从生产线上流出，曾经困扰人类几个世纪的坏血病终于成了过去式，而瑞士罗氏公司也因此成为世界上最大的维生素 C 生产巨头，并与在市场激烈竞争中脱颖而出的德国巴斯夫公司、日本武田制药等维生素 C 生产巨头一起，结成了寡头垄断联盟，主导了国际维生素市场的生产与销售。

我国最早于 1943 年在上海开始小批量生产维生素 C。解放后不久，由于进口维生素需要花费稀缺的外汇，国家开始组织企业研制开发维生素 C。1958 年，东北制药总厂自行设计建造的年产 30 吨维生素 C 的生产装置建成投

⊖ 收率也称为反应收率，一般是指在化学反应或相关的化学工业生产中，投入单位数量原料获得的实际产品产量与理论计算的产品产量的比值。

产，从此结束了中国维生素 C 主要依赖进口的局面。当时虽然是引进莱氏化学法工艺进行生产，但技术经济指标与国际先进指标相比仍有较大差距。为此，从 1969 年起，以尹光琳为代表的中国科学院微生物研究所和北京制药厂等企业的科研人员开展了联合攻关。经过近十年艰苦努力，终于发明了一种新的维生素 C 生产工艺——二步发酵法，并在 20 世纪 70 年代后期正式投入工业化生产。

二步发酵法进一步发展并简化了维生素 C 的生产工艺，是当时唯一成功运用于维生素 C 工业化生产的微生物转化法。与传统的莱氏化学法相比，二步发酵法用生物氧化代替了化学氧化，省掉了酮化反应，避免了丙酮、酸、碱和苯等有机溶剂的大量使用，因此设备工艺简单，生产周期短，"三废"污染少，工人劳动条件得以改善，而且收率可高达 80% 以上，比莱氏化学法提高了 20 多个百分点。当年北京制药厂年产 150 吨维生素 C 车间改成使用二步发酵法之后，每年光丙酮就节省 297 吨，相当于节约粮食 237 万斤，还减少了生产线设备 58 台，节省其他化工原料 2600 多吨。1983 年 1 月，中国科学院微生物研究所和北京制药厂联合发明的二步发酵法，荣获国家科技发明二等奖。

这项发明引起了国际维生素 C 生产巨头们的注意。1986 年，专利的国际使用权被瑞士罗氏公司以 550 万美元的价格购得，这是当时中国对外技术转让中最大的项目。有意思的是，罗氏公司得到了专利，但是并不使用，而是把它锁进了保险箱，仍然沿用原有的莱氏化学法生产工艺。罗氏公司购买专利的目的，是防止其他欧美企业使用新法与其竞争。由于当时中国工业普遍落后，谁都不会预料到若干年后中国企业会成为国际市场的重要竞争者，所以罗氏公司当初并没有买断这项专利在中国国内的使用权。在今天看来，这或许是罗氏公司在策略上的一大失误。

12.2 合谋与策略性行为

20 世纪 80 年代开始，随着维生素 C 越来越多地被应用于医药、食品、日用消费品和饲料等领域，需求急剧增加。国际三大维生素 C 生产巨头为了长期垄断市场，私下秘密合谋，违反市场竞争规则结成了寡头垄断的价格联盟，并通过划分市场范围，达到操控维生素 C 市场以获取垄断超额利润的目的。罗氏、巴斯夫以及武田制药通过价格合谋，使得维生素 C 的价格从 1973 年的每千克 4 美元，逐年提高到 1994 年的 18 美元，三家巨头因此赚了个盆满钵满。为了维护这种垄断超额利润，确保自身的利益不受侵蚀，罗氏等公司还运用了策略性行为，以期阻止潜在竞争者的进入竞争。

当时，这三家企业的生产量约占国际市场维生素 C 总交易量的 75%，但它们却建有与同期国际市场总交易量相当的生产能力。也就是说，这三家寡头垄断企业的总产能完全可以满足整个维生素 C 市场的需求总量，但是它们只生产了市场需求量的 75%，其他 25% 的需求量主要由其他 6 家中等规模的维生素 C 生产企业提供。这些通过早期投资形成的相当于其总产能 25% 的额外的过度生产能力，尽管在没有新的竞争者进入市场时是多余的，但一旦进入发生时，由于这部分固定成本作为沉没成本，在早期高价销售过程中早已摊销完毕，这样就可以使在位寡头在成本上处于优势。也就是说，在位企业可以利用剩余产能，并以变动成本定价来与新进入者展开价格战。这种通过预先设置额外的过度生产能力，以阻止潜在进入者进入的策略，就是一种策略性行为。因为潜在进入者知道，一旦它贸然进入市场，价格战就必然发生，因而构成可信的威胁。罗氏公司等巨头就是通过这种策略性行为成功阻止了潜在进入者的进入，获得了长期超额利润。

从 1986 年开始，随着中国改革开放的纵深发展，加上维生素 C 国际高价诱惑，国内企业纷纷采用二步发酵法上马维生素 C 项目。到了 1990 年，仅仅四年时间，中国的维生素 C 生产厂家已增加到了 14 家，年产量 6050 吨，出口 4377 吨。

1992 年，波黑战争爆发，南斯拉夫的维生素 C 生产线停产。同年日本遭遇海啸，武田制药的维生素 C 生产工厂也停产，造成整个国际市场维生素 C 供应紧张，价格暴涨，诱使众多中国企业大举进军国际市场。由于当时中国企业还没有国际市场竞争的经验，并不了解商业博弈的游戏规则和国际寡头竞争手法的残酷，只是为出口初战告捷所带来的高额利润所驱使，大肆举债扩大维生素 C 产能规模，生产厂家数量更是增加到了 26 家。国内维生素 C 的产能从 1990 年的 6000 多吨急剧扩张到 1995 年的 4 万吨，占当年世界总产能的 40% 以上。中国企业实际生产 2.3 万吨，其中 78% 用于出口，一举占据当年世界维生素 C 总交易量的 40%。

中国维生素 C 产能和出口的急剧扩张对国际市场产生了强大冲击，打破了原有的寡头垄断市场格局。眼见策略性行为对中国企业基本无效，几家巨头坐不住了，一场无比惨烈的价格歼灭战就此开始。从 1995 年下半年开始，罗氏公司为打垮中国药厂开始降价竞争，宣布第一个月直接降价 20%，以后每个月降价 10%。到 1997 年时，维生素 C 价格降到每千克 4 美元，下降幅度接近 80%。这是中国企业出海遭遇的第一战，是它们从未面对过的局面。几乎所有企业还都处于初创的造血阶段，但都被大幅度的降价一下子打懵了。激烈的价格战使中国企业负债累累、损失惨重。26 家维生素 C 药企在这场博弈中被迫关停了 22 家，只剩下具有国资背景、实力相对较强的东北制药集团股份有限公司、石家庄药业集团维生药业有限公司、华北制药集团维尔康制药有限公司和江苏江山制药有限公司 4 家药企在苦苦挣扎。

罗氏公司的降价，必然引起同为价格联盟成员的另外两家巨头巴斯夫和武田制药跟随降价。价格崩盘后，再加上欧洲对环保要求的提高带来成本的上升，导致这些依然采用传统莱氏化学法生产工艺的企业因亏损而难以维系正常运营。

有趣的是，这场疯狂的价格战引起了美国司法部的注意。1999 年 11 月，美国司法部经过调查，认定罗氏公司等生产巨头操纵维生素 C 的销售价格，涉案金额高达 50 亿美元。这种行为不仅增加了美国宝洁、可口可乐等公司日用消费品、医药、食品、饲料类产业大用户的生产成本，而且严重损害了美国消费者的利益。美国司法部指控罗氏公司是价格合谋的始作俑者，对其罚款 5 亿美元，巴斯夫被罚 2.25 亿美元，其他被罚者分别是武田制药以及比利时、德国和法国的另外 6 家维生素 C 生产企业，总罚金高达 9.9 亿美元。罗氏公司最高技术主管承认罪行后进入美国监狱服刑。

2001 年 1 月，欧盟也对上述维生素生产企业处以高达 8.55 亿欧元的罚款。其中，罗氏公司为 4.62 亿欧元，巴斯夫为 2.96 亿欧元。价格崩盘和巨额罚款，再加上传统工艺设备在生产成本和环保方面的弱势，使得三大维生素 C 生产巨头迅速败落，纷纷退出了维生素 C 生产行业。罗氏公司于 2002 年将维生素 C 业务转让给了荷兰皇家帝斯曼集团，巴斯夫公司与武田制药的维生素 C 业务也相继停产。曾经不可一世的维生素 C 寡头垄断联盟，终于在这场博弈中自尝苦果，彻底瓦解。而中国的四大维生素 C 生产企业，在最困难的整整 4 年时间里，依托本土市场和地方政府支持，不仅艰难地活了下来，而且还通过持续技术革新和挖潜降耗，使生产成本显著低于国际平均水平，竞争能力得以加强。再加上原有寡头联盟的解体，中国维生素 C 生产企业终于熬过严寒迎来了春天。

在西方巨头相继退出维生素 C 生产行业不久，一场突如其来的 SARS 疫情，使得国际市场的维生素 C 价格迅速回暖，需求剧增。此时的中国四大维生素 C 生产企业的产品价廉物美，在国际市场如入无人之境，趁势占领了全球维生素 C 的绝大部分市场。这次，中国药企成了国际维生素 C 生产行业的新霸主。不过此时的它们并没有意识到，正当它们额手称庆时，另一场更为严酷的围猎正在悄然展开。

12.3 中美维生素 C 反垄断案

2005 年 1 月，美国两家原料药采购商得克萨斯州动物科学产品公司及新泽西州拉尼斯公司，向美国地方法院起诉中国东北制药、石家庄维生药业、河北维尔康制药和江苏江山制药四家维生素 C 生产企业，声称这些公司涉嫌合谋，从 2001 年下半年起通过行业会议协商减少供给量，以操纵对美出口的维生素 C 价格，致使维生素 C 价格从 2001 年 12 月的每千克 2.5 美元攀升至 2002 年 12 月的 7 美元。原告诉称类似的操纵价格行为之后多次发生，目前仍在继续。这种价格合谋行为，使原告"支付了高于正常市场竞争条件下的购买价格"，严重损害了它们的利益，违反了美国反垄断法，要求赔偿 15.7 亿元。

随后，河北维尔康制药背后的母公司华北制药集团有限公司也被列入被告席。

涉案的四家中国维生素 C 生产企业则表示，该价格协同行为与此前中国实施的预核签章出口管理制度有关，是为了遵守当时中国法律法规的要求，请求法院依据外国主权强制原则、国家行为原则和国际礼让原则⊖予以豁免，驳回原告诉讼。

原来从 2000 年开始，由于全球维生素 C 市场供过于求，中国各家企业为了保量纷纷逐底竞争，价格最低甚至跌到了每千克 2.3 美元。无序竞争造成出口价格过低，不仅损害了出口企业自身的利益，而且可能引发美国和欧盟反倾销调查。为此，由中国医药保健品进出口商会牵头，多次组织四大药企等召开维生素 C 行业会议，专门研究协调产量与价格，并在商会的中文网站上发布了一个稳定和提高出口价格的自律协议。随后国家开始实施预核签章出口管理制度，将包括维生素 C 在内的 30 种商品纳入出口预核签章商品，由商会负责协调最低出口价格。所有企业都必须遵守协定价格，出口企业的外销合同需交商会审核并盖章，否则海关不接受申报出口。

需要指出的是，预核签章出口这类制度，是我国从计划经济向市场经济过渡时期的特殊产物，当时我国尚未出台反垄断法，制度的着眼点主要还在于避免海外反倾销风险。随着经济体制改革的深化以及公平竞争审查制度的建立，这类与竞争原则相悖的制度都已相继废止。

仅就本案涉及的横向价格协议而言，确实为反垄断法所禁止。而其特殊之处在于，尽管各方均认可垄断行为的存在，但关键在于涉案企业的行为是否为当时中国法律要求所致。如果垄断行为牵涉中国法律法规，那么能否适用国家行为原则、外国主权强制原则以及国际礼让原则等美国反垄断法的域外豁免原则，即就他国政府对其法律的解释，美国法院应当在何等程度上予以审查或接受。这成为本案争议的焦点所在。

维生素 C 反垄断案，是美国对中国发起的首个反垄断诉讼。由于在这个

⊖ 国际礼让原则，是指当外国法律和美国法律存在真实冲突时，为了尊重外国的国家主权和司法主权，确保和谐共处的国际环境，美国法院应该排除美国反垄断法对外国某些特殊案件的适用。

案件中能否适用豁免规则存在很大争议，而反垄断诉讼又是一场需要耗费巨大人力、财力的持久战，在判决结果不明朗、诉讼程序和费用难以预期的情况下，为尽早从官司中脱身，同时也为了避免反垄断诉讼会对公司在美国销售产生严重不利影响，2012 年 5 月，江苏江山制药以 1050 万美元与原告和解，退出诉讼。随后，2013 年 2 月，在陪审团商议前夕，石家庄维生药业也以 2250 万美元与原告达成和解。另一家被告东北制药因与美方的购销合同约定了仲裁条款，不受法院管辖，原告因此撤销了指控。最后只有华北制药一家，仍然坚持上诉。

2013 年，官司迎来一审判决，美国纽约东区地方法院认定华北制药的行为构成垄断。根据美国《谢尔曼法》，如果被告被认定构成违法，可按所造成损失的 3 倍数额予以惩罚性赔偿。法院据此对华北制药处以 5410 万美元的 3 倍赔偿，扣除提前支付的 900 万美元和相关费用，法院确定的最终赔偿金额为 1.53 亿美元，相当于华北制药 2011 年净利润的 8 倍。

华北制药不服一审判决，上诉至美国第二巡回法院。2016 年 9 月，官司迎来转机。美国第二巡回法院认定，中国法律要求被告协商定价，削减维生素 C 出口数量，因此中国的法律与美国的反垄断法相冲突，这种冲突导致了被告的法律责任。据此，第二巡回法院根据国际礼让原则推翻了一审判决，中国药企胜诉。

随后，二审败诉的原告将此案又上诉至美国联邦最高法院。2018 年 6 月，美国联邦最高法院九大法官，一致判决撤销第二巡回法院的中国药企胜诉裁决，称联邦地区法院并非必须采纳外国政府对其本国法律法规的解释，下令重新审理此案，当时的特朗普政府也表示支持这一决定。2021 年 8 月 10 日，美国第二巡回法院再次依据国际礼让原则推翻一审判决，Ⓐ并指示由一审法院驳回原告起诉且不得上诉，中国药企在这场长达 16 年的诉讼中终于最后胜诉。

中国商务部在整个案件诉讼过程中，对涉案药企给予了积极的应诉指导和证据支持。商务部专门给纽约东区联邦地区法院发出法庭之友Ⓑ函，向法院说

Ⓐ 在美国第二巡回法院审理案件的三位法官中，有一人持反对意见。

Ⓑ 法庭之友，是指除诉讼当事方外，与诉讼争议事项存在利害关系、其利益可能受判决结果影响的相关个人或组织。法庭之友可以向法院提交意见，出庭发表辩论意见等。

明被告公司是为了执行中国政府要求的出口商品预核签章制度。

商务部的这种维护本国企业合法权益、实事求是的做法，对本案最终胜诉起了重要作用。尤其需要指出的是，21 世纪初的出口预核签章制度，曾在我国多个优势出口行业广泛实行，而美国又是典型判例法国家，首例反垄断诉讼案的结果，对其他中国企业类似案件的判决将产生直接且持久的影响。一旦败诉成为判例，中国参与预核签章的其他出口企业，在美国将可能面临同样的反垄断诉讼及败诉的结果。例如，在维生素 C 反垄断案起诉之后，同一年美方企业也对其他数家同样执行预核签章制度的中国出口企业提起反垄断诉讼。比如，有 17 家中国菱镁矿及其制品的生产企业被指控合谋操纵镁砂和镁制品出口价格，其指控理由与维生素 C 反垄断案如出一辙。在维生素 C 反垄断案审理过程中，该案件被暂停审理，以等待维生素 C 反垄断案件的判决结果。不仅如此，如果一旦该案最终败诉，还会引起国际上其他国家效仿的连锁效应，极有可能招致发起一批对我国出口企业的反垄断诉讼案，导致巨额赔偿损失。因此，作为美国对华反垄断第一案，维生素 C 反垄断案的最终胜诉，不仅使华北制药避免了不公正的处罚，而且更重要的意义在于，这一胜诉判例，对维护中国菱镁矿企业以及其他许多类似的出口企业在国际市场上的合法权益，起到非常积极的作用。

12.4 问题讨论

维生素 C 行业的发展历程，为我们展现了寡头企业为获取市场主导地位的竞争博弈过程。首先，从最初开始，罗氏公司就通过买断莱氏化学法的专利权，获取了维生素 C 生产的先发优势，并借此成长为世界上最大的维生素 C 生产巨头。随着国际维生素市场需求的扩大，为了获取长期超额利润，罗氏公司与在激烈竞争中胜出的另外两家巨头巴斯夫、武田制药以及其他几家企业一起，秘密合谋，通过结成垄断同盟来操控维生素 C 的市场价格。在这个维生素 C 的寡头联盟中，罗氏公司是寡头联盟的领导者，拥有 40%～50% 的市场份额和最丰厚的利润。这种寡头间的价格合谋推高了国际市场维生素 C 的价格，直接损害了消费者尤其是经济落后国家消费者的利益。

其次，罗氏公司购买中国发明的二步发酵法新生产工艺专利权，是一种商业上的防御策略。作为维生素 C 行业巨头，罗氏公司在全世界拥有众多的莱氏化学法生产线，如果更新新工艺，就要废除原有生产设备，从短期看成本太高。但是，如果不买断专利权，其他企业就有可能利用效率更高的新工艺来与其竞争。对罗氏公司而言，新的生产工艺尽管成本低效益好，但需要重新投资。只要能利用防御策略抑制竞争者进入，以维系其在国际市场上的价格主导地位，原有生产线效率低就不是问题，照样可以获取丰厚利润。从这个例子可以看出，寡头企业从自身的利益出发，可能会遏制竞争的正常开展，阻碍行业的设备更新与技术进步。

再次，为了长期垄断维生素 C 市场获取超额垄断利润，罗氏公司等寡头还通过采取策略性行为，来阻止新厂商的进入。尽管这三家寡头拥有与同期国际维生素 C 市场总需求量相当的产能，但它们只使用了相当于市场总需求量75% 的产能。这样做的目的，一方面，固然是可以避免因为市场过于集中而引发反垄断指控；另一方面，也是更重要的，这些通过早期投资形成的相当于其总产能 25% 的额外的过度生产能力，由于作为固定成本早已摊销完毕，因而可以使在位寡头较之新进入者，在成本上处于优势。一旦进入发生时，在位企业可以用变动成本定价与新进入者展开低价竞争。而新进入者由于要分摊固定成本和变动成本，因此价格战会导致其亏损，从而改变其对进入后经营损益的预期，并最终影响潜在进入者的进入决策。这种策略性行为通过预先设置额外的过度生产能力，对潜在进入者构成可信的威胁，从而达到阻止进入的目的，实际也是"不战而屈人之兵"策略的具体体现。多年来，罗氏公司等巨头就是运用策略性行为，有效阻止了潜在进入者的进入，同时也断了行业中其他在位企业扩张生产规模的念想，从而维持了其丰厚的超额利润。

从次，现代商业社会中的竞争与合作，是建立在市场游戏规则和共通的商业语言基础之上的。由于中国融入市场经济体系的时间还不长，国内企业还不熟悉商业竞争博弈中的游戏规则，不了解国际寡头的竞争手法，贸然扩张规模、大举进军国际市场，结果招致沉重打击，损失惨重，26 家厂商被迫关停

22家。此外，惨烈的价格战也毁坏了维生素 C 行业生态，导致寡头企业最终自食恶果，被迫退出了维生素 C 生产领域。而竞争博弈中幸存的 4 家中国药企，却穿荆度棘，趋势胜出，成了国际维生素生产行业新的主导厂商，并进而引发了西方国家反倾销、反垄断"双反"调查的打压。

最后，通过这个案例，我们可以更深刻地领会到技术在行业竞争博弈中的重要性。技术是行业发展的生命线，谁掌握了行业的核心技术，谁就有可能获得行业的主导地位。这一点对中国企业尤为重要。无论是维生素 C 行业的发展历程，还是我们目前从光伏、新能源电池、海上风电以及其他诸多行业中所看到的那样，一旦中国企业掌握了行业的核心技术，依托国内超大规模市场的巨大优势和持续改善、降本增效这一独门绝技，就能够生产出在性价比上西方国家企业难以望其项背的产品。从这个意义上，或许我们就能对美国等西方国家之所以要在关键核心技术上不遗余力地全面封锁中国，也包括通过"双反"调查和加征关税等对中国出口企业进行遏制，有一个更加清醒的认识。

思考题

1. 罗氏公司等寡头企业是如何控制维生素 C 市场以获取高额垄断利润的？
2. 在与国际寡头的激烈竞争中，4 家中国药企能够生存下来并反败为胜的主要背景和原因是什么？
3. 中美维生素 C 反垄断案对我们有什么启示？
4. 通过这个案例，我们对中美贸易争端有了什么新的认识？

IV

GAME THEORY

Strategic Interaction, Information
and Incentives

第四部分

不完全、不对称信息下的博弈

第13章

不完全信息与不对称信息

到目前为止，我们对同步一次博弈、重复博弈和序贯博弈这前三部分内容的讨论，都是建立在完全信息的假设基础之上的。我们假定博弈当中的每个参与者对其他参与者的特征、策略和得益函数等信息结构都有准确、完全的信息，并且所有参与者知道其他参与者均清楚这一点——这些参与者的信息是所有参与者的共同知识（common knowledge）。

共同知识是博弈论中一个非常重要的信息概念，它是相对于私人信息（private information）而言的。私人信息是指参与者自己知道而其他参与者不知道的一些信息。共同知识则是指：你知道这件事，我知道这件事，你知道我知道这件事，你知道我知道你知道我知道这件事……如此无限往复。

满足所有参与者的信息都是共同知识这一假设的博弈，我们称之为完全信息博弈。例如，在囚徒困境博弈中，我们假设每个囚徒对各自在不同策略组合下的得益都是清楚的；在古诺模型中，我们假设寡头企业对逆市场需求函数及各自的成本函数都非常清楚；在广告博弈中，我们假设博弈双方不仅拥有各自得益的全部信息，也知晓在博弈重复进行过程中对手是否存在偏离均衡策略的行为及动机。

完全信息博弈的上述假设常常与现实世界中的许多情境相距甚远。比如，在现实中，企业的经营策略通常属于商业秘密，是企业的私人信息，企业自己知道，但竞争对手一般并不完全知道。又如，当一个新企业想进入某个市场时，它可能并不清楚已在市场上的在位企业的成本函数，甚至在不少博弈中，我们都不知道有哪些参与者参与了博弈，如此等等。这种由于存在着私人信息，从而不满足完全信息假设的博弈，我们称之为不完全信息博弈。

从第四部分开始，我们将在简要介绍不完全信息博弈（包括不完全信息静态博弈和不完全信息动态博弈）的分析方法和基本思想的基础上，重点介绍作为不完全信息主要表现的不对称信息条件下的博弈，这一部分也是信息经济学和机制设计理论的主要内容。

13.1　不完全信息博弈

与完全信息博弈一样，不完全信息博弈也可分成同步博弈和序贯博弈。前者我们称之为不完全信息静态博弈，后者称之为不完全信息动态博弈。不完全信息博弈非常有趣，但也比较复杂，特别是不完全信息动态博弈的分析，技术性很强。在这一节里，我们将尽可能用简单通俗的方式，对不完全信息静态博弈、不完全信息动态博弈以及声誉模型的基本思想做一介绍。

13.1.1   不完全信息静态博弈与贝叶斯纳什均衡

与完全信息博弈不同，在不完全信息条件下，信息结构是博弈的基本要素。不完全信息博弈参与者的策略和得益函数是其私人信息，我们将此私人信息称为参与者的类型（type），类型是参与者个人特征的完备描述。在一个不完全信息博弈中，至少有一个参与者的类型不是共同知识，否则的话这个博弈就不是不完全信息博弈，而是完全信息博弈。由于在绝大多数不完全信息博弈中，参与者的特征可由其得益函数来体现，因此我们通常将参与者的得益函数等同于他的类型。

在不完全信息博弈中，至少有一个参与者不知道其他参与者的类型。而如果有参与者不知道其他参与者的类型，即参与者的类型并非共同知识，那么在逻辑上相当于参与者并不清楚他在与什么样的人博弈，因而完全失去了进行决策的依据，这就给不完全信息博弈的分析带来了困难。

1994 年诺贝尔经济学奖得主海萨尼，在 1967 年提出了一种处理不完全信息博弈的分析框架，即引入一个虚拟的参与者——"自然"。与一般参与者不同，自然没有自己的得益，即所有结果对自然而言都是无差异的。在博弈中自然首先行动，它决定每个参与者的类型。每个参与者都知道自己的类型，但不知道其他参与者的类型，只知道其他参与者可能类型的概率分布。这一思路将不完全信息静态博弈变成了一个两阶段动态博弈，第一阶段是自然的行动选择，第二阶段是除自然外的参与者的静态博弈。通过这种转换方式，不完全信息静态博弈转化成了一个等价的完全但不完美信息博弈，从而可以用分析完全信息博弈的标准方法展开分析，这就是所谓的海萨尼转换（Harsanyi transformation）。从不完全信息向完全但不完美信息转换后的博弈被称为贝叶斯博弈（Bayesian game）。这里的不完美信息（imperfect information）指的是自然做出了它的选择，但其他参与者并不知道它的具体选择是什么，仅知道各种选择的概率分布。

在不完全信息静态博弈中，参与者同时行动，无法事先观察到其他参与者的选择。再加上每个参与者并不知道其他参与者的真实类型，因而也不可能知道其他参与者实际上会选择什么策略。但是，尽管每个参与者不知道其他参与者的类型，但他可以对其他参与者各种可能类型出现的概率有一个基本推断，通过这一概率分布他就能正确地预测出其他参与者的选择与其各自类型之间的关系。因此，该参与者的最优策略就是：在给定自己类型和其他参与者类型的概率分布下，使得自己的期望得益达到最大化。这就是贝叶斯纳什均衡（Bayesian Nash equilibrium）。贝叶斯纳什均衡是纳什均衡在不完全信息博弈中的自然扩展，它是一种依赖于类型的策略组合，或者叫作类型依存型策略组合。在给定自己类型和其他参与者类型的概率分布的条件下，这一策略组合使得每个参与者的期望得益得到最大化，因而没有人有积极性偏离这种均衡。

海萨尼这一解决不完全信息博弈问题的方法，可以看作几乎所有涉及信息的经济分析的基础。下面我们用市场进入博弈的例子，对海萨尼转换做一个简单介绍。

假定有一个市场已经被在位企业 B 所占据，现在有一个潜在进入企业 A，也想进入该市场。但 A 并不知道 B 的成本函数，不知道当自己进入市场时，B 是采取容纳策略还是商战策略。假定 B 有高成本和低成本两种类型，且 B 知道自己属于哪一种类型，而 A 只知道 B 有两种类型这一事实，但并不知道 B 究竟属于哪种类型。与 B 可能的两种类型相对应的不同策略组合的得益矩阵如图 13-1 所示。

在这个例子中，在位企业 B 知道潜在进入企业 A 的成本函数，但 A 不知道 B 是高成本类型还是低成本类型。显然，这是一个不完全信息静态博弈。从得益矩阵中可以看出，如果 B 的类型为高成本，给定 A 选择进入，B 的最优选择应该是容纳；如果 B 的类型是低成本，给定 A 选择进入，B 的最优选择则是商战。因此，如果处于完全信息的情形，对于高成本类型的 B，A 选择进入；对于低成本类型的 B，A 的最优策略是不进入。但在不完全信息情形下，由于 A 并不知道 B 的类型，因此，A 的最优策略选择依赖于它在多大程度上认为 B 是高成本的或低成本的。

		高成本p		低成本$1-p$	
策略		容纳	商战	容纳	商战
潜在进入企业A 进入		30, 40	−10, 20	30, 60	−10, 70
不进入		0, 150	0, 150	0, 180	0, 180

在位企业B

图 13-1　不完全信息情形下的市场进入博弈

现在假定 A 认为 B 是高成本类型的概率为 p，低成本类型的概率为 $1-p$，通过海萨尼转换，我们可以把上述不完全信息博弈转换为完全但不完美信息博弈，如图 13-2 所示。

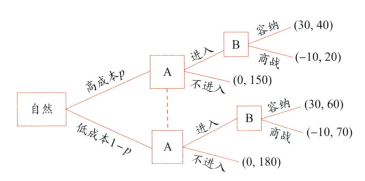

图 13-2　海萨尼转换后的市场进入博弈

在这个博弈树中，虚拟参与者"自然"首先选择 B 的类型，然后我们就可以用博弈论标准的方法来进行分析。在这里，A 仅有一种类型，而 B 有两种类型：高成本和低成本。尽管 A 并不确切地知道 B 属于哪种类型，但它知道有关 B 类型的概率分布，即 B 是高成本类型的概率为 p，低成本类型的概率为 1 − p，而且这个概率分布对于 A、B 来说是共同知识。如图 13-2 所示，我们用虚线将 A 的两个决策结连起来，表示当 A 进行决策时，它不清楚 B 是高成本类型还是低成本类型，或者说，它不清楚自己是处于图 13-2 中的上边还是下边的决策结。如果 A 选择进入，B 若是高成本类型时就会采取容纳，低成本类型时则会选择商战。

　　因此，A 选择进入时的期望得益为 $30p + (-10)(1 - p)$，选择不进入的期望得益为 0。如果 A 选择进入的期望得益大于不进入的期望得益，A 就应该选择进入，否则 A 就应该选择不进入，即：当 $30p + (-10)(1 - p) \geq 0$ 时，只要 B 是高成本类型的概率 $p \geq 1/4$，进入就是 A 的最优选择。这时市场进入博弈的贝叶斯纳什均衡为：高成本 B 选择容纳，而低成本 B 选择商战；当且仅当 $p \geq 1/4$ 时，A 选择进入。

13.1.2　不完全信息动态博弈与精炼贝叶斯均衡

　　与不完全信息静态博弈相同，在不完全信息动态博弈中，参与者也只是知道其他参与者类型的概率分布，并不知道其真实的类型。但是与不完全信息静态博弈中参与者是同时行动不同，不完全信息动态博弈是序贯行动，参与者的行动有先有后，后行动者可以观察到先行动者的选择。由于参与者的行动是依据其所属的类型做出的，每个参与者的行动都传递着与自己类型有关的某种信息，因此后行动者尽管不能观察到先行动者所属的类型，但可以通过观察先行动者的行动来获得有关先行动者类型的信息，以修正自己对其真实类型的判断或者说自己的信念。

　　在贝叶斯博弈中，信念是一个非常重要的概念，它是参与者对其他参与者类型分布的主观判断。参与者可以根据对其他参与者行动的观察，形成关于对手类型的信念。由于先行动者也预测到自己的行动将被后行动者所利用，因此就会设法选择某些特定行动来迷惑后行动者，即选择传递那些对自己最有利的信息，避免传递对自己不利的信息。这样一来，不完全信息动态博弈过程就不仅仅是参与者选择行动的过程，而且也是参与者不断修正自己信念的过程。

很多人的恋爱过程实际上就是一个不完全信息动态博弈的过程。比如有一位男生在一次朋友聚会中遇见一位女生，颇有好感。席间当他忍不住望向女生时，发现女生好像也在看他。他感觉女生对自己似乎也有好感，但又怕是自作多情。分手时他们彼此留了联系方式。几天后，男生试探着约女生周末一起喝下午茶，女生答应了。男生很开心，但是他还是不清楚，女生能来赴约，是因为对他也有好感因而希望彼此交往，还是仅仅出于一般朋友间的友情。第一次两人单独约会，尽管谈的都是各自工作和兴趣爱好，但彼此谈得很投缘，而且女生的言行举止中似乎也透露出对男生的好感。这样，就有了第二次、第三次约会，每次都有说不完的话题，男生对女生也对自己有意的信念不断增强。终于有一天，当他们一起穿越在人流中时，男生鼓起勇气握住了女生的手，而女生没有松开。

当然，还有另外一种可能的场景：女生赴约并不是因为对男生有意，而纯粹是出于朋友间的礼貌。一两次接触后男生就基本明白了，他修正了自己先前对女生的信念。实际上我们日常生活中的很多互动场景，都可以看作这种不完全信息动态博弈的过程。也就是说，在这种情况下，我们通常会根据自己的主观判断，有一个初始的信念，然后会依据对方的行为所传递出来的私人信息，不断对初始信念进行修正以逐步逼近真实，并据此进行决策。

对于不完全信息动态博弈的分析，我们也是引入"自然"作为虚拟参与者。自然首先行动，选择参与者的类型。参与者知道自己的真实类型，其他参与者不知道，只知道各种可能的类型的概率分布。在自然选择之后，参与者开始顺序行动。后行动者可以通过观察先行动者的行动，来推测先行动者的类型或修正对其类型的先验信念，然后根据修正后的后验信念选择自己的最优行动。

这里的先验和后验是概率论中常用的两个概念，用于表述在获得新的信息之前和之后的知识或信念的状态。在日常生活中，当人们面对不确定性时，总是习惯对该事项发生的可能性大小进行估计。随着时间的推移，当人们获得更多新的信息后，会根据这些信息对之前的估计进行修正，我们把修正之前的估计称为先验概率（prior probability），把修正之后的估计称为后验概率

（posterior probability）。也就是说，先验概率是在先行动者行动之前，后行动者根据先前的经验和已有的知识，对先行动者的类型进行的主观估计，它是基于预先的信念和先前的知识来定义的概率；后验概率则是在先行动者行动之后，后行动者根据其行动所传递的有关其类型的新信息，修正先前的信念后所得到的新的概率。后验概率可以通过应用贝叶斯法则（Bayes theorem）将先验概率与新的信息结合起来计算得出。

　　作为表述先验概率和后验概率关系的标准数学工具，贝叶斯法则如以下公式所示：

$$P(\mathrm{A}\,|\,\mathrm{B}) = P(\mathrm{B}\,|\,\mathrm{A}) \cdot \frac{P(\mathrm{A})}{P(\mathrm{B})}$$

其中，条件概率 $P(\mathrm{A}\,|\,\mathrm{B})$ 表示在事件 B 发生的情况下事件 A 发生的概率，而先验概率 $P(\mathrm{A})$ 和 $P(\mathrm{B})$ 分别表示事件 A、B 本身发生的概率。为了方便理解，我们仍然用上述男生判断女生对他是否有意的例子做解释。

　　我们用 $P(\mathrm{A})$ 表示女生对男生有意的概率，用 $P(\mathrm{B})$ 表示女生接受男生邀请单独赴约的概率，则 $P(\mathrm{A}\,|\,\mathrm{B})$ 表示如果女生单独赴约，女生对男生有意的概率。假设开始时男生估计女生对自己有意和无意的概率各为 50%，即 $P(\mathrm{A}) = 0.5$。从一般常识来看，如果女生也有意，那么赴约的概率应该是 100%。这样就有了一个条件概率：$P(\mathrm{B}\,|\,\mathrm{A}) = 1$。它表示如果女生对男生有意，女生赴约的概率。如果女生并非有意，但出于礼貌仍会赴约的概率为 50%。那么男生发出邀请，女生赴约的概率 $P(\mathrm{B})$ 应该等于女生有意、赴约的概率加上女生并非有意但也赴约的概率，即：$P(\mathrm{B}) = 0.5 \times 1 + 0.5 \times 0.5 = 0.75$。

　　依据贝叶斯公式，我们现在可以得到，如果女生单独赴约，那么女生对男生有意的概率为：$P(\mathrm{A}\,|\,\mathrm{B}) = P(\mathrm{B}\,|\,\mathrm{A}) \cdot \dfrac{P(\mathrm{A})}{P(\mathrm{B})} = 1 \times \dfrac{0.5}{0.75} = \dfrac{2}{3}$。

　　这个 2/3 的概率就是后验概率，显然要大于 0.5 这一先验概率。或者说，当加入女生接受男生邀请这一新的信息后，男生判断女生对自己有意的概率就增加了。这表明，当先行动者行动发生后，后行动者可以根据新的信息，用贝叶斯法则去修正先验概率，从而获得更加准确的后验概率。

与不完全信息动态博弈对应的均衡概念是精炼贝叶斯均衡（perfect bayesian equilibrium），它是泽尔腾的完全信息动态博弈——子博弈精炼纳什均衡，与海萨尼的不完全信息静态博弈——贝叶斯纳什均衡的结合。

精炼贝叶斯均衡满足如下条件：第一，在给定每个参与者关于其他参与者类型信念的条件下，该参与者的策略选择在每一阶段都是最优的；第二，每个参与者关于其他参与者所属类型的信念，都是根据所观察到的新信息使用贝叶斯法则修正后获得的。

至此，我们共给出了四种不同类型的博弈均衡：对应于完全信息静态博弈的纳什均衡，对应于完全信息动态博弈的子博弈精炼纳什均衡，对应于不完全信息静态博弈的贝叶斯纳什均衡，以及对应于不完全信息动态博弈的精炼贝叶斯均衡。

精炼贝叶斯均衡是所有参与者策略和信念的一种结合。张维迎教授在《博弈论与信息经济学》一书中，用一个我们大家从小就耳熟能详的成语故事"黔驴技穷"，来说明不完全信息动态博弈的精炼贝叶斯均衡。毛驴刚到贵州时，老虎从来没见过这种庞然大物，对其有多大能耐、是什么"类型"不了解。给定这个"信念"，老虎的最优策略是躲进树林里偷偷观察。过了一阵子，老虎走出树林，逐渐接近毛驴想获得其真实信息时，毛驴突然大叫一声，老虎吓了一跳，急忙逃走。这种叫声老虎从未听过，逃走是最优选择。又过了些天，老虎发现毛驴并没有什么特别的本领，对毛驴的叫声也习以为常了，但仍不敢下手，因为它对毛驴的真实本领还不完全了解。再后来，老虎故意靠近毛驴，用身体去冒犯它，毛驴一怒之下，就用蹄子去踢老虎。这一踢，老虎高兴了，原来毛驴不过这点本事而已。毛驴这一踢彻底向老虎传递出了其真实类型的信息，于是老虎扑过去把它吃了。在这个故事里，老虎通过观察毛驴的行为逐渐修正对毛驴的信念，直到看清它的真实类型，然后把它吃了，这是一个精炼贝叶斯均衡。

长篇小说《野火春风斗古城》中，有关天津混混儿的一段描写也可以用来说明精炼贝叶斯均衡。汉奸伪军司令高大成年轻时，从河北农村来到天津卫混事儿，找上门去要和一个女混混儿抢地盘（在小说中，两人都是反面角色）。

女混混儿是一个不好惹的硬茬，但也知道高大成来者不善，重要的是要看高大成属于什么类型——是一个比自己更狠的混混儿，还是相反。当时是冬天，女混混儿的屋中有个煤炉子，炉上坐着一壶水。女混混儿用自己的两根手指，夹起一只火红的煤球。女混混儿想用这个方法来判断高大成究竟是强者还是弱者。因为她知道，如果高大成是一个表面虚张声势、实际上并不强悍的混混儿，那他见状就会吓得逃走。但只见高大成脚踩凳子，撸起裤腿，示意女混混儿将煤球放他大腿上。只听呲呲啦啦一阵乱响，高大成的大腿瞬间冒出烧焦的烟来。看着煤球由红逐渐变暗，直到变白，高大成连眼睛都没眨一下。女混混儿通过观察高大成的行动，修正了对其最初的信念，知道这是个狠角儿，只好认栽让出地盘。这也是一个精炼贝叶斯均衡。

　　综上所述，在不完全信息动态博弈中，由于存在着私人信息，对手的类型存在着不确定性，使得我们很难准确预测其真实的类型，但是我们还是可以用概率予以描述。这种基于概率的认知和信念，实际上是一个随着顺序行动而不断试错、不断修正，进而不断逼近的过程。不完全信息动态博弈的均衡求解过程中的这种贝叶斯思维，对于帮助我们研究解决互动情境下的复杂动态问题颇有裨益。

13.1.3　不完全信息重复博弈与声誉模型

　　在本书第二部分重复博弈的分析中，我们运用逆向归纳法分析有限重复博弈所得到的一般性结论是：在完全信息条件下，无论博弈重复多少次，只要博弈的结束期是确定的，不合作会是纳什均衡，即有限重复博弈不可能导致参与者的合作行为。然而，这一从理论上得出的结论似乎与我们的直觉不尽一致。我们在诸多日常生活实践、课堂游戏中经常看到，有限重复博弈中往往也会出现合作。那么，又应该如何解释有限重复博弈中的这种合作悖论呢？

　　1982 年，斯坦福大学的克雷普斯、米尔格罗姆、罗伯茨（John Roberts）和威尔逊四位教授连续发表了三篇重要论文，分别讨论在有限重复囚徒博弈、连锁店悖论等环境中的声誉问题。这里的声誉是指声望、名誉，常常用来形容一个人过去的行为会如何影响其未来的信念和行动。在他们所建立的这一声誉模型（reputation model，又称为 KMRW 声誉模型）中，通过引入不完全信息的概念，对有限重复博弈中的合作悖论现象给出了合理的解释。KMRW 声誉模型证明了在不完全信息条件下，声誉对有限重复博弈中参与者策略选择的影响。由于上一阶段的声誉通常会影响到其下一阶段及以后阶段的得益，而现阶段良好的声誉也就意味着未来阶段会获得较高的得益，因此只要重复次数足够多，那么参与者之间的合作行为在有限重复博弈中就会出现。

克雷普斯等人关于声誉机制的研究，是在连锁店悖论（chain-store paradox）的基础上展开的。

连锁店悖论由泽尔腾在 1978 年提出。假定市场上有一家垄断的在位企业 B，另有一家潜在进入企业 A 需要决定是否进入该市场。如果 A 选择不进入，B 的得益为 60，A 的得益为 0；如果 A 选择进入，且假定进入成本为 20，那么接下来 B 需要决定是选择容纳还是商战。如果 B 选择容纳，与 A 分享市场，那么 A 的得益为 10，B 的得益为 30；如果 B 选择商战，价格战造成两败俱伤，B 的得益为 0，而 A 的得益为 –20。该进入博弈的扩展式表述如图 13-3 所示。

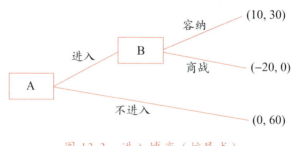

图 13-3　进入博弈（扩展式）

这个序贯博弈与我们在第 10 章讨论过的进入博弈基本相同，它有两个纯策略纳什均衡：其一是"B 威胁 A 如果进入就与其商战，A 不进入"，这显然是纳什均衡，但不是子博弈精炼纳什均衡；其二是"A 进入，B 容纳"，显然，这是这个进入博弈的子博弈精炼纳什均衡。

现在假定在位者是一家连锁企业，同时在 20 个市场有连锁门店，有 20 个潜在进入者准备相继进入各个市场，且每个潜在进入者都可以观察到以往各阶段的博弈。这时，博弈就变成了同样结构的 20 次重复博弈。

假定现在有潜在进入者进入了第 1 个市场，那么在位者该如何应对呢？尽管从单个市场看，在位者的最优选择是容纳，但问题是现在有 20 个市场，如果一开始就选择容纳，接下来剩余的 19 个市场都会有进入者进入。如果一开始选择商战，有没有可能即便在第 1 个市场上遭受损失，但因在其他 19 个市场上阻止了新的进入者，而获得较高的垄断收益呢？

在这个博弈中，在位者选择商战的出发点是希望能起到威慑作用，使潜在进入者不敢再进入下一个市场。但是，在有限重复博弈中，商战并不是一个可信的威胁。依照逆向归纳法的思路，设想一下，如果前 19 个市场已被进入，潜在进入者现在要进入第 20 个市场。因为是最后阶段，选择商战已经没有任何威慑作用，在位者的最优选择应该是容纳。再考虑第 19 个市场。由于在最后阶段中潜在进入者不会遭遇商战已是共同知识，即在位者无论选择什么策略，都不会影响第 20 个市场，因此在第 19 个市场，在位者的最优选择仍然是容纳。继续运用逆向归纳法，依此类推，得到这个博弈的纳什均衡是在位者在每一个市场都选择容纳，而潜在进入者在每一个市场都选择进入。

这就是运用逆向归纳法分析所得出的结论。不过，这一理论推导却与现实相悖，难以解释在现实的寡头市场中，经常发生于在位者和潜在进入者之间激烈的价格战，泽尔腾把这一矛盾称为连锁店悖论。

市场进入是产业组织理论中的重要问题，它关系到市场的竞争态势和效率，因此不少经济学家都试图对连锁店悖论问题给出解释。其中，克雷普斯等人通过将不完全信息引入有限重复博弈，从声誉机制的角度对连锁店悖论给出了解答。

他们假设，在位者有一定概率是强硬类型的垄断者，而且因为存在私人信息，潜在进入者在行动前并不能确定在位者的真正类型。与理性在位者不同，对于强硬在位者而言，当进入发生时，不计代价的对抗会比容纳更能使他获得满足。此时，潜在进入者知道商战不再是一个不可信威胁，因此在选择是否进入时会充分考虑在位者的类型。认识到今天的行动会影响自身的声誉进而影响未来得益时，即便是本来并非强硬类型的在位者，也可能出于形成强硬在位者声誉的需要，选择商战策略把自己伪装成强硬在位者。而且现实中一个强硬在位者在任何一个市场上采取商战策略，都会被看作是理所当然的，他的历史行为决定了潜在进入者未来进入的可能性。如果他一旦在某一市场上接纳了新进入者，则其声誉就会荡然无存，而其理性的类型就会暴露，进入就会在所有市场发生。所以商战可能导致在某些市场得益受损，但这种短期损失会在未来的长期垄断利润中得到充分补偿。于是，无论对于强硬在位者还是理性在位者而言，商战就成为他们的最优选择。

KMRW 声誉模型通过解决上述连锁店悖论问题，对有限重复博弈中存在的合作行为给出了有力的解释。在不完全信息条件下，参与者的类型属于私人信息。假设每个参与者理性的概率不是 1，也就是说存在一定概率 $p(p > 0)$ 程度上的非理性，即使 p 非常小，但这个小小的不确定性却对博弈均衡有着重要的影响。只要博弈的次数足够多，参与者之间的合作行为就会产生。

在不完全信息条件下，博弈参与者会通过某些特定的行为影响其他参与者对其类型的信念的判断。如果他在之前的各个阶段都采取某项相同的行动，那么其他参与者会预期他未来也会采取相似的行动。也就是说，其他参与者会通过观察其行动，来推测他的类型或修正对他类型的先验信念，然后根据修正后的后验信念确定自己的行动策略。

由于认识到长期得益受自己声誉的影响，因此在博弈开始后，参与者大都会采取合作策略，以使对方对自己是合作类型形成较为稳定的信念。尽管每个参与者在选择合作时可能面临其他参与者不合作的风险，但若因此一开始就选择不合作策略，则会对自己的声誉造成影响，暴露出自己非合作的类型，这样就可能会遭遇其他参与者的冷酷策略，失去长期合作带来的得益。如果博弈重复的次数足够多，未来得益的损失就会超过短期被背叛的损失。

由于长期得益会影响参与者的短期行为，这使得在博弈开始的时候，每个参与者都会树立一个好的声誉，采取合作策略。即使他本性上是非合作型的，也希望让对方认为自己是合作型的。只有当博弈快要结束时，参与者才有可能会一次性地将自己过去所建立的声誉利用干净，停止合作。

由此可见，声誉的产生是在不完全信息条件下，理性的参与者权衡了不计声誉的短期得益和有成本的声誉的长期回报后，决定选择一些看似非理性的合作行为，以实现长期收益最大化。只要博弈重复的次数足够多，合作的得益越大，参与者就越有动力树立一个良好的声誉。这也说明了在现实经济生活中，有耐心、计划长远的参与者为什么都会致力于建立良好的形象和声誉。比如，面对众多短期消费者，很多企业在选择提供高质量还是低质量产品时，仍然会选择提供高质量产品。克雷普斯等人所提出的声誉模型具有重要的理论和现实意义，使得人们得以在不完全信息框架下，对有限重复博弈中的合作行为给出一个合理的解释。

声誉模型不仅可以帮助理解声誉是如何鼓励合作行为的，也可以解释现实社会中一些看似不理性的行为实际上是理性的。由于声誉可以影响他人对你的预期并影响他们的行为，进而改变博弈的结果，因此人们往往会通过建立某种声誉来获取好处。比如在日常社会生活中，总有一些人在处理矛盾纠纷时，表现得比较情绪化、很强势。甚至在国际政治舞台上，一些政治家在处理国际问题时总是展现出一种非常强硬的形象。他们内心或许并不完全是这种性格的人，只不过这么做对于他们更有利而已。

13.2　不对称信息

在实际生活中，大部分博弈是不完全信息博弈，而且这种信息的不完全又往往表现为信息不对称——参与者对其他人的特征和行为的了解，要少于他对自己的了解。例如，个人身体状况和技能水平等个人自身特征的信息，以及工作努力和勤奋的程度等个人行为的信息，是参与者个人所拥有的具有独占性质的私人信息。与共同知识不同，私人信息只有参与者自身知晓，并不被其他参与者所知晓。一旦博弈参与者中的一方拥有对方所不知的相关信息时，就产生了信息不对称（information asymmetry）。我们知道，市场经济的有效运作需要充分竞争的环境，这就要求市场参与各方掌握充分的信息。如果当一项交易涉及不对称信息时，就会产生所谓的委托 – 代理关系（principal-agent relation），从而限制市场功能的发挥。

13.2.1 委托 – 代理关系

"委托人"（principal）和"代理人"（agent）这两个概念最初来自法律。在一般法律意义上，当 A 授权 B 代表 A 从事某项活动时，委托 – 代理关系就发生了。在这里，A 称为委托人，B 称为代理人。简单地说，就是委托人通过付出一定代价聘请代理人，让代理人以委托人的名义承担和完成某些事务。但经济学上的委托 – 代理关系，泛指任何一项涉及不对称信息的交易。在信息不对称的某一项具体交易中，掌握信息多、具有相对信息优势的知情者（informed player）称为代理人；掌握信息少、处于相对信息劣势的不知情者（uninformed player）称为委托人。这样的定义背后隐含的假设是，委托人的利益依赖于代理人的私人信息。对于委托人而言，最简单的方法是要求代理人将其私人信息直言相告，但代理人不太可能说实话。更何况委托人有委托人的目标，代理人有代理人的目标，二者可能并不一致。当委托人和代理人之间信息不对称且目标不一致时，委托人将任务委托给代理人就会产生委托 – 代理问题。

需要指出的是，任何一项交易都是与特定的合约（contract）联系在一起的，因此我们在后面的分析中，会将不对称信息下的交易视为委托人与代理人之间签订某种合约。

不对称信息在社会经济活动中相当普遍，涉及不对称信息的社会经济关系理论上都可以归结为委托 – 代理关系，例如股东与经理人、雇主与雇员、消费者与生产者、监管者与被监管者、患者与医生等。

比如，在雇佣关系中，求职者比起负责人事招聘的经理而言，对自己的能力自然会更了解，因而是信息优势方，是代理人；人事经理则是信息劣势方，是委托人。求职者的真实特征对人事经理而言很重要，关系到能否招募到真正与企业岗位需求相符的合格员工，但这些签约前的真实信息是求职者的私人信息，人事经理要准确知晓并不容易。

　　再比如，在股东和经理人的关系中，作为委托人的股东和作为代理人的经理人之间的利益并不完全一致。股东的目标是股东利益最大化，而具体经营企业的经理人的目标更可能是自身报酬最大化。由于利益不尽一致且股东很难观察到签约后经理人实际采取的行动，而股东自己的目标又需要通过经理人的行动来实现，因此，股东如何让经理人不会为了自己利益损害股东利益，而是朝着有利于股东利益的方向采取行动，就成为委托 – 代理关系中的重要课题。

13.2.2　隐藏信息与隐藏行动

　　不对称信息通常可以从内容和发生时间两个角度划分。从内容上来看，可以分为两种：一种是隐藏信息（hidden information），另一种是隐藏行动（hidden action）。隐藏信息是指在一项交易中，代理人自己知道而委托人不知道的一些信息。比如，人寿保险公司推销保险产品时，需要选择被保险人（或者叫投保人）。投保人的身体状况与保险公司的收益有很大关系，但对这一信息，作为代理人的投保人较之作为委托人的保险公司更为清楚。因此，身体状况较差的投保人的实际信息，即他的真实类型，很可能会在一定程度上被隐藏，以避免保险公司制定较高的产品价格。也正因如此，仅仅凭借自述，身体状况较好的投保人也难以让保险公司相信其真实类型。他的信息事实上也是隐藏的。又比如，在我们前面所讲的求职者的例子中，求职者较之企业人事经理更清楚自己的能力。因此，求职者的能力就是隐藏信息。这些信息对于委托人的决策很重要，但要真正了解代理人的隐藏信息可能并不容易。

　　另外一种不对称信息称为隐藏行动。隐藏行动是指当合约达成以后，代理人所采取的、不被委托人所察觉的行动。比如，在雇主和雇员的关系中，雇主很难观察到雇员受聘后，是否按照受聘时的承诺努力工作，这里雇员的工作行为就属于隐藏行动。代理人的行为是否符合委托人的利益，往往只有代理人自己知道，而委托人并不知情。与隐藏信息的情形类似，相关信息对委托人可能很重要，但是要掌握它也不见得容易。

不对称信息从发生的时间看，可以分成事前（ex ante）信息不对称和事后（ex post）信息不对称。所谓事前信息不对称，指的是交易双方在签约之前，委托人对代理人的一些隐藏信息并不知情；事后信息不对称指的则是委托人与代理人签约之后，代理人具有的隐藏信息和所采取的隐藏行动，委托人很难知晓或观察到。在一项交易中，事前信息不对称往往会导致逆向选择（adverse selection），而事后信息不对称通常会造成道德风险（moral hazard）。

13.3　逆向选择与道德风险

不对称信息博弈中，事前信息不对称（隐藏信息）会导致逆向选择，事后信息不对称（隐藏信息、隐藏行动）会造成道德风险，而逆向选择与道德风险的存在，对市场资源配置的效率有着非常重要的影响。

13.3.1　逆向选择

逆向选择是由于在不对称信息条件下，博弈中拥有更多信息的一方存在可能隐藏己方真实信息的行为，以至于博弈的最终结果是具有不良特征的人或者商品胜出，从而导致市场出现"劣品驱逐良品"的非效率现象。逆向选择模型由经济学家阿克洛夫在1970年发表的《柠檬市场：质量不确定性和市场机制》一文首先提出。这篇论文在正式发表前，一度被认为分析过于浅显，先后被《美国经济评论》等三本经济学顶级期刊退稿。然而，这篇具有里程碑意义的开创性论文借助对"柠檬市场"的分析，系统描述了市场交易中逆向选择的潜在后果，提出了一种简单却深刻且普遍的思想，为不对称信息博弈论在经济学中的应用，即信息经济学，提供了一个基本的分析框架和理论基础。

我们用一个简单的例子来解释一下阿克洛夫所讲的柠檬市场。柠檬，外表光鲜而味道酸涩，在美式俚语中就是次品、蹩脚货的意思。阿克洛夫最早研究的柠檬市场是以二手车市场为例的。为了简化起见，我们假设市场中有两种类型的二手车：高质量二手车和低质量二手车。两种类型的二手车均为 5 万辆，高质量车的价格是 10 000 元，低质量车的价格是 5000 元（见图 13-4）。如果信息对称且充分，买家能够确知每种车的类型的话，则两种质量的二手车分别有各自的市场，两个市场的供求曲线分别是 S_H、D_H 和 S_L、D_L，高质量车卖高价，低质量车卖低价，二手车市场会产生具有社会效率的结果。

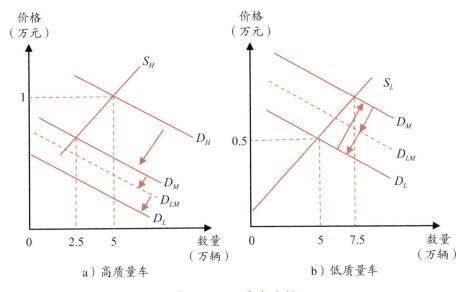

图 13-4　二手车市场

　　然而，现实中的情况是交易双方对于二手车的质量信息是不对称的。通常，卖家对自己车的质量状况是知晓的，但买家很难从外表或一般检测中确知车的实际质量。由于卖家总是希望自己的车能卖个好价钱，无论质量如何，都可能会说自己的车是好车。这就造成买家难以辨别车的类型，使得二手车质量的真实特征在一定程度上被隐藏了。这种情况下，市场就难以对不同类型的二手车区别定价。

　　尽管买家无力区分车的类型，但可以根据不同类型车的应得之价，结合自己对二手车质量分布的认知，给出一个期望价格，比如当判断不同类型车的概率各为 50% 时，愿意支付的价格为 10 000 × 0.5 + 5000 × 0.5 = 7500 元。当这种情况发生时，那么高质量车本来可以卖 10 000 元，现在只能卖 7500 元，部分高质量车的卖家因不能接受该交易价格而撤出市场，高质量车的供给量就减少了。

原来二手车市场有高质量车 5 万辆，现在由于市场需求曲线 D_H 下降到 D_M，只剩 2.5 万辆了。这些车主或许是着急出售，对于 7500 元的价格也能接受。与此同时，低质量车的供给量则会增加。由于原本只值 5000 元，现在也可售 7500 元，使得之前并不打算出售的部分低质量车也会进入市场。这样一来可能的结果是，市场上只有 2.5 万辆是高质量车，而低质量车却超过 5 万辆，比如 7.5 万辆。理性的买主自然会知道现在市场上购买到低质量车的概率提高了，相应地，市场需求曲线 D_M 进一步下降到 D_{LM}，车的平均价格就更低了。当价格再次降低时，参与交易的二手车的平均质量理所当然地随之降低。高质量车趋于更少而低质量车在占比上更高，最终导致的结果就是整个二手车市场的需求曲线下移到 D_L，高质量的车供给极少，市场上充斥的基本上都是低质量的"柠檬车"。

以前我们都认为市场规律是优胜劣汰，但是阿克洛夫的分析表明，在信息不对称的情况下，市场会产生逆向选择，出现劣品将良品挤出市场的现象，使得市场中交易商品的平均质量不断下降，最后许多潜在有利的交易无法实现，严重的话还会导致市场崩塌。

逆向选择最初是保险业的术语。作为分摊意外事故损失的一种财务安排，人们一般会通过购买不同种类的保险产品，将个人难以承受的风险转嫁出去，从而提高自身福利。以健康保险为例，无论身体状况如何，只要有支付能力，人们可能都会愿意为自己的健康买一份保险，当然每个人愿意支付的保险价格是与自身预期健康状况相关的。给定其他条件不变，健康风险越高的人，愿意支付的保险价格也越高。

但如同我们在前面讨论过的一样，投保人的身体状况属于隐藏信息，保险公司要完全知晓投保人未来的健康风险水平并非易事。有些与家族遗传或与生活习惯有关的健康风险，非保险公司可获得的一份投保人体检报告所能涵盖。这样一来，保险公司就无法根据不同投保人的健康风险水平进行充分的差别定价。而如果保险公司按照平均理赔率来确定保费，那么身体状况好、健康风险低的投保人将会退出，投保人未来的平均健康水平会进一步下降，使得保险公司只能提高保险费价格来匹配它们需要承担的风险。逆向选择的结果，使得最后可能只有那些高风险甚至已经知道自己得了大病的人，才会愿意投保。

信贷市场中也存在逆向选择问题。诺贝尔经济学奖得主约瑟夫·斯蒂格利茨曾经和经济学家安德鲁·韦斯（Andrew Weiss）合作研究过信贷市场中的信贷配给问题。我们知道，银行放款的收益主要取决于贷款利率和贷款风险这两个方面。在资金需求大于供给的时候，尽管提高贷款利率可以提高银行的利息收入，但却使那些难以支付较高利息的低风险项目贷款人退出。剩下愿意接受高利率的贷款人，投资项目往往对应较高风险，甚而是一些不诚实的贷款人。银行索取利率越高，贷款人的平均质量越差。由于逆向选择导致预期还款的可能性降低，提高利率就有可能会降低而不是增加银行的预期收益。因此在信贷市场中，贷款人并不是愿意支付高利息就能如愿地获得贷款。银行出于最大化自身预期收益考虑，宁愿选择在相对低的利率水平上放贷，也不愿意在较高利率水平上，去满足那些愿意接受高利率的贷款人的贷款需求。这就是所谓的信贷配给（credit rationing），即信贷市场的信贷需求超过供给，信贷市场不能出清的现象。

前几年频繁爆雷的 P2P 网络借贷平台，则是与银行的信贷配给完全相反的情况。P2P 是借款人和投资人通过互联网借贷平台进行的个人对个人的投融资活动。P2P 网络借贷平台采用优先招标规则，以价格优先和时间优先为原则确定贷款利率——一种由供需双方共同确定、体现市场供求关系的自主利率。P2P 刚一出来，高利率表象下的高风险并没有被普通民众和监管部门充分意识到。投资人又大都是缺乏金融知识、省吃俭用的普通民众，只是受到高利率的诱惑，纷纷将自己的积蓄投入到 P2P 交易中。

一般来说，P2P 网络借贷平台很难有能力和技术手段，掌握借款人真实的资信状况和贷款资金的实际使用情况，借贷双方之间存在着严重信息不对称。这种按市场资金供求关系所形成的高利率，再加上平台中介服务费、咨询费、管理费等各种名目繁多的费用，必然造成 P2P 借贷市场中的逆向选择，使得市场中那些低风险、优质的借款人因贷款成本远高于实际项目投资回报而纷纷退出，最后剩下的恰恰就是银行信贷配给所排除的高风险借款人，甚至是那些"你看中的是人家的利息，而人家看中的是你的本金"的不诚实、劣质的借款人。因此，最终大批 P2P 网络借贷平台因资金链断裂而崩盘，实际上是意料之中的事。

13.3.2 道德风险

以上我们讨论了在不对称信息博弈中，代理人具有委托人事先未知的私人信息（隐藏信息）会带来的逆向选择问题。而在一项交易中，代理人采取委托人无法观察到的信息和行动（隐藏信息、隐藏行动），则往往会造成道德风险。这里的道德风险，是指代理人的隐藏信息和隐藏行动，以牺牲委托人的利益为代价而给自己谋得好处。也就是说，在合约达成以后，代理人原本应谋求委托人的利益，但事实上他的信息和行动并非可由委托人所能观察、掌握，或者观察成本很高。这种不可观察性，或者说代理人的信息和行动可能会被隐藏，使得代理人在执行任务时难免做出对自己有利而对委托人不利的行动。比方说，私家车与租车公司的车相比，哪种车的使用寿命更长？答案是显而易见的。租车公司一旦把车租出去，开车的人就是代理人，使用过程中对车的使用是隐藏行动，对租来的车不加爱惜地使用，自然损害了租车公司的利益。

道德风险这个概念也来源于保险业，主要表现为投保人投保后的行为改变会给保险公司带来损失。比方说，过去我们大都骑自行车，但自行车是比较容易被盗的，所以或许会形成针对自行车的保险产品。

20 世纪 90 年代，斯蒂格利兹在研究保险市场时，就发现了一个相关的经典例子。美国某州立大学校园的自行车被盗率为 10%。一些创业学生调查发现校园里没有自行车保险，于是经过核算，他们推出了一项保险金额 100 美元、保险费为 15 美元的自行车盗窃险计划。当年卖出了 100 单，保险费收入为 1500 美元。若按 10% 的比例赔付，总赔偿金为 1000 美元，毛利应为 500

美元，但结果让他们大失所望。到了年底，前来申请保险理赔的有 20 单，学生的创业计划亏损了 500 美元。这里的关键在于：他们事先并没有意识到自行车保险触发的道德风险。当学生们买了自行车保险后，知道即便车子丢了也会有保险公司赔偿，于是对自行车防盗再也不像没有这种激励结构时那样用心。恰恰是这种隐藏行动导致的道德风险，使得自行车被盗率从 10% 增加到了 20%。

同样的情况在中国也发生过。20 世纪 80 年代初，中国人民保险公司（简称"中国人保"）曾经提供过自行车盗窃险。开始时，中国人保根据没有保险时的自行车被盗率计算出保费，但很快就发现，投保自行车的被盗率明显上升。等保险公司发现自己亏损后，又无法对投保人的行为进行有效监控，只能进一步提高保费，于是又发现自行车的被盗率继续上升。[⊖]加上理赔取证困难，甚至有些人利用信息不对称故意骗保，最后只能把自行车盗窃险取消了。

本来保险公司推出自行车盗窃险，是为了冲抵意外被盗所发生的成本，但是人们买了保险以后，由于不再完全承担自行车被盗的风险后果，对自行车防盗变得掉以轻心，反而增加了被盗的可能性，这就是道德风险。此外，一些买了医疗保险的人，往往会让医生多开一些不必要的贵重药品，提供过度的并不必要的医疗检查等，也都是这种道德风险的表现。

道德风险问题中，我们说得最多的就是企业中的内部人控制问题。内部人控制是指企业的股东作为委托人，拥有法律上对企业的控制权，但事实上企业却被作为代理人的经理人所控制的现象。股东聘用经理人来经营企业，他们的目的是让经理人更专业地经营好企业。但由于代理人的利益和委托人的利益并不完全一致，再加上信息不对称，企业往往被内部人所控制。经理人掌握着企业的经营控制权，他们的利益往往在企业的决策中得到保障，但通常不承担盈亏责任。股东的实际经营控制权被削弱，却还得承担最终责任，甚至出现许多经理人为了谋求自身利益而损害企业利益的现象。

经理人的道德风险通常表现在如下几个方面。①短期行为。一些经理人热衷于眼前的成绩、地位和利益，更多从完成任期内业绩考核指标出发，固守于

⊖ 张维迎 . 博弈论与社会 [M]. 北京：北京大学出版社，2013.

相对稳定的业务结构和商业模式，不愿意通过加大投入开展新产品、新技术的开发和进行组织架构的革新，使企业的长期发展缺乏后劲。②过度投资。有些经理人醉心于营造一个企业帝国，偏离了为股东创造价值的宗旨，过度热衷于投资那些能提升个人市场价值的项目。③防御策略。为了保住自己的职位和利益，经理人会倾向于采取某些防御策略，以达到套牢股东的目的，比如他们会预先进行那些使他们成为企业不可或缺的人物的专用性投资和高杠杆融资，或者结成休戚与共的核心管理团队等。④工作懈怠。经理人喜欢挣钱，但也喜欢享受生活。如果他花在工作上的时间越少，参加球类活动、朋友聚会和其他有趣活动的时间就越多；反之，如果他一心专注于工作，将时间和精力全部花在工作上，他就不能享受闲暇。因此，一些经理人不愿投入足够的精力去解决企业发展中的深层次棘手问题，而是得过且过、见好就收。⑤过度消费。比如过于奢华的办公设施和公务活动。一些企业甚至还为经理人配备了公务机，大量企业资源被花费在经理人职务消费、发展个人人脉关系和提高社会名誉上。⑥自利交易。在采购、加工、销售和并购等交易过程中，有些经理人甚至通过内幕交易、关联交易和一些策略性安排为自己获取私利，等等。

上述这些隐藏信息和隐藏行动所造成的道德风险显然会损害股东利益。股东想要经理人按照股东的利益采取行动，但是未必能直接观察到经理人采取的行动，所观察到的可能仅仅是一些经营指标，比如利润、收入等的完成情况。这些业绩与经理人的努力程度有关，但努力程度不易观察，而且努力工作需要经理人付出成本，这就可能导致经理人并不努力工作。特别是，企业业绩既与经理人的努力付出有关，也受到宏观经济、行业周期等诸多外部环境因素的影响。这就使得分辨清楚经理人是否尽职是件困难的事。股东很难知道目前经理人所取得的业绩水平，是否代表在既定市场条件下企业所能实现的最好水平。因此，在信息不对称的条件下，用什么样的方法会让经理人努力工作，或者说，用什么样的激励机制减少或消除委托人与代理人的目标偏离，使得代理人自动选择对委托人有利的行动，以避免因隐藏信息和隐藏行动所导致的道德风险问题，是一个无论在理论上还是实践中都非常重要的课题。我们将在第15章机制设计中专门讨论这一主题。

游戏7 村庄的悲剧

村庄的悲剧说的是有一个古老村落，这个村落有一百对男女。这是一个母系社会，女人说了算。这个村落有一条古老的族规，谁家的男人要是背叛了他的女人，被他女人知道以后格杀勿论。也正因为这样，这个村庄若有男人有出轨行为，所有的女人之间都会传递这一信息，大家都会知道，但唯独不会告诉这个出轨男人的女人，因为说出来是要出人命的。可悲的是，这个村庄的一百个男人都对女人不忠，但是没有一个女人会知道自己男人不忠。于是大家相安无事，日子也就一天天过去了。一天，村庄里一个德高望重的老妇人对其他所有女人说："你们中间至少有一个人的男人对你们不忠！"老妇人说完以后，第一天村庄很平静，第二天村庄也很平静，过了99天，到了第100天，所有男人都被杀了。试分析，为什么会这样？

本章小结

不完全信息博弈分为不完全信息静态博弈和不完全信息动态博弈，由于信息不完全，参与者对博弈中相关事件发生概率的信息，是建立在贝叶斯法则基础上的，因此不完全信息博弈也称为贝叶斯博弈。

在不完全信息静态博弈中，参与者的行动同时发生，没有任何参与者能够有机会观察到其他人的选择。在给定其他参与者的策略的条件下，每个参与者的最优策略依赖于自己的类型。尽管参与者不知道其他人实际选择什么策略，但是只要知道其他人有关类型的概率分布，他就能预测到其他参与者的选择与各自的有关类型之间的关系。而贝叶斯均衡就是指这样一组策略组合：在给定自己类型和其他参与者类型的概率分布下，每个参与者选择策略使自己的期望得益达到最大化。

在不完全信息动态博弈中，由于参与者的信念是会不断修正的，因而我们把参与者的信念分成两类：先验概率和后验概率。先验概率是基于预先的信念和先前的知识来定义的概率，而后验概率则是根据行动者所传递的新信息，修正先验概率后得到的新概率。后验概率可以应用贝叶斯法则得出。不完全信息动态博弈的精炼贝叶斯均衡满足如下条件：第一，给定每个参与者关于其他参与者类型信念的条件下，该参与者的策略选择在每一阶段都是最优的；第二，每个参与者关于其他参与者所属类型的信念，都是根据所观察到的新信息使用贝叶斯法则修正后获得的。

有耐心的参与者愿意用短期成本去建立某种声誉，以通过声誉获取长期利益。KMRW 声誉模型证明，参与者类型的不确定性对博弈均衡结果有重要影响，只要博弈重复次数足够多，合作行为在有限重复博弈中就会出现。

当一项交易涉及不对称信息时，就会产生委托 – 代理问题，从而限制市场功能的发挥。不对称信息从内容上可分为隐藏信息与隐藏行动。前者是指在一项交易中，代理人知道而委托人不知道的一些信息，后者指合约达成以后代理人所采取的不被委托人所察觉的行动。不对称信息从发生时间分为事前信息不对称和事后信息不对称，事前信息不对称（隐藏信息）会导致逆向选择，事后信息不对称（隐藏信息、隐藏行动）会造成道德风险。逆向选择是指由于存在隐藏信息，选择过程导致许多具有不良特征的商品和人集中在一起；道德风险是指代理人通过隐藏信息和隐藏行动，以牺牲委托人的利益为代价为自己谋取好处。

本章重要术语

类型　私人信息　共同知识　自然　不完美信息　海萨尼转换

贝叶斯博弈　信念　贝叶斯均衡　先验概率　后验概率　贝叶斯法则

精炼贝叶斯均衡　声誉　连锁店悖论　KMRW 声誉模型　不对称信息

委托人　代理人　委托 – 代理关系　事前信息不对称　隐藏信息

事后信息不对称　隐藏行动　逆向选择　柠檬市场　信贷配给

道德风险　内部人控制

上一章中我们讨论了逆向选择。逆向选择是由于交易双方事前的信息不对称带来隐藏信息，从而在市场选择过程中导致产品平均价格、质量下降，出现劣品驱逐良品和市场失灵的现象。在这一章，我们将介绍如何解决逆向选择问题。

斯宾塞在研究劳动力市场中存在的有关雇员能力的信息不对称问题时，在阿克洛夫"柠檬市场"逆向选择模型的基础上，提出了从信息优势方（即代理人）的角度解决逆向选择问题的信号传递（signaling）模型。罗斯柴尔德和斯蒂格利茨在研究保险市场上存在的有关投保风险的信息不对称问题时，提出了从信息劣势方（即委托人）的角度解决逆向选择问题的信息甄别（screening）模型。这些理论由于其独特的研究视角和普遍且深刻的现实意义，成为现代信息经济学的核心内容。阿克洛夫、斯宾塞和斯蒂格利茨三人，也因在研究不对称信息条件下市场运行机制方面的开创性贡献，荣获 2001 年度诺贝尔经济学奖。

在信号传递博弈中，"自然"选择代理人的类型，该类型是代理人的私人信息，委托人并不知道。为了显示自己是好的类型，代理人发出某种具有成本代价的信号，委托人通过观察信号更新其信念，然后做出回应。在信息甄别博弈中，"自然"选择代理人的类型，代理人知道自己的类型而委托人不知道，委托人提供多个合约菜单供代理人选择，代理人选择一个最适合自己的合约，委托人则由此甄别出代理人的真实类型。

信号传递与信息甄别是相对简单而应用非常广泛的不完全信息动态博弈。它们的主要区别在于：信号传递是作为信息优势方的代理人首先行动，信息甄别则是作为信息劣势方的委托人首先行动。前者是指在交易中代理人如何主动传递可观察的信号，让委托人知道代理人的类型；后者着眼于委托人如何主动设计一个分门别类的自选择机制，通过代理人的选择来揭示其真实类型。

14.1　信号传递

一个参与者把私人信息传递给其他参与者的行为称为发送信号，而信号传递是指作为信号发送者（sender）的代理人主动向作为信号接收者（receiver）

的委托人发送出能够观察到的信号。此信号揭示了代理人的隐藏特征，这就使没有私人信息的委托人能够了解代理人的真实类型。

14.1.1 劳动力市场模型

1971 年，在哈佛大学就读经济学博士学位的斯宾塞观察到一个有趣现象。在哈佛商学院，MBA 学生毕业后可以拿到数倍于教授的工资，而这些学生在进校前的工作和薪酬大都比较平常。难道哈佛商学院的教育可以让学生在短短两年内实现能力的跨越式提高？斯宾塞对此展开了研究，并在其 1972 年的博士论文《劳动市场信号：劳动市场及其相关现象的信息结构》基础上，于 1973 年发表了奠定信号传递模型理论基础的论文《劳动力市场的信号传递》，这也是他后来获得诺贝尔经济学奖的主要学术贡献。

下面，我们简单介绍一下劳动力市场模型的基本思想。

假定在劳动力市场中，劳动者的工作能力分为高、低两种类型，高能力者对雇主的贡献大于低能力者。如果雇主对应聘者的能力类型充分了解，则在完全竞争的劳动力市场中，高能力雇员获取高工资，低能力雇员获取低工资，市场达到有效率的均衡。但是在现实中，劳动力市场上存在着有关应聘者能力的信息不对称，能力的高低一定程度上是应聘者的私人信息，应聘者知道自己的能力，而雇主并不知道。如果不能区分高能力者和低能力者，就如我们在上一章二手车市场分析中所看到的那样，雇主只能根据平均劳动生产率提供薪酬。于是低能力雇员得到的报酬高于其边际产出，而高能力雇员得到报酬少于他们的边际产出，高能力者甚至有可能在雇主按照低能力者提供薪酬情况下最终被挤出市场。[⊖]

面对这种信息不对称给自己带来的不利，高能力者会有激励将自己的类型信息主动传递给雇主，以便同低能力者区分开来，使自己的报酬与边际产出相一致。重要的是，这种信息对雇主来说也是有价值的。这里的一个关键问题在

⊖ 这里的边际产出是指单位劳动力投入增加所带来的产出增加。

于，低能力者也可能宣称自己是高能力者。因此，高能力者为传递自身类型信息所要采取的行动，应当是低能力者难以模仿的，由此使两种类型的劳动者能被区分。

斯宾塞的分析表明，教育起到了这种信号传递的作用。在劳动力市场模型中，斯宾塞假设教育本身并不提高一个人的工作能力。但即便如此，教育水平仍能成为一种有用的信号，将劳动力市场中的高能力者和低能力者相区分。一个人的工作能力和学习能力通常是正相关的，获得高学历越轻松的人，工作能力往往也越强。教育程度可以成为向雇主传递有关能力的信息，使得高能力者可以通过其受教育程度向雇主传递自己是高能力的信号。这里的关键是，高能力者接受同等教育的成本通常低于低能力者。高能力者可以相对轻松地考取大学甚至名校、修满学分获得学位。相比较而言，低能力者的学习能力也较低，可能很难考取好的大学，即便考取也要花费更多时间、经历痛苦的过程来完成学分。这意味着接受同等教育的成本非常高。正因为如此，高能力者会倾向于接受更多的教育、考进更好的学校、获得更高的学历，以此充分表明自己能力。相反，低能力者会认为自己考大学、拿学位的代价太高，以至于即便被雇主误认为是高能力者而获得高收入都不值得，于是倾向于选择接受较低的教育水平。

这也是为什么尽管大学所学的东西，或许不见得对你所从事的工作有直接的帮助，但你仍然需要有一个高的学位，以便向未来的雇主证明自己是高能力的。在这里，即便大学在提升能力方面没有多大作用，但学位本身还是一种能力的信号。雇主会认为拥有这种学位的人通常会有较高的能力，因为只有对于高能力者，获取这个学位的代价不至于太高。而低能力者想得到同样学位的成本过高，效仿并非明智之举。显然，正是不同类型者接受教育的成本的差异，使得受教育程度起到了有效的信号传递作用。这种不同类型的参与者采取不同行动的情形，称为信号传递博弈的分离均衡（separating equilibrium）。

与此相反，如果高能力者和低能力者接受同样教育水平的成本不存在显著差异，则不同类型的参与者完全可能选择相同的教育水平，在这种情形下，教育程度就不具备区分不同类型者的信息价值。这种情况称为信号传递博弈的混同均衡（pooling equilibrium）。混同均衡因为没有透露任何有用的信息，会导致逆向选择，而分离均衡则有效区分了不同类型的参与者，是更有效率的博弈结果。

下面我们用一个简单例子来说明。假设低能力者的教育成本 $C_1(y) = 2y$，高能力者的教育成本 $C_2(y) = y$，式中 y 为应聘者接受教育的年限，也代表该应聘者的受教育水平。如果雇主将教育水平 y^* 作为判断标准，并且认为 $y > y^*$ 者属于高能力者，给予每年 1 万元年薪，$y < y^*$ 者属于低能力者，给予 5000 元年薪。假定雇员工作年限为 10 年。对于低能力者而言，接受教育成本为 $2y$，10 年工作年限薪酬总额为 10 万元，比不接受时增加 5 万元的收益，因此当接受教育收益小于接受教育成本，即 $5 < 2y^*$ 时，低能力者宁愿不接受教育。对于高能力者而言，接受教育成本为 y，10 年薪酬总额比不接受教育时增加 5 万元的教育收益，因此当接受教育收益大于接受教育成本，即 $5 > y^*$ 成立时，高能力者愿意接受 y^* 的教育水平。

因此，当 $2.5 < y^* < 5$ 时，教育水平就能成为区分不同类型应聘者的有效信号：雇主观察到教育水平 y，就知道该应聘者是高能力者还是低能力者。这一结果也可用图予以表述，如图 14-1 所示。

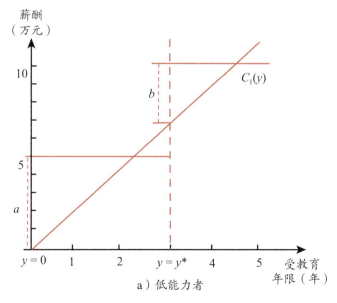

a）低能力者

图 14-1　两种类型的雇员教育水平选择的分离均衡

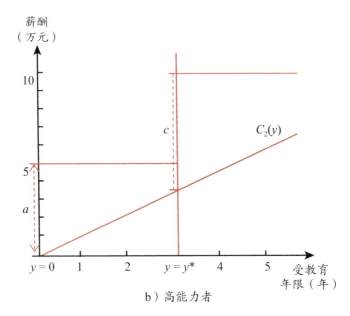

b）高能力者

图 14-1　两种类型的雇员教育水平选择的分离均衡（续）

　　图中横线代表 10 年薪酬总额，当 $y < y^*$ 时为 5 万元，当 $y > y^*$ 时为 10 万元。斜线是接受教育的成本曲线，由于低能力者教育成本大于高能力者，因此低能力者教育成本曲线的斜率更高。从图中可见，低能力者选择 $y = 0$ 的教育水平，比选择 $y = y^*$ 能得到更多的净收益（$a = 5 > b$）；高能力者选择 $y = y^*$ 的教育水平，比选择 $y = 0$ 得到更多的净收益（$c > a$）。于是，低能力者选择低教育水平，而高能力者选择高教育水平，形成分离均衡。这样，雇主也能够有效区分应聘者的工作能力，从而提高了劳动力市场的信息效率。

14.1.2　信号传递的一些例子

　　在信号传递博弈中，代理人之所以主动向委托人传递信号，在于这对于他是有利的。比如，在二手车市场，如果卖家能够通过发送信号，使买家相信他们的二手车是高质量车的话，就可以卖出一个好的价钱；在保险市场上，如果投保人能够使保险公司相信他是低风险类型的话，就可以获得低保费的保险；在商品市场上，如果企业能够使用户相信它的产品是高质量的，就能够获得价格溢价。显然，对于这种类型的代理人而言，为了获得市场交易中的利益，向委托人发送信号的行为是可行的选择。当然这种信号传递也是有成本的，只有当发送信号的预期收益大于发送成本时，代理人才会选择发送信号。

需要强调的是，不同类型的发送方发送同一个信号的成本必须是不同的。通常，这种信号成本的差异越显著，信号的作用就越有效。这也就解释了为什么哈佛商学院的学生，毕业后大都能拿到薪酬很高的职位。很多企业在劳动力市场招聘时，首先关注应聘者的文凭。一些国际投行、高科技公司往往会把校招限定在少数几家顶尖大学的毕业生。当然，非名校毕业的学生并非不优秀，而部分名校毕业者的能力也未必尽如人意，但是顶级名校的学生在整体上会比普通学校学生更为优秀，这是毫无疑问的。据总部位于伦敦的咨询公司 Henley&Partners 发布的一份财富报告显示，截至 2022 年 12 月，美国有 9630 位拥有 1 亿美元以上财富的富翁，其中 35% 毕业于 8 所顶级名校：哈佛、麻省理工、斯坦福、宾夕法尼亚、耶鲁、康奈尔和普林斯顿。要知道，美国拥有的大学数量是 4000 多所。亿万富翁高比例出身于名校，主要原因也许并非这些大学的教学水平多么高，而是只有那些最优秀的人才能进得了这些大学。

下面我们再通过一些具体例子来解释信号传递是如何起作用的。

在国外销售二手车通常有两种服务类型：一种是交易结束之后，二手车经销商不提供保修承诺，这种服务类型的二手车价格相对便宜；还有一种是经销商提供一定时期内的保修承诺，比如提供一年内免费保修等。这类服务对应的车价较高。

这些提供二手车保修承诺的经销商，实际上是通过发送免费保修这个信号，来表明它们的车子质量是好的。二手车经销商通常拥有专业的技术人员和检测设备，能够基本了解每台车的质量状况。它们之所以敢于承诺免费保修，是因为知道这辆车的质量是好的，在保修期间发生故障的可能性很小，提供保修的成本比较低。如若车辆质量不好，使用过程中故障不断，经销商履行保修承诺就易导致亏损。比如保修一辆高质量和低质量二手车的年预计成本分别为500 元和 2000 元，提供保修与不提供保修的价差为 1000 元。这时，如果经销商对所销售的低质量车承诺保修的话，就可能要额外支出 1000 元。正是因为不同类型二手车保修成本的这种差异，使得经销商的保修承诺可被视为传递二手车质量可信的信号。

其实新车也是如此。有些品牌的汽车之所以销量比较好，一个很重要的原因在于他们能够提供较长年限的保修期，并据此传递出质量信息。例如丰田旗下的豪华汽车品牌雷克萨斯，为混动车型提供 6 年或 15 万公里免费保修保养，为汽油车型提供 4 年或 10 万公里免费保修保养。

家用电器也是如此。比如格力电器对 2021 年 3 月 1 日起购买的格力家用空调，实行 10 年免费包修政策。

企业之所以可以这样做，说明它们对所生产的产品质量有信心，即便是较长的使用年限，故障率和保修成本依然很低，否则不敢做出这种承诺。在这里，较长的保修年限就成了企业对商品质量保证的一种可信的信号。

类似地，不少企业对所销售商品实行包退包换政策，都可归为这一类信号机制。当然前提是这些企业能够持续经营，否则就会出现"期末问题"。这也是消费者在购买商品时，往往会选择那些著名厂商和著名品牌，而且愿意为此支付一定价格溢价的原因所在。

信号传递的关键往往不在于信号本身是否具有实际意义，而是在于这种传递是有成本的，而且对于不同类型的代理人，这一成本是不同的。比如前述高质量商品生产企业需要将自己与低质量商品生产企业区别开来，否则有可能会被挤出市场。但是它仅仅宣称自己的产品高质量显然是不够的，毕竟"宣称"通常并不花费什么成本，低质量者也可以轻易效仿。只有当与低质量商品的卖家相比，高质量商品的卖家有更低的信号传递成本时，信号才会发挥作用，这是理解信号传递思想的关键所在。高质量商品的卖家只有通过某种有成本差异的信号才能真正传递自己商品的质量信息。

名人代言广告就是这样一种信号。假设企业 A 开发出一款效果好、有市场潜力的洗发露，同时，另一家企业 B 也准备向市场推出一款质量较低的洗发露，两家企业都倾向于宣称自己的产品是高质量的。但消费者总体是理性的，不太会仅凭宣传就相信它们。如果商品真的好，消费者在使用后就能够逐渐识别出来。企业 A 对自己的商品质量抱有信心，相信随着时间的推移，消费者会重复购买，而且对企业 B 的产品不满意者也会逐渐成为自己的客户。至于企业 B，尽管可以通过效仿企业 A 的做法诱导消费者购买，开始可能有一定的市场，但时间一长，产品质量问题就会显现，致使市场趋于萎缩。因此，企业 A 的未来预期收入远大于企业 B。这时，如果企业 A 请名人代言广告，尽管费用不菲，但企业 A 可以用未来不断增长的收入予以分摊。这是企业 B 难以效仿的，毕竟得不偿失。实际上，名人未必对该商品的质量有深入的了解和准确的评价，名人代言广告通常也没有特别提供有关商品的各类具体指标，但这种成本很高的广告本身成了一种可信的传递商品质量的信号，将不同质量水平的商品区分开来。

　　当然，这也不是绝对的。根据商品质量在买者和卖者之间的信息不对称程度，商品可以分成三类：第一类是在购买前通过直接观察和体验，就能基本确认质量的商品，即搜寻品（search goods），例如一些家具、服装和瓷器等，就比较接近于搜寻品；第二类是在购买使用之后才能知道其质量的商品，即体验品（experience goods），比如我们前面说到的汽车、洗发露等，我们日常生活中使用的大部分商品属于这一类；第三类是不仅购买之前不知道商品质量如何，即便在使用之后也难以确认其质量，即信任品（credence goods），一些保健品就属于这一类商品。对于这三类商品，广告的作用是不同的。对于搜寻品，由于可以在售前直接确认商品质量，广告主要提供商品的款式、材料、价格和销售地址等直接信息。对于体验品，广告未必能提供直接的商品信息，但企业花重金做广告本身，就是一种传递质量信息的信号。然而对于保健品之类的信任品，由于消费者使用后也很难辨别其质量，不同质量产品生产企业进行信号传递的成本差异就不复存在了。因此，当商品是信任品的场合，昂贵的广告不再是区分商品质量的可信的信号。也正因为如此，伪劣商品和虚假广告往往在信任品产品领域多发。

　　萨摩亚人的文身也是有关信号传递的有趣例子。

萨摩亚是南太平洋的一个岛国，岛上居民萨摩亚人属于波利尼西亚人，男性高大强壮，被认为是世界上最强悍的民族之一。据研究发现，萨摩亚人是3000年前从东亚沿着东南亚逐渐迁徙到现居的太平洋小岛的，也有一部分人后来移居到了美国。其中最为著名的是摔跤世家萨摩亚家族，巨石强森、罗曼雷恩斯、乌索兄弟等都出自这个家族。在萨摩亚的传统中，武士精神深受推崇，具有武士精神的男士在部落中备受尊敬并享有崇高地位。萨摩亚人对文身有着特殊的看法，要成为一名被族群公认为具有武士精神的人，必须有一身好的文身。

萨摩亚人的文身工具是用动物骨头做成的锥子，锥子头上涂抹有植物果实灰烬和油脂混合制成的墨水，再用木槌敲击扎入皮肤，将颜色永久固定在真皮层里。萨摩亚人的文身多从腰部开始，并延伸至膝盖以下以及手臂。一身好文身的操作通常需要经历数月，而文身的彻底愈合，差不多需要整整一年，在这期间文身者每天都要忍受强烈的伤痛。在萨摩亚，文身成了一个人勇气和忍耐力的象征，成为萨摩亚男性向族群传递的信号。因为只有能够长时间忍受文身巨大痛苦的人，才是有足够勇气和力量的，而这正是成为一个具有武士精神的萨摩亚人的必要条件。

自然界中也有一些动物的行为被人们用信号传递理论来予以解释。比如公孔雀长有很长亮丽羽毛的尾巴，它需要有很大的力量才能支撑尾巴，因此带来行动不便，而且，亮丽的长尾巴很容易被发现，招致掠食者捕杀。这种代价反过来说明，如果公孔雀有着漂亮的长尾巴，意味着它强健、敏捷，能够逃避追捕，客观上就成了一种向母孔雀传递其体质强健的可信信号。

又比如非洲草原上腾跃的瞪羚。我曾经在博茨瓦纳的奥卡万戈三角洲见到过瞪羚群，见过瞪羚四条腿直直地向下伸，身体腾空高高跃起的弹跳。那种极其优雅、富有节奏感的腾跃场景，会给每一个见过的人都留下深刻的印象。以往对瞪羚腾跃行为的解释，认为它是为了炫耀自己的强健以吸引异性，或是当捕食者接近时，向群体其他成员发出警报信号，但是生物学家扎哈维给出了另外一种解释。扎哈维认为，当有捕食者靠近时，一些瞪羚突然跳得很高是在向捕食者传递信号，用以表明自身强壮敏捷难以被追捕，捕食者通常也不会把时间和体力浪费在不太可能被捕获的猎物身上。那些无法达到这种腾跃效果的弱者，则可能成为捕食者追捕的目标。

动物世界中存在的这些现象，应该并不是动物自身有意识的信号选择，而是在适者生存的竞争环境下，通过基因的遗传进化而被代代传续下来的。

14.2　信息甄别

斯宾塞有关信号传递理论的研究，自然会引发出另外一个问题。既然作为信息优势方的代理人，可以通过信号传递实现分离均衡，那么作为信息劣势方的委托人，是否也可以通过某种方式对代理人类型进行区分，以减少因信息不对称而导致的逆向选择问题呢？针对这个问题，1976 年罗斯柴尔德与斯蒂格利茨提出了解决逆向选择的信息甄别模型。他们以保险业为背景，分析了处于信息劣势的保险公司如何通过提供一系列合约，促使处于信息优势方的投保人自我选择来实现分离均衡，进而达到对投保人风险类型进行甄别的目的。

14.2.1　信息甄别的基本思想

罗斯柴尔德和斯蒂格利茨在论文《竞争性保险市场的均衡：论不完全信息经济学》中，将信息不对称理论应用于保险市场。他们指出，由于保险公司与投保人之间信息的不对称，客观上造成了保险公司面临逆向选择和道德风险。为此，他们提出了信息甄别模型，证明了委托人可以对一项特定交易设计多项不同的合约，以获取代理人的私人信息。

具体而言，假设一家保险公司面临两种类型的投保人，其中高风险投保人遭受损失的概率较高，低风险投保人遭受损失的概率较低。由于信息不对称，投保人知道自己的风险类型，保险公司不知道。如果保险公司根据损失的平均概率进行估计，对不同类型的投保人提供同样的保单，则会出现逆向选择问题，从而导致保险公司亏损、保险市场萎缩。为了避免这种现象的发生，保险公司可以通过对自赔率和保险费的不同组合，设计各种保单供不同风险类型的投保人自主选择。由于遭受损失的概率不同，不同风险类型的投保人对保费价格和自赔率的偏好是不同的。低风险投保人由于遭受损失的概率较小，通常会选择较低的保费价格和较高的自赔率组合；高风险投保人则愿意支付较高的保险费来锁定自赔的风险，因而会选择较低的自赔率和较高的保费价格组合。由此，保险公司可以设计出适合低风险投保人的高自赔率加低保险费保单，以及适合高风险投保人的低自赔率加高保险费保单，以确保不同类别的投保人选择相应的风险保单。这样，保险公司就可以通过这种自选择机制有效地将不同风险类型的投保人甄别开来，达到分离均衡，以缓解保险过程中的逆向选择问题。

信息甄别理论在信贷市场中也得到了运用。在信息不对称条件下，完全自由的市场利率机制会导致信贷市场出现逆向选择问题。如何通过为不同风险类型的贷款人提供相应的贷款合约供其选择，使其自我揭示风险类型并克服信息不对称问题，这就出现了以利率和抵押物作为风险分离工具的信息甄别机制。

从各自风险类型和自身利益出发，信贷市场上的低风险贷款人通常会选择低贷款利率和高抵押的贷款合约，而高风险贷款人则愿意选择高贷款利率和低抵押的贷款合约。也就是说，与高风险贷款人相比，低风险贷款人倾向于接受增加更多的抵押以换取相应的利率减让。银行可以通过贷款利率、抵押和贷款额度的不同组合，设计不同的贷款合约由贷款人自主选择，从而通过信息甄别达到降低信贷风险、优化信贷配给的目的。

作为解决逆向选择问题的一个可行方法，信息甄别理论的核心依然是对博弈中真实信息的有效获取。在交易中信息少的委托人需要知道代理人的私人信息，但是代理人往往不愿或不能有效提供，于是委托人就需要设计一套自选择（self-selection）机制，使得代理人的选择事实上揭示出他的真实信息。

信息甄别理论的这一基本思想，实际上也常常反映在我们的日常生活中。迪克西特和奈尔伯夫在《妙趣横生博弈论》一书中讲了一个真实且耐人寻味的故事。他们的朋友苏坠入了爱河，苏的白马王子是一个事业有成的高管，他聪明、专一且直率，他向苏表达了爱慕之情。苏已经 37 岁，她想结婚生子。男友表示他也正在考虑这个计划，只是前段婚姻的孩子还没有做好父亲再婚的心理准备，解决这些事情可能需要时间。如果最终结局是结婚，苏是愿意等待的，但问题是男友内心的真实想法到底是怎样的呢？苏需要一个能够帮助她看清男友是否真正认真对待他们之间关系的策略。苏想出了一个检验两人关系的方法，她要求男友做一个小小的文身，且该文身里要包含她的名字。如果男友肯文身，那么永远印刻在皮肤里的苏的名字将是他们爱情的见证。但是如果男友文身后失信，那么当他下次交往的女友发现这个文身时，将会使他十分难堪。男友对此犹豫不决，苏于是果断离开了。她另觅新爱，还有了孩子，过着幸福的生活，而前男友依然在爱情长跑的过程中。

在这个故事中，苏提出的文身要求，实际上就是对男友提出的一个甄别机制。如果男友真像他表白的那样，已经铁心和苏在一起，结婚只是时间问题，那么自然就会接受苏的这个要求。如果男友实际上还处于犹豫不决中，或者内心还有其他想法，那么万一两人最终未能结婚，带有苏的名字的文身还是会给他带来不便。对苏而言，她想要结婚生子，她需要一个可信的信号，她已经37 岁，耽误不起了。而文身这个要求，导致男友的自选择行为，使苏得以甄别男友的承诺是否真实可信。○

14.2.2　历史故事中的信息甄别

在人类的历史进程中，我们祖先的很多经验教训都是通过早先的口口相传和后来的文字记载代代流传下来的。所以，无论是《圣经》、以色列的《塔木德》，还是东方的佛学、道学、儒学、《易经》、《孙子兵法》，甚至很多历史故事、成语典故，都有不少反映博弈论思想的内容。下面就历史上能够反映信息甄别思想的故事略举三例。

1. 所罗门王断案

在谈到信息甄别理论的思想渊源时，人们说到最多的一个故事就是所罗门

○　需要特别指出的是，引用此案例旨在阐释信息甄别的基本思想，笔者并不赞同在现实生活中用这种方式去验证爱情。在人们的情感世界里，每对情侣的相处模式和情感基础各不相同，过于极端的考验方式反而可能破坏信任根基，让原本美好的感情走向破裂。

王断案。这是《圣经·列王纪》里记载的发生在大约公元前 1000 年的一个故事。这个故事被看作是有关信息甄别理论最早的思想渊源之一。

所罗门王是以色列大卫王的儿子，是一位以智慧著称的贤明君王。在其继位后不久的一天，有两个妇人为一个孩子的所有权发生争执来到所罗门王殿前。一个说："陛下，我和这妇人同住一屋，我生了个男孩。在我孩子出生后三日，她也生了一个孩子。我们同住一室，房中除了我们二人，再没有别人。夜间这妇人睡着的时候，压死了自己的孩子。她半夜起来趁我睡着，把我的孩子抱到她床上，把她的死孩子放在我身边。当我醒来给孩子喂奶时，突然发现孩子死了。及至天亮，我仔细察看，发现他并不是我所生的孩子。"另一个妇人说："不对！活孩子是我的，死孩子是你的。"这妇人反驳说："不对！死孩子是你的，活孩子是我的。"她们在所罗门王面前如此争吵起来。所罗门王令手下拿刀来，说："将活孩子劈成两半，一半给那妇人，一半给这妇人。"活孩子的母亲为自己的孩子心里急痛，惊恐地说道："求陛下将活孩子给那妇人吧，万不可杀他。"那妇人却说："我若得不到，你也别想得，把他劈了算了。"所罗门王说："将孩子给这妇人，不要杀他，这妇人是他的母亲。"

尽管所罗门王并不知道两个妇人中谁是孩子的母亲，但他知道真正的母亲是宁可自己失去孩子，也不愿意让孩子被劈成两半的。所罗门王正是利用这一点，识别出谁是孩子真正的母亲了。所罗门王的这种方法，反映了信息甄别的思想，即委托人设计一套自选择机制，令不同类型的代理人做出不同的选择。尽管每个代理人的类型可能是隐藏的，难以直接观察到，但他们所做出的不同选择，却是可以观察到的。委托人可以通过观察不同代理人的选择，来判断他们的真实类型。

2. 指鹿为马

指鹿为马是我国历史上信息甄别的一个典型事例。据《史记·秦始皇本纪》记载，公元前 210 年，秦始皇在出行时驾崩。宦官赵高说服丞相李斯，秘不发丧，篡改诏书，逼死了皇位继承人长子扶苏，并立秦始皇的幼子胡亥为皇帝。秦二世胡亥是个昏庸的统治者，为了巩固自己的皇位，在赵高的唆使下，杀了自己 22 个兄弟姐妹。后来赵高又设计杀死了李斯，自己做了丞相。

　　赵高大权在握，野心膨胀，甚至想要篡夺皇位，但唯恐群臣不服。为了摸清大臣中有哪些人对他是忠心顺从的，赵高精心设局导演了一场指鹿为马的戏码。一天，赵高牵来一只鹿献给秦二世，说："这是一匹马。"秦二世笑着说："丞相错了吧，你把鹿说成马。"赵高说："陛下错了，这就是马，不信你问大家。"秦二世询问左右大臣，大臣们知道赵高故意颠倒黑白，却都不敢作声。最后问急了，有些大臣就顺着赵高说是马，有些则坚持说是鹿。赵高将那些坚持说是鹿的大臣暗记在心，事后设法一个个清除，轻则逐出朝廷，重则杀头示众。

　　在这个例子中，赵高知道自己说的是假的，也知道别人知道他说的是假的，但他故意通过这种颠倒黑白的方式设验，区分出哪些大臣会唯他马首是瞻，甚至不惜欺骗皇帝，哪些大臣对皇帝忠心耿耿，明知得罪赵高也不愿曲意迎合。赵高通过设局，对大臣们的类型进行了准确甄别，为下一步剪除异己做好铺设。

　　赵高凭借"指鹿为马"这一手段，在短时间内高效识别出了大臣们的"类型"，精准地划分出了阵营。然而这种做法严重破坏了朝廷的信任体系，正直敢言的大臣被清洗，留下的多是阿谀奉承之徒，使得秦朝的统治根基被动摇，最终加速了秦朝走向灭亡的进程。

3. 摸钟辨盗

　　据《宋史》等典籍记载，北宋时期理学家陈襄，曾在浦城县代理县令。一日，一户人家遭到盗窃，捕快抓到几个嫌犯，却不能确定谁是真正的盗贼，审讯一时陷入僵局。陈襄想起当地人非常相信神灵，就诳他们说："城隍庙里有一口神钟，能辨别谁是盗贼，特别灵验。"他派人把那口钟抬到官署后阁祭祀，把嫌犯们带到钟前，对他们说："没有偷东西的人，摸这口钟，它就不会响；偷了东西的人一旦摸它，钟就会发出声音。"陈襄率领他的同僚在钟前很恭敬的祈祷，祭祀完毕后用帷帐把钟围了起来，暗地里却让人用墨汁涂抹钟身。之后，陈襄让嫌犯一个一个将手伸进帷帐里去摸钟。摸了一会儿，叫他们把手拿出来检验，只见众人手上皆有墨汁，唯独一人手上无墨——这就是要查找的盗贼。因为害怕钟响，他没敢去摸钟。经过审讯，这个盗贼很快承认了作案事实。

在这个案子中，嫌疑人的私人信息有两种：盗贼或无辜者，且只有他们自己知道自身的类型。对于无辜的嫌犯来说，由于他们没有偷盗，问心无愧，所以不认为通过摸钟测试从而显示自己真实类型会带来什么不良后果。但对于真正的盗贼就不一样了，由于他做贼心虚，万一神钟有灵，摸钟就会暴露自己的真实类型，再加上摸不摸钟没人看得清，因此不摸是他的最优选择。陈襄正是利用人们的这种神灵信仰，通过摸钟这一甄别机制的巧妙设计，成功地将盗贼和无辜者分离开来。

14.2.3 价格歧视与版本化策略

在我们日常经济生活中，最常见的或者说影响最大的甄别机制是价格歧视（price discrimination）和版本化（versioning）策略。

我们知道，不同的人对同一种商品或服务所带来的满足感往往不同，对价格的敏感度也彼此有异。对企业而言，如果能使不同类型的消费者以他们各自愿意支付的最高价格出价，则利润会更高。价格歧视就是企业为此采取的一种理性策略。

价格歧视也称为价格差别，是指企业对于同一种商品或服务，对有不同支付意愿的消费者收取不同价格的做法。我们用一个简单的图来予以说明。

图 14-2 表示无价格歧视时，企业收取单一价格时的生产者剩余和消费者剩余。在这里，不同消费者愿意支付的最高价格称为保留价格（reservation price），图中的需求曲线 D 表示不同数量消费者愿意支付的保留价格。在经济学中，我们把消费者的保留价格与实际支付的价格之差称为消费者剩余（consumer surplus）。消费者剩余能够刻画消费者在购买该商品时所获得的额外收益。企业出售商品所得到收入与生产该商品所花费成本之差称为生产者剩余（producer surplus），即企业的利润。消费者剩余和生产者剩余之和，就是社会总剩余

（total surplus）。企业根据需求曲线和成本函数确定一个最优价格 P*，保留价格高于 P* 的消费者将会购买该商品，而那些保留价格低于 P* 的消费者将不会购买。这时企业的利润为最优价格 P* 与边际成本 MC 之差乘以购买数量 Q_m，如图中面积 A 所示。

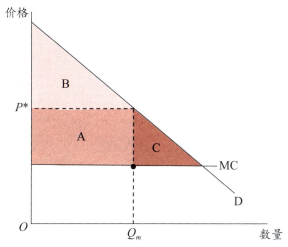

图 14-2　单一价格时的生产者剩余和消费者剩余

需要指出的是，实行单一价格会使企业丧失图中面积 B 和面积 C 两类潜在的利润。其中 B 表示尽管一些消费者愿意支付更高价格，却只要支付统一价格 P*，这部分利益成为消费者剩余。C 则表示一些消费者愿意支付的保留价格尽管高于生产商品的边际成本，却因为低于价格 P* 而不会购买所损失的剩余。由于这些消费者对该商品的评价大于生产商品的成本，因此这个结果是低效率的。这种企业的生产数量小于社会有效率的产量所导致剩余的损失，称为无谓损失（deadweight loss）。

由此我们可以理解企业为什么希望实施价格歧视。如果能够按照消费者的支付意愿向不同类型的消费者收取不同的价格，企业就可以从上述两个潜在利润来源中获取更多利润。由于实施价格歧视时对每位消费者收取的价格正好等于该消费者的保留价格，一方面使得企业从那些有更高支付意愿的消费者中获取了更多利润贡献，从而将消费者剩余转化为生产者剩余；另一方面又使得每位对商品评价大于边际成本的潜在消费者都买到了商品，企业的产量正好等于社会有效率的产量，避免了无谓损失。从这个意义上来讲，价格歧视增加了企业的产量和利润，满足了更多消费者的需求，增加了社会总剩余，同时又减少了消费者剩余水平。

然而，在现实中，由于信息不对称，支付意愿是每个消费者的私人信息。消费者走进商店时，未必展现其支付意愿，即便是高支付意愿的消费者，也倾向于支付低价格，他们会把自己伪装成低支付意愿的消费者。更何况还可能出现低支付意愿的消费者将低价购买的商品，以较高价向高支付意愿的消费者转售，实现套利的现象。因此，企业要实施完全的价格歧视，即以同一种商品向每一位消费者收取与他们支付意愿相匹配的不同价格，绝非一件容易的事。

版本化是企业为解决上述信息不对称问题而采取的重要策略。所谓版本化，是指企业根据消费者偏好和支付意愿的分类，为同一种商品设计不同的版本，并对不同的版本制定不同的价格。这里的版本化，既表现为通过增加新的特性、功能以及外观改善所形成的同一商品的不同等级，也包括对同一商品的消费设置不同的限制条件，比如使用延迟、选择限制、消费感受等形成的等级差别。版本化策略的实质就是设计一个差异化的菜单，消费者对该商品不同版本的自选会泄露他们各自的类型，使得企业得以通过对消费者的甄别实现对消费者剩余的有效摄取。

我们首先用连锁快餐行业一个简化的例子来加以解释。[⊖]假设麦当劳有五款主打汉堡：板烧鸡腿堡、麦辣鸡腿堡、深海鳕鱼堡、巨无霸汉堡和培根蔬萃双层牛堡，每款汉堡的成本均为 10 元。假设有三位顾客经常光顾麦当劳，其中：A 有较强的支付能力且对汉堡的价格不太敏感，购买一个汉堡愿意支付的最高价格（即保留价格）为 25 元；B 是周边写字楼的白领，他买汉堡主要是用作工作午餐，他的保留价格为 20 元；C 对价格比较敏感，通常只在有优惠时才会去购买，而且也愿意为了获得优惠放弃自己偏好的款式，他的保留价格为 15 元。

⊖ 见"麦当劳、肯德基、汉堡王如何通过定价让利润最大化？"，https://www.huxiu.com/article/201541.html。

如果麦当劳给汉堡统一定价 25 元，那么只有 A 购买，利润为 15 元；如果定价 20 元，A、B 两人购买，利润为 20 元；如果定价 15 元，A、B、C 三人都购买，利润为 15 元。显然 20 元是单一定价时的最优价格。但是如果麦当劳能够实行完全的价格歧视，对每位顾客收取与他们支付意愿相匹配的价格，即对 A 收 25 元，对 B 收 20 元，对 C 收 15 元，这时总收入为 60 元，利润 30 元，比单一价格时增加 50%。显然，当人们的支付意愿不同时，实施价格歧视比单一定价对企业更有利。但是这里的问题就如我们在前面指出的那样，顾客的支付意愿是他们的私人信息，麦当劳很难知道，而且也不会有顾客愿意为同一种消费支付比别人更高的价格。

为了解决这个问题，麦当劳可以设计版本化菜单来甄别顾客的类型：比如提供五种款式汉堡，平时或节假日售价均为 25 元；工作日中午时段推出优惠套餐，三种款式汉堡任选一款加一杯饮料，[⊖]售价 20 元；对免费入会会员提供优惠券，一个巨无霸汉堡只要 15 元，但没有饮料。这样 A 在平日里付出 25 元购买汉堡，喜欢的款式和就餐时间可以自由选择，还可以避开午餐时段的拥挤；B 在工作日中午时段购买"三选一"优惠套餐，解决了工作午餐问题，支付了 20 元；C 则选择了优惠券规定的款式，花费 15 元。这时所有互惠的交易全部成交，麦当劳获利 30 元。这就是通过自主选择菜单这一甄别机制实现差别定价的简单例子。

尽管在现实生活中，麦当劳等快餐连锁店实施版本化定价更为复杂和多样，所获取的也只能是部分而不可能是全部消费者剩余，但基本思路是一致的。

航空公司的定价也是运用版本化策略的典型例子。比如上海到北京的往返航班，不同类型乘客的支付意愿是不同的。对于商务乘客而言，由于交通费用通常是由雇主承担，因此票价即便高一点，只要在允许范围内都是可以接受的。但对于其他乘客就不一样了，如果票价太高，他们可能就会转乘其他交通工具，甚至放弃旅行。显然，前一种类型比后一种类型乘客愿意支付更高的价

⊖　饮料成本忽略不计。

格。但是航空公司并不知晓每位乘客的支付意愿，那么航空公司应该如何利用甄别机制来区分这些乘客的类型，并向不同类型的乘客收取不同的价格呢？

航空公司通常会运用收益管理的方法进行定价管理。收益管理（revenue management）是价格歧视理论在民航、酒店、大型景区与游乐园等行业的具体运用，它主要是通过建立实时预测模型和对以市场细分为基础的需求行为分析，对不同支付意愿和需求特征的消费者执行不同的价格标准。航空公司通常会提供很多不同舱位的机票用以甄别乘客的类型。航空公司根据支付意愿把乘客分成头等舱、商务舱和经济舱乘客，这三类乘客都能享受到快速交通的基本利益，但在享用设施、服务的舒适度和通关的便利性等方面，航空公司按三类舱位等级进行分类形成差异。

不仅如此，对于同一天、同一个航班的同一等级舱位，航空公司还会对票价进行进一步的分类。比如，大部分航班尤其是国际航班，通常票越早订越便宜，反之则越贵。另外，早晨和晚上航班，与白天航班的票价也不一样。至于盛夏度假期间、学校暑期和圣诞节前后，许多国际航班的票价会非常昂贵，一方面是需求的原因，另一方面也是航空公司考虑到这一时段的消费特征，乘客对价格不敏感，可以实行价格歧视。航空公司通过在不同时间段不同定价、设置机票改签条件等诸多手段，用以区分不同支付意愿的乘客。

一家大型航空公司一天的票价往往有成千上万种，由于票价多样且不断变化，乘客很难与其他航空公司去做充分的对比。航空公司的目的，就是想让不同类型的乘客尽可能支付与保留价格相匹配的票价。对于那些商务乘客，有时出差要求是突发的，时间紧迫，在日程安排上几乎没有弹性余地，所以航空公司可以对这些乘客收取高价。而对于那些外出旅游的乘客，航空公司知道其支付意愿相对较低，但是对于一些客座率不是很高的航班，增加乘客并没有增加多少边际成本，在这种情况下即便机票价格较低，航空公司也可以获利。这时航空公司就会在对这类乘客设置一些限制条件的同时，提供有吸引力的票价折扣。比如像国外的一些航空公司，通常会给那些在外地度过周末的乘客予以往返票价优惠。因为航空公司知道，很少有商务乘客会为了票价折扣而愿意在外地多住一个周末的，购票者以对价格敏感的自费乘客为主。所以航空公司通过这样的版本化策略对不同类型的乘客进行甄别，用以提高公司收益。

汽车行业是应用版本化策略比较突出的行业。同一品牌的汽车通常分成很多等级，同等级别的同一车型还常常会根据配置高低分为标准版、舒适版和豪华版等。这一类产品的版本化，基本是按照"好、优秀、顶级"这样一个版本系列展开。"好"产品有时候也被称为入门级产品，它能确保产品的基础性功能，配置相对较低，定价也最便宜，比较适合低支付意愿顾客的需求。"顶级"产品定价最高，功能最丰富，配置也最高，能更好满足具有较高支付意愿的顾客的个性化需求，而且还能起到锚定价格的作用。"优秀"产品无论是功能还是配置，都介于"好"产品和"顶级"产品之间，价格也处于中间水平，往往是最容易受购车者青睐的产品。

软件企业通常根据不同用户的需求，有针对性地提供不同软件版本。软件企业在设计这些不同版本时，会根据不同类型用户的需求特征和支付能力，对产品重要的特性和功能进行调整划分。有时甚至是先开发生产具备完整特性的全功能产品，然后通过删除部分功能形成价值更低的版本，从而形成一个递阶的版本化产品系列，比如学习版、专业版、企业版和 VIP 版等，并制定不同的价格，使得不同类型用户可以选择最适合自身需求的版本。另外，时间延迟、用户界面、图片分辨率、操作速度、容量、完整性和服务支持等，也是软件企业用版本化策略，将不同细分市场隔离开来的常用限制性手法。

消费滞后和时间延迟，也是实施版本化策略常用的方法。比如，国外的一些出版商在新书第一次出版时，往往推出的是价格较高的精装本，一段时期后再发行定价较低的平装本。两种版本生产成本之差远低于价格之差，但出版商通过这种手法，能够甄别出希望立即阅读并愿意支付较高价格的读者，以及愿意延迟阅读但希望支付较低价格的读者。又如，爱奇艺、腾讯视频和芒果 TV 等长视频平台，往往会通过是单集购买还是打包解锁，只能延迟观看还是可以超前点播，以及观看中是否插播广告等诸多差异化限制条件，为不同支付意愿和偏好的用户，提供包括普通用户、会员、VIP 会员、超级 VIP 会员等不同收费价格的版本化菜单选项。

有时，版本化还可以通过功能删减、降低操作速度等来实现。施乐公司有两种版本的激光打印机：一款是针对公司用户的，打印速度比较快，价格也比较高；另一款性能上完全能满足家庭使用，但是打印速度只有前者的一半。这两款打印机其实是同一款机器，施乐公司只是在家庭版的打印机固件上增加了一个芯片，降低了打印速度。实际上对于一般家庭来说，并不需要速度很快的打印机，而速度较慢的打印机不太适合公司使用，即便价格更便宜。所以施乐通过产品的版本化，不但甄别出了两个不同的细分市场，而且对这两个细分市场进行了差别定价。

这种现象在日本的电器产品市场中也出现过。同一电器产品往往因功能差异有不同版本，各自价格也不同。但是，如果你把这些不同版本的产品打开看，会发现有些电器的配置是一样的，只不过生产商在低价格产品上将部分功能按钮去掉了，只是用控制面板将其遮住了。○生产商为什么不在一开始设计的时候就去除这些功能配置，而仅仅只是将其隐藏起来呢？因为这样就不用再更改设计，便于大批量生产，而电器产品规模化生产是很有利于成本降低的。

瑞士斯沃琪集团是世界最大钟表生产商之一，销售额约占瑞士手表业销售总额的 25%。这是一家将版本化策略做到极致的企业。

斯沃琪集团旗下的钟表按等级分为 4 个系列 18 个品牌。其中，尊贵奢华系列有宝玑、宝珀、海瑞温斯顿、格拉苏蒂原创、黎欧夏朵、雅克德罗和欧米茄 7 个品牌，这是位于集团金字塔塔尖的品牌；高端系列有浪琴、雷达和宇联 3 个品牌；中端系列有天梭、汉密尔顿、美度、雪铁纳、宝曼和 CK 6 个品牌；基础系列有斯沃琪和飞菲 2 个品牌。斯沃琪集团对各个手表品牌的市场定位非常明确，金字塔型的等级对应于不同阶梯类型的消费者，而同一系列中不同品牌的产品又定位于不同的细分市场。

作为计时工具，传统瑞士手表通常以其使用价值和精工制作为特征，而宝玑和宝珀聚焦顶尖消费者市场，品牌定位于昂贵的珠宝级奢侈品，价格通常 1 万瑞士法郎起步。与其说是计时工具，不如说是财富和身份的象征，而且它们被塑造成具有升值潜力、可以家族传承的收藏品。这两个品牌也是集团旗下溢

○ 迪克西特，奈尔伯夫. 妙趣横生博弈论：事业与人生的成功之道：珍藏版 [M]. 董志强，王尔山，李文霞，译. 北京：机械工业出版社，2015.

价最高的品牌。欧米茄则定位于为企业高管、科学家、社会成功人士等特定人群提供高品质产品，价格在 5000 瑞士法郎上下，是集团旗下最赚钱的品牌，其销量占到整个集团的 1/3。

高端系列主攻 1000～4000 瑞士法郎的中等价位市场，并定位于不同的元素风格，满足有支付能力的中产阶层为了享受更高品质从而愿意支付更高价格的需求，其中浪琴主打优雅品位，雷达则富有硬核科技感。中端系列中的轻奢三杰——天梭、汉密尔顿、美度，价格主要定位在 500～2000 瑞士法郎的中低价位市场。其中天梭走的是亲民和时尚运动路线，汉密尔顿展示的是复古、军品范儿，而美度则沿袭了与浪琴类似的优雅风格，但定价比浪琴低。

基础系列则着力于提供高性价比的产品。其中斯沃琪以石英表为主，表壳材质大多为塑料，价格通常在 40～100 瑞士法郎，但造型炫丽富有动感，产品定位成可以在不同场合搭配不同衣着的时尚配饰，受众群体多为年轻一族，年销量达到千万只级别，销售额非常可观。飞菲则定位于儿童手表，是全球首屈一指的儿童专属品牌。

由此可见，斯沃琪集团通过定位、区分和系列组合，使得旗下不同等级的各种品牌皆有明显的市场区隔。不同的价格定位在消费者心目中树立起不同档次的认知，主要消费群体之间也不互相重叠，每个细分的市场皆有专攻的特定层次的消费群体。而且，即便在同一品牌内，也会区分成名目繁多的版本。

记得二十年前我第一次去瑞士，同伴拉我一起去陪他们买手表。那时候浪琴这一品牌在国内已有较大知名度，价格大家也比较能接受。很多人在购买第一块瑞士手表时，首先就会考虑浪琴。当我帮他们一起选择时，发现一个挺有意思的现象：同一浪琴品牌下有好几十种不同款式的手表，只要你看到造型好的表，吊牌显示的价格一定是高的，而价格便宜点的，款式就会差一些，几乎很难找到一款造型好价格又便宜的浪琴手表。是否是因为不同款式制造成本不同呢？显然不是，制造成本之差与价差相比，大致可以忽略不计。实际上，如果浪琴批量生产大家喜欢的款式的手表，制造成本会更低，但是这样的话，它就卖不出好价钱了！企业反而是多花成本设计出不同的版本，你想要这个品牌又想价格便宜的话，款式就会差一些；你想要买的款式越好，价格就会越高。

然后通过多层级的版本化，就把不同支付意愿的消费者区分开了。

这里需要指出的是，与前面所提到的消费延迟、功能删减、降低速度一样，有时候有意将部分产品款式做得差一些，也是企业版本化策略的一种手法。版本化策略的这些限制性手法显然会产生无谓损失，但对于支付能力较低的消费者而言，与单一定价下无法购买相比，毕竟还是增加了交易的选择机会。

本章小结

由于信息不对称造成的逆向选择导致潜在的交易不能进行，为了获得交易带来的收益，市场中的行为主体有动机通过某种有意识的行为，消除信息不对称所带来的不利影响，而信号传递和信息甄别就是解决逆向选择问题的两种方式。

信号传递是指交易中拥有私人信息的代理人，通过发送信号使委托人知道其真实类型。在斯宾塞的劳动力市场模型里，假设教育本身并不能提高人的工作能力，但可以作为向雇主发送有用信息的一种信号机制。该模型设定了一个基本条件，即接受同等程度的教育，高能力者与低能力者之间存在着显著的成本差异。在此条件下，高能力者可以把选择高教育水平作为一种信号，向雇主展示自己的能力并获取较高薪酬；低能力者则因成本过高，而不具有模仿高能力者接受高教育水平的必要。不同类型的参与者都采取了最适合自己的行动，从而实现了劳动力市场的分离均衡。

信号传递会产生成本，而不同类型的代理人发送同样信号的成本是不同的，这是理解信号传递思想的关键所在。日常经济生活中的汽车保修承诺、商品包退包换等都反映了这一基本思想。信号传递的作用往往并不在于信号本身是否有实际意义，而在于这种传递是有成本的行为。比如具有高昂成本的名人代言广告，尽管可能并不传递有关商品的直接信息，却可以成为一种有用的信号，能够将不同质量水平的商品区分开来。

信息甄别是指交易中缺少信息的委托人，为了减缓不对称信息对自己的不利影响，通过设计自选择机制，使代理人的选择揭示出其真实信息，从而将不同类型的代理人区分开来的一种方法。斯蒂格利茨等人以保险业为背景，提出保险公司可以通过对自赔率和保险费的不同组合，设计各种保单供不同风险类型的投保人自主选择，以有效甄别不同风险类型的投保人，并实现分离均衡。类似地，在信贷市场，为避免逆向选择所带来的信贷风险，银行也可以通过贷款利率、抵押物等的不同组合，设计出不同的贷款合约供不同类型的贷款人自主选择，以达到信息甄别、优化信贷配给的目的。

　　信息甄别理论具有深厚的历史渊源，古代以色列的所罗门王断案，中国的指鹿为马和摸钟辨盗等诸多历史故事，都是体现信息甄别的具体事例。信息甄别在我们日常生活中也有很多应用，其中最常见的是价格歧视和版本化策略。

　　价格歧视是指企业对于同一种商品或服务，对不同支付意愿的消费者收取不同价格的做法。价格歧视使得企业得以向消费者收取与其支付意愿相匹配的价格，以实现更高利润。但在现实中，由于信息不对称，要实施完全的价格歧视并不容易，版本化就是解决这一问题的重要策略。版本化是指企业根据消费者偏好和支付意愿，为同一商品设计一个差异化的菜单，消费者对该商品不同版本的自选择则揭示了他们各自的真实类型。

本章重要术语

信号传递　信号　劳动力市场模型　边际产出　分离均衡　混同均衡
搜寻品　体验品　信任品　信息甄别　自选择机制　价格歧视　版本化
保留价格　消费者剩余　生产者剩余　总剩余　无谓损失　收益管理

机制设计

在前面两章，我们讨论了事前不对称信息（隐藏信息）所带来的逆向选择问题，并介绍了缓解逆向选择问题的信号传递模型和信息甄别模型。我们还分析了事后不对称信息（隐藏信息、隐藏行动）所造成的道德风险。

道德风险是指代理人利用隐藏信息或采取隐藏行动为自己谋取利益，而这种行为以牺牲委托人的利益为代价。股东请经理人来管理企业，目的是让经理人更好地来经营他的资产。股东谋求股东利益最大化，然而作为理性经济人的经理人，会更多地考虑如何最大化自身的利益。由于作为代理人的经理人和作为委托人的股东之间的目标并不一致，加之合约建立之后，因为信息不对称，经理人的一些行动股东难以察觉，因此经理人就有可能为了私利而损害股东的利益。

代理人的隐藏信息和隐藏行动可能会损害委托人的利益。这实际上意味着，委托人不得不为代理人的行动承担风险。委托人想要代理人按照委托人的利益选择行动，但是不能直接观察到代理人选择了什么行动，看到的也仅仅是利润、收入这样一些变量。问题是，这些变量既与代理人行动有关，还受很多外部随机因素的影响。

我们常说，一个企业要经营得好，需要"人努力，天帮忙"，说的就是这个意思。记得 2015 年我在中海油集团担任外部董事时，我们曾经做过一个测算，即当国际市场布伦特原油每桶年度平均价格每下跌 1 美元，影响中海油当年利润总额竟达 22 亿元人民币之多！[○]

这就是说，一家企业经营业绩的好坏，不仅与经理人和全体员工的努力程度有关，也和企业所处的外部环境密切相关。由于信息不对称，处于信息劣势一方的委托人很难全面了解代理人真正起到的作用。那么对于委托人来说，又有什么方法解决或者缓解因事后信息不对称而可能导致的道德风险问题呢？关键的一点，就是通过设计一套博弈的游戏规则，来使代理人为最大化自身利益而自动选择对委托人有利的行动，以达成委托人的目标。这就引出了一个很重要的概念——机制设计。

○　感谢时任中海油集团董事长杨华，为了确认这个数据还专门查了一下当时的笔记。

15.1 机制设计理论：源起与发展

机制设计（mechanism design）可以看作是博弈论在不对称信息条件下的具体应用。机制设计理论主要研究在信息不完全和分散化决策条件下，能否设计一套机制（博弈的游戏规则或制度），使得博弈的解能够达到或接近既定目标。机制设计理论在技术上是非常数学化的。下面我们对机制设计理论的源起、发展与基本思想做一个简要的介绍。

15.1.1 机制设计理论的源起

机制设计理论发端于 20 世纪 20～30 年代开始的经济学界著名的"社会主义大论战"。当时实行计划经济体制的苏联经济取得了巨大成就，而实行市场经济体制的西方资本主义国家则普遍陷入了严重的经济危机。在这一时代背景下，苏联所实施的中央计划经济体制是否通过有效的经济计算可以更好地实现资源的合理配置，成为众多经济学家关注的问题。

在以路德维希·米塞斯（Ludwig Mises）和弗里德里希·哈耶克（Friedrich Hayek）为代表的经济学家看来，高度集权的计划经济不可能获得维持经济有效运转的信息，因此是无法实现资源的最优配置的。米塞斯早在 1920 年就发表了题为《社会主义制度下的经济计算》一文，认为在高度集权的计划经济体制下，中央计划机构不可能掌握每个人的需求偏好和每个基层生产单位在技术、成本、消息需求等方面的信息；即便掌握了这些信息也不可能拥有建立和求解数量如此巨大、内容如此复杂的供给和需求方程组的能力；最后，即便掌握巨量信息且具有求解方程组的能力，但当中央计划机构据此制订出详尽的生产和分配计划时，企业的技术条件和人们的消费偏好也可能早已发生变化。在米塞斯看来，中央计划经济体制不具有实行有效经济核算和合理分配资源的可行性，因此是行不通的。

哈耶克在 1945 年发表了题为《价格制度是一种使用知识的机制》的论文，认为有效配置资源所需的价格及成本信息，只有通过市场过程本身才能够获得，由市场力量决定价格的分散化决策，可以比计划经济更好地利用这些信息。因而从资源配置的角度看，分散化决策的市场经济优于高度集权的中央计划经济。

以奥斯卡·兰格（Oskar Lange）、阿巴·勒纳（Abba Lerner）等经济学家为代表的论战另一方则认为，即使在计划经济条件下，人们仍然可以利用市场机制。在这种体制下，生产资料收归国有，但资源的流动还应通过供求关系确定，中央计划机构只要利用边际成本定价的方法就可解决信息成本过大的问题。我们知道，边际成本指的是增加单位产出所增加的成本，而价格是产品的社会价值。当价格高于边际成本时，意味着增加产出可以增加社会剩余；当价格低于边际成本时，减少产出可以增加社会剩余。因此，当价格等于边际成本时，资源得到了有效配置。兰格、勒纳认为在合适的制度安排下，中央计划经济也可达成自由市场经济的结果，而且还可以避免经济大萧条时期那种严重的市场失灵现象。因此，在他们看来，这种机制是胜过市场机制的。

兰格等所建议的实际上是一种模拟市场机制的分散化的市场社会主义经济机制，这种机制通过边际成本定价可能解决了信息成本巨大的问题，但并没有解决一个更为重要的问题——激励问题，即如何激励企业完成中央计划机构下达的计划任务，并且使之按照真实的边际成本定价来组织生产。由于边际成本是各个企业的私人信息，上级部门不可能完全清楚。为了更容易完成中央计划机构下达的计划任务，企业就很可能会有动机隐匿或虚报这些信息。比如通过高报成本，使得上级部门下达较低的经济指标，设置更高的产品价格等。由于分散化的市场社会主义经济机制并没有解决激励问题，因此哈耶克等人认为兰德他们的设想依然是不可行的，从而否认计划经济在效率上可以超越自由市场经济。

这场争论在当时尽管没有结论，却使人们逐步认识到，无论计划经济还是市场经济，实际上都共同面临着信息分散和激励这两个重要问题。在这一背景下，经济学家关注的重点，已不再仅仅局限于最初争论的分散化的市场社会主义经济机制是否可行的问题，而开始聚焦于一个更加一般化的问题，即在不完全信息条件下，什么样的经济机制才是好的？机制设计理论正是在这一背景下逐步发展起来的。

15.1.2　机制设计理论的发展和基本思想

我们知道，按照亚当·斯密在《国富论》中的说法，自由竞争的市场机制能够实现资源的有效配置。但在现实世界中，市场机制也并非总是十全十美的，它也会有局限性。像在不完全竞争、不完全信息、外部性、公共物品和自然垄断等情况下，市场机制就可能会失灵，未必能达到资源配置的帕累托效率。正如我们前面所述，在不完全信息条件下，有关个人偏好和可用生产技术及成本的信息分散在众多参与者中，由于任何委托人都不可能掌握其他代理人的所有私人信息，因此代理人很可能会隐藏自己的真实信息，并利用私人信息来最大化个人利益，从而使得社会资源不能得以有效配置。既然市场机制也存在着一定的局限性，那么是否还存在其他好的经济机制，可以以较少的信息和成本来实现资源的有效配置呢？

通常认为，评价某种经济机制优劣的基本标准有三个：资源的有效配置、信息效率（informational efficiency）以及激励相容（incentive compatibility）。资源的有效配置通常采用帕累托最优标准。信息效率高意味着经济机制的运行只需要较少的信息和花费尽可能低的信息成本。激励相容是指参与者的自利行为要与经济机制所要达到的目标相一致，即个体理性与集体理性相一致。如果一个经济机制不是激励相容的，那么参与者的自利行为可能会导致道德风险，从而影响经济机制目标的实现。由于不同的经济机制会导致不同的资源配置结果、不同的信息效率和不同的激励效果，因此经济学家需要有一个更一般的理论框架，能够用于比较和评价各种不同经济机制的优劣，同时为选择更好的经济机制提供判断标准、设计思路和实施方法。

里奥尼德·赫维茨（Leonid Hurwicz）是最早关注这个问题的经济学家之一。他于 1960 年和 1972 年分别发表了《资源配置过程中的信息效率和最优化》和《论信息分散系统》这两篇著名的论文，构建了一个统一的处理分散信息的模型。赫维茨将机制定义为一个交易者彼此交换信息并共同决定产出的连续的系统。通过一定的机制设计，社会成员在自由选择、自愿交换和信息不完全等分散化决策条件下，会显示自己真实的私人信息，从而实现均衡产出。

1973 年，赫维茨发表在《美国经济评论》上的经典论文《资源配置的机制设计理论》，分析并解决了激励相容等机制设计理论研究中的一些核心问题。由于开创性地构建了机制设计理论的基本思想和研究框架，赫维茨被誉为"机制设计理论之父"。随后，如何在众多的机制中寻找和实施最优机制成了经济学家研究的重点。

马斯金和迈尔森等人在赫维茨机制设计框架的基础上，分别提出和发展了实施理论和显示原理，进一步扩充、深化了机制设计理论，并且推导出该理论的一些应用条件，从而推动了机制设计理论的基本成熟。

概括地说，机制设计理论所讨论的问题是：在分散化决策和信息不对称的条件下，给定一个想要达到的既定目标，能否设计出一套博弈规则或者说真话机制，使得具有私人信息的参与者为追求自身利益所采取的行动，其最终结果能够实现这一预定的目标。也就是说，每个参与者主观上追求个人利益时，客观上也能够同时达到机制设计者的既定目标，而且只需要较低的信息成本。

机制设计理论包括三个基本概念：激励相容、显示原理和实施理论。

激励相容是指设计的机制必须与参与者的自身激励相一致。这是设计机制时需要首先考虑的约束条件。所以，赫维茨最早把激励相容作为约束条件引入到机制设计中。

设计激励相容的最优机制是个复杂的数学问题。迈尔森把这个问题予以有效简化，证明了在寻找最优机制时，仅显示私人信息机制与考虑全部机制是等价的，即任何一个机制所能达到的配置结果，都可以通过一个说真话机制来实现。这就是显示原理。这一原理的提出降低了机制设计的复杂程度，把很多复杂的社会选择问题转化为博弈论可处理的不完全信息博弈，缩小了最优机制的筛选范围。

通常在一个机制下会有多重均衡，有的均衡能够实现社会目标，有的却不能。马斯金证明，如果博弈的参与者有三个及三个以上，有一种机制满足单调性和无否决权条件，那么这种机制就是可实施的，这被称为实施理论。实施理论证明了一项给定的社会目标在什么情况下通过机制设计可以实现，在什么情况下则无法实现。

从实施理论的角度看，我们在前面讨论过的所罗门王断案中的甄别机制实际上是有问题的。如果两个妇人都充分理性的话，那个死孩子的母亲就会意识到所罗门王的意图所在，因此也会和那个活孩子的母亲一样，恳求不要杀孩子，把孩子判给对方，那么所罗门王的甄别机制就不可行了。换句话说，所罗门王的机制不能满足马斯金单调性条件，是不可实施的。⊖

需要特别指出的是，产权清晰、自由竞争的市场机制，仍然是人类迄今为止所能发现的、唯一的利用最少的信息成本满足激励相容，能实现资源有效配置的经济机制。任何其他经济机制，为实现资源配置所需要的信息都要比市场竞争机制多，需要花费更多的运行成本来实现资源的有效配置。对个人的激励更是如此。这个结果告诉人们，在市场竞争机制能够解决资源合理配置的情况下，就应该交由市场来解决，只有在市场失灵或市场机制难以达到的情况下，才需要人们运用其他机制来弥补。

机制设计理论与传统经济学在研究方法论上的一个重要区别在于：传统经济学通常把市场机制看作是给定的，而把运行结果视为未知的——研究市场机制如何运转，有什么样的优越性和局限性，在不同的约束条件下会导致什么样的资源配置结果，对计划经济机制的讨论也是如此；而机制设计理论并不把经济机制看成是给定的，而是可设计的。

机制的设计通常采用逆向归纳法。首先要明确希望达成什么目标和取得什么结果，然后思考什么样的机制可以实现这些目标，再倒推应该怎样设计这些机制。在这里，机制设计理论是把希望达成的目标作为已知，然后为该目标重新定义约束条件，再通过设计博弈的具体形式，使参与者在自利行为下采取行动的客观效果正好能与既定目标相一致。为此，机制的设计需要诱导参与者显示真实特征和行动，使得他们对个体利益的追求与实现集体或社会利益相一致。在这一基础上，再进一步来比较、研究已知和未知的各种机制的优劣。

⊖ 田国强.经济机制理论：信息效率与激励机制设计 [J].经济学（季刊），2003，2（2）.

　　机制设计理论的研究对象可以大到对整个经济制度的一般均衡设计，或者是对某个自然垄断行业的激励规制设计，也可以小到对某项交易活动激励机制的具体设计。目标可以是社会的公平、效率，也可以是解决某个具体委托 – 代理关系中的道德风险问题。机制设计理论将所有这些问题纳入一个统一的分析框架，极大丰富并推动了经济学理论体系的发展，为比较、设计不同制度安排或机制提供了理论指导、基本思路和实施方法，对现实问题具有很强的解释力和非常广泛的应用场景。

　　瑞典皇家科学院认为，机制设计理论"通过解释个人激励和私人信息，大大提高了我们在这些条件下对最优配置机制性质的理解。该理论使得我们能够区分市场是否运行良好的不同情形。它能帮助经济学家区分有效的交易机制、规制方案以及投票过程"。由于"为机制设计理论奠定基础"这一重要贡献，赫维茨、马斯金和迈尔森共同分享了 2007 年度诺贝尔经济学奖。

15.2　参与约束与激励相容约束

　　经济学研究的一个基本前提，就是人是追求自身利益（self-interesting）最大化的。这个前提体现在机制设计理论中，就是每个参与者在主观上都追求自身利益，除非得到好处，否则一般不会真实显示有关他们经济特征方面的信息。与此相关，不同的经济环境和机制会导致参与者个体自利行为的不同反应。这就是说，参与者个体行为不仅取决于他们的经济特征，也取决于经济制度和游戏规则。在不同的制度和规则下，同样的参与者会显示出不同的行为。也正因为如此，任何机制设计要实现其目标，都必须满足两个约束条件：一个是参与约束，另一个是激励相容约束。

15.2.1　参与约束与效率工资

　　所谓参与约束（participation constraint），就是代理人从接受合约中得到的收益，不能小于不接受合约时能得到的最大期望收益。这个最大期望收益由他面临的其他市场机会决定，是接受合约的机会成本。简单地说，参与约束就是要做到使代理人认识到参与比不参与好。比如，委托人找某位代理人来为他经营公司，首先要让代理人觉得这是个机会，不管是在收入、声誉上，还是在职业成长上，都是值得他珍惜的一个职位。如果代理人的其他选择更好，那他就不会很在乎这份工作，可能不会做好。所以这就是参与约束。

对于一家企业而言，员工薪酬是非常重要的问题。不是说收入可以解决所有问题，而是说员工收入与参与约束息息相关。在现实中我们会经常看到，有很多人在一些高收入的外资企业、民营企业实际上干的并不顺心，他们之所以还会努力地干下去，是因为企业提供了一个可观的薪资报酬。所以参与约束对公司治理的启发就是：你要做好一家企业，在报酬上要给员工一种参与约束。这里的报酬既包括薪资报酬，也包括其他非金钱报酬，但薪资报酬是基础。要让员工觉得这里的收入在外边是不一定拿得到的，因此他会珍惜这份工作，这样整个企业的管理就会简单很多。

企业实施效率工资就是满足参与约束的一种有效手段。

所谓效率工资（efficiency wage），是指企业支付给员工高于市场平均水平的工资，以吸引和留住人才，并促使员工努力工作的一种薪酬制度。效率工资的基本假设是，高于市场平均水平的工资会通过吸引素质高且不愿意离职的员工，并弱化员工的偷懒动机从而给企业带来利益。在效率工资制度下，企业不仅可以较为容易地招聘到更多高素质的人才，而且还能降低企业关键骨干的流失率。同时，员工清楚，一旦失去现有职位，他将很难从其他地方得到同等收入的机会，这种参与约束所导致的风险意识，会激发员工的工作努力程度和对企业的忠诚度，减少不对称信息条件下的各种道德风险行为，进而带动劳动生产率的提高。

效率工资也被认为是社会上非自愿失业产生的根源之一。当更多的企业采用效率工资时，社会平均工资水平就会上升，劳动力市场需求将会降低。一旦劳动力市场不能出清，就业率随之下降，从而导致失业现象的发生。而社会上这种非自愿失业的存在，又会进一步强化对受雇员工的参与约束。

福特汽车公司是美国最早采用效率工资制度的企业。在 20 世纪初的美国企业中，工人怠工现象比较严重。尽管有监工，而且处罚严重，但工人怠工的手段层出不穷，企业总是防不胜防。既然监督难以奏效，那么能不能换一个方法，让工人自己不愿怠工呢？

经过反复思考，福特汽车公司创始人亨利·福特在 1914 年果断宣布，将公司工人的日工资由 2.34 美元提高到 5 美元。2.34 美元是当时市场的平均工资水平，尽管这一工资水平可以招到所需要的工人的数量，但不能确保质量。而实行效率工资后就不一样了，这个远高于市场平均水平的工资吸引了全国各地的汽车工人来应聘，求职者在福特汽车工厂外排起了长队，这使得福特雇用的工人素质大大提高。高工资改善了工人的劳动纪律，在相当程度上减少了原来的消极怠工现象，从而生产效率大幅提高。

实行效率工资后的第一年，工人流动率从 370% 降到了 16%，旷工率减少了 50%，生产率提高了 51%。生产率的提高不仅降低了劳动成本，抵消了工资增加额，而且还带来了利润的大幅增长。[一] 1914～1916 年，福特汽车的利润实现翻番，由 3000 万美元增长至 6000 万美元。亨利·福特后来说："为每天 8 小时支付 5 美元，是我们所做出的最好地减少成本的事之一。"

实行效率工资制度后，福特的工人及其家庭也发生了许多明显而有趣的变化。工人的人均银行存款额从 196 美元增加到两年后的 750 美元，当地贫困户的比例从 20% 降到了 2%。那些每天为厂里的丈夫送午饭的妻子们，最初都是用一块布包着头，后来戴起了帽子，衣服也逐渐跟着漂亮起来。那些丈夫们的装束也发生了变化，领子代替了原来围在脖子上的手巾。不少福特工人的家中都拥有了一辆福特 T 型车，每到周日还常常全家出去游玩。工人们都以在福特工作为荣，在休息日还要将公司的徽章别在领带上，走在街上都会引来人们羡慕的目光。[二]

福特的例子表明，工资水平与生产率存在正相关关系，效率工资不仅强化了对员工的参与约束，还提高了他们的生产效率。所以我们常说，一家好的公司是可以 "2 个人拿 3 个人的工资，干 4 个人的活"。

[一] 谢康，肖静华.信息经济学 [M].北京：高等教育出版社，2019.
[二] 张力.福特家族 [M].北京：社会科学文献出版社，1996.

多年前我曾经担任过上海浦东发展银行的独立董事，并兼任薪酬委员会主任。记得是在 2006 年的时候，时任董事长金运找到我，商讨在当时金融业激烈的人才争夺中，如何建立一种有吸引力的薪酬制度，以留住浦发银行的业务骨干，并且能吸引更多优秀的金融人才加盟。考虑到上级主管部门对银行高管的限薪要求，为了让薪酬改革方案可行，金董事长明确表态方案只针对银行中层和基层骨干，不考虑包括他自己在内的高管。后来我们推出了一个对超额完成董事会利润预算目标的部分进行分成用以实施骨干效率工资的方案，并获得了通过。

实施后的那几年，尽管浦发银行高管层的薪酬比其他一些股份制银行要低，但在中层管理团队和业务骨干层面，浦发银行的薪酬在市场上很有竞争力，所以中层和业务骨干的流失率一直比较低。不仅如此，后来浦发银行把分行开到全国各地，还有不少当地国有商业银行和股份制银行的业务骨干过来加盟。银行业作为知识密集型行业，人力资本在银行的发展中有着重要的作用。中层和业务骨干稳定了，而且还能不断补充新鲜血液，知识技能就留住了，客户网络也留住了。效率工资所带来的参与约束，为那些年浦发银行的迅猛发展提供了人才保障。这些事例表明，通过将一定的企业利润让渡给代理人，委托人可以实现对代理人的参与约束，并使代理人付出更大的努力。

15.2.2 激励相容约束

机制设计中的第二个约束是激励相容约束。所谓激励相容约束，是指当代理人实现自身利益最大化的策略与委托人所期望的既定目标一致时，代理人会自愿按照委托人所期望的策略行动。也就是说，委托人所设计的机制能够给代理人一种激励，使其努力工作的收益大于所付出的代价，从而在代理人最大化自身利益的同时，也达到了委托人所希望达到的目标。

2008 年，马斯金教授在上海国家会计学院和美国亚利桑那州立大学凯瑞商学院共同主办的企业家论坛上，曾经用几个简单的例子，给大家演绎了他的机制设计理论。其中有一个例子是这样的：有一位母亲，她要给两个孩子分一块蛋糕。这两个孩子一个叫艾丽丝，是她的女儿，还有一个叫鲍勃，是一个小男孩。两个孩子都希望分到不少于一半的蛋糕。公平地切分蛋糕看似很简单，但实际上，鲍勃可能会认为分给他的蛋糕比艾丽丝小，而艾丽丝也同样会这么想。让每个孩子都认可分配是公平的，并非易事。这时候这位母亲需要设计出一个机制或者程序，能够保证她即使自己也不知道怎样才能公平，但是最后的结果是公平的。

其实这是由来已久的问题。在基督教的《圣经》中，亚伯拉罕和他的侄子罗得在分草原时，就给出了解决这个难题的方法。人们可以把这个方法运用到分蛋糕上。

比如说可以让鲍勃负责分蛋糕，而由艾丽丝先来挑选自己想要哪份。鲍勃分蛋糕，即便他非常想为自己多分一点，但还是有很大的激励要把蛋糕尽可能分得均匀。否则的话，如果有大有小，那大的那份就会被艾丽丝先挑走了。所以鲍勃一定会按照他认为公平的方法把蛋糕分成两份。而艾丽丝也很满意，因为她有先挑的权利，她觉得哪份大就挑哪份。虽然母亲本人未必清楚孩子们认为怎样分配才是公平的，但是她成功解决了这个问题。

这个例子虽然简单，却展示了机制设计当中一些非常关键的特征。首先，尽管有明确的目标，机制设计者事先并不需要知道什么样的结果是最优的。这位母亲在所设计的机制下让参与者自己产生能够形成最优结构的那些信息，从而间接地实现目标。其次，作为机制设计者的母亲，她的目标是公平分配，而作为参与者的鲍勃和艾丽丝，他们关心的是自己的那份蛋糕更大些。也就是说，尽管每一个参与者都有自己的目标，但是机制设计使得设计者的整体目标和所有参与者的目标相一致，实现了激励相容。

接下来的这个例子对加深我们对激励相容约束的理解颇有裨益。

被誉为"民国时期西北拓荒第一人"的林竞（1894—1962），在 1930 年出版的《亲历西北》一书中记录了明清时期，一家活跃在蒙古、甘肃一带的西北商团驼队的"财东"和"掌柜与伙计"之间独具匠心的激励机制的安排。

财东将 150 匹骆驼交给一个被称为"账房"的运营团队开展商贸运输活动，账房内通常设置掌柜、先生、打头、伙计和帮锅 5 个岗位。当时西北塞外地区经常有盗匪出没，经商运输环境极其恶劣。在财东并不随行的情况下，如何确保掌柜和伙计们能尽心打理和保全驼队，特别是在遇到土匪袭击时，他们不会一哄而散，将财东的驼队拱手让给土匪呢？为了解决这一问题，财东除了给予不同的岗位不等的年薪外，还允许驼队中的掌柜和部分伙计自带一些驼货，其运价收益归他们所有。这样一来，再遇到土匪抢劫时，受到损害的不仅是财东的驼队，也包括掌柜和伙计自己的货物。掌柜和伙计自己的这些驼货，很可能就是他们一辈子的积蓄，因此他们在途中会更加小心尽责，避免遭遇危险。即便不幸真的遭遇土匪，也会奋起反抗，竭尽全力护卫驼队。

在这里，财东通过允许掌柜和伙计携带私货，利用其追求私利的动机，将掌柜和伙计自身利益与财东的利益紧紧捆绑在一起，使得掌柜和伙计们在保全自己的驼货的同时，也很好地保全了财东的驼队，实现了激励相容。

另外，财东在驼队驼毛回收方面也有独到的考量。驼队除了从事商贸运输带来的收益外，驼毛也是一笔很有价值的资产，可用来做棉衣棉裤、填充被褥。驼队往返一趟历时半年，夏季开始的骆驼脱毛通常会在运输行程中发生，怎样才能确保这 150 匹骆驼的驼毛能够被伙计们用心收集起来呢？在这方面，财东通过巧妙的机制安排，让伙计自动提供能形成最优结构的信息。按照财东与伙计之间的约定，驼毛除织线使用外，均归财东所有，但颈腿之毛，则归伙计所有。这样一来，尽管财东并不知道他应该收回多少驼毛，但通过观察伙计所留取的颈腿之毛的数量，大致就可估算出腹胸驼毛应有的数量。而伙计们为了获得颈腿之毛所带来的额外收入，必定会尽可能保全骆驼的腹胸之毛。这时，作为伙计们私人信息的驼毛数量，通过这种激励合约就能被并不随行的财东有效揭示出来。[⊖]

由此可见，激励相容实际上体现的是个体理性和集体理性的一致性。事实上，我们想一想当年共产党领导贫苦大众闹革命的时候，靠的是什么？那个时候，能够争取到广大劳苦大众的，不是单纯靠"解放全人类"的崇高理想，而是立竿见影的"打土豪、分田地"。"打土豪、分田地"最直接地满足了贫苦农民的切身利益，农民才会真正拥护共产党。一旦无地农民参与"打土豪、分田地"以后，就必然走上革命这条道路，进而推翻整个旧社会，建立一个劳苦

⊖ 郑志刚. 明清西北商团驼队中的激励故事 [J]. 经济学家茶座，2018（1）.

大众当家作主的新社会，唯有这样才能保卫革命的果实。否则的话，地主豪绅一旦翻过身来，"还乡团"就会对分地农民进行清算。曾经是"小米加步枪"的共产党军队之所以能够由小变大，由弱变强，最终战胜装备精良的国民党军队，与经历土地革命后的广大农民群众的这种倾力支持有着密不可分的关系。对于全国解放具有决定性意义的淮海战役的胜利，就经常被说成是几百万农民群众用小车推出来的。

以解放黑奴而留名青史的林肯，在美国南北战争期间，于 1862 年 9 月颁布《解放黑人奴隶宣言》，宣布废除叛乱各州的奴隶制，叛乱领土上的黑奴应享有自由。解放的黑奴可以应召参加联邦军队，这从根本上瓦解了南军的战斗力，也使北军得到雄厚的兵源。南北战争期间，直接参战的黑人达到 18.6 万人，平均每三个黑人中就有一人为解放事业献出了生命。

林肯对于黑奴解放的功绩当然不容否认，但我们要注意到的是，林肯的做法实际上是形成了北方的联邦政府与南方黑奴之间的激励相容。这正是政治家的智慧。否则我们也许永远理解不了林肯所说的，"如果我能拯救联邦而不解放一个奴隶，我愿意这样做；如果这是为了拯救联邦需要解放所有的奴隶，我也愿意这样做"，也永远理解不了同样在战争期间，对于北方联邦治下与南方叛乱州接壤的各州，林肯保留了蓄奴制。

实现激励相容，使得个体理性和集体理性相一致，不仅"打土豪、分田地"是如此，改革开放后中国广大农村实行的联产承包责任制也是如此。记得 1969 年我初中毕业，从上海下乡到吉林梨树县插队落户。最开始时我们都认为人民公社这种制度具有优越性，大家在一起劳动，集体力量大。但人性往往就是这样，因为实行平均主义大锅饭，干多干少一个样，就会有人在劳动中"搭便车"，出工不出力，最后搞得大家都不愿意努力劳作。尽管每天日出而作，日落而息，但生产效率低下，种植的农作物经常歉收。不少农户在生产队劳动一年所挣的工分刚够全家的口粮钱，没有一分钱现金收入，只能通过每年养头猪、养几只鸡下蛋卖了换点日用品，生活极其困苦。一到夏秋粮食成熟前的青黄不接之际，有些农户就揭不开锅，没有吃的了。所以每到这个时候，我们知青的一个主要工作就是夜间在生产队大地负责"看青"，防止地里未成熟的土豆和玉米被盗。

改革开放以后，人民公社制度被废止，梨树县的农村也和全国一样开始实行家庭联产承包责任制。这种激励相容的制度安排极大地焕发了广大农户的生产热情，把被旧有制度长期束缚的生产力充分释放了出来，曾经的穷苦乡村发生了翻天覆地的变化。地还是这些地，人还是这些人，人没有变，但制度变了，过去连饭都吃不饱的梨树县，变成了中国十大产粮大县。这就是机制设计的重要意义所在，也就是我们常说的制度的力量。

在经济改革中我们经常提到要素的优化配置，实际上就是要通过改革传统不合理的制度，建立新制度和新机制，以最大限度地激发市场主体的活力和创造性，使得同样的要素发挥更多效能，这也是四十多年中国改革开放取得巨大成功的关键所在。不同机制安排对人们的激励是不同的。如果一个机制不是激励相容的，就会导致个人行为与社会目标不一致，使得个人或企业不按照政策制定者所制定的社会目标去做，反而对自己更加有利。这也是我们经常看到一些好的政策设想却往往得不到好的结果的原因所在。机制设计就是要研究如何透过理性的分析，通过逆向推理，设计出激励相容的制度和机制，让人们自然地依照自利的动机，实现个人行为与集体、社会目标相一致。

参与约束与激励相容约束，规定了在不对称信息前提下，机制设计需要满足的条件。我们把满足参与约束的机制称为可行机制，把同时满足参与约束和激励相容约束的机制称为可行的可实施机制。委托人追求的是选择一个可行的可实施机制，以形成对代理人的激励，从而最大化委托人的收益。

15.3 机制设计的几个具体实例

从广义上来说，机制设计问题可以分成两类。第一类是前面讨论过的信息甄别的问题。我们知道，在事前信息不对称条件下，代理人的隐藏信息会影响委托人的收益。这时，处于信息劣势的委托人可以设计出一套满足参与约束和激励相容约束的机制，在这套自选择机制下，代理人会从自身利益出发，如实披露其真实的私人信息。机制设计的第二类问题是事后信息不对称条件下，代理人的隐藏信息和隐藏特征会导致道德风险，这时委托人可以设计一套机制，以引导出代理人可观测行为的最优水平。

接下来我们用几个例子来具体说明如何通过激励机制设计，防范委托 - 代理条件下的道德风险，即委托人如何通过参与约束和激励相容约束，来促成代理人的行为与委托人的目标相一致。

15.3.1 山西票号的身股制

尽管机制设计理论是 20 世纪下半叶发展成熟起来的新兴经济学理论分支，但其思想渊源就如马斯金所言，可追溯到人类历史几千年以前。事实上，在中国几千年文明的长河中，就有不少可以作为机制设计例子的典故。

记得十多年前，我曾去山西参观考察，当年晋商的商业理念和经营智慧令人折服。尤其是在山西票号中曾经普遍实施的身股制，充分体现了机制设计理论的基本思想，完全可以作为机制设计的一个出色案例。

山西票号诞生于清朝道光年间，是一种经营异地汇兑和存放款的信用机构。票号总号主要设在山西平遥、祁县、太古三县，鼎盛时期分号遍布全国90 多个大小城市，甚至在日本、印度和朝鲜等地都设有分号。山西票号通过"汇通天下"的金融体系，形成了四通八达的金融汇兑网，几乎垄断了当时全国的大宗商业汇兑业务，对中国近代金融业产生了深远影响。

山西票号百年前成就的这段金融传奇，离不开 19 世纪国内外商业贸易日趋发展带来的大量资金融通、汇兑需求，更得益于山西票号敢为天下先的创新精神和严格的号规管理，特别是票号普遍实施的身股制，其基本理念和机制充分体现了参与约束和激励相容约束的要求。这种有效的激励机制是创造票号辉煌业绩的动力所在，也是现代股权激励制度最初的萌芽。

山西票号的组织形式大多为股份制，通常由一家或几家财东合股出资创立，并由财东从社会上聘请德才兼备的人作为大掌柜来负责票号的日常经营。票号实行两权分离，即所有权归属于财东，而经营管理权全权委托给掌柜，财东不再参与号事。财东和掌柜、伙计（通称为伙友）构成东伙合作关系，允许伙友以人力资本入股，即所谓的顶身股，也称身股制。

身股不是普通意义上的股份，它与财东的银股有所不同。银股作为初创时的资本金，是财东在开办票号时投入的资金，每股 2000～10 000 两白银，而伙友的身股则以人力折股，并不用缴纳银两。这就是所谓的"出资者为银股，出力者为身股"。尽管两者都享有同等分红权利，但财东的银股享有永久利益，父死子继，而伙友的身股则是人在身股在，人离开票号，身股自动取消。而且身股只分盈不负亏，即当票号出现亏损时，银股需要承担无限责任，而身股无须承担亏损责任。

在山西票号中，并非所有的伙计都能拥有顶身股，只有满足规定的工作年限、达到一定工作业绩者才有资格。票号的伙计最初都从做学徒开始，各家票号都对招收学徒有严格的规定。学徒须有与总号有利害关系的保荐人推荐，但财东不得向本号推荐。保荐人对被保荐人承担连带责任，将来如有舞弊行为，由保荐人负责赔偿损失。入号前票号先向保荐人核实被保荐人祖上三代做何事业、有无失信不当行为。如有劣迹，一概不予录用。这实际上也是在告诫被推荐人，将来一旦出现舞弊等不当行为，不仅会丧失这份令人称羡的工作机会，而且还会殃及子孙后代，这就把一次博弈变成了重复博弈。之后，再问询其本人的履历，认为可试后，还要经过口试和笔试，合格后才能正式入号。入号后还须经过 3～4 年的学徒基本职业道德和业务的严格训练。出徒后，再经过几年的分号工作实践，才会享有顶身股的资格，其间那些工作不称职或有过失者会被辞退。

身股制等级层次分明，从 1 厘、1.5 厘、2 厘、2.5 厘直到 10 厘（1 分）共有 19 个等级。掌柜的身股数量由财东决定，通常大掌柜可顶 1 股（即 1 分），二掌柜 8 厘，三掌柜 7 厘。伙计的身股数量由财东和掌柜共同商定，大多可顶 1～4 厘。伙计顶身股最初从 1 厘起，每逢一个账期（一般为 3～4 年），可增加身股 1～2 厘，且份额的大小完全依据伙友的业绩和贡献大小，由财东和掌柜共同决定。如果业绩不好，则不添加身股甚至减少其身股份额。

为了防止大掌柜在临退休前发生期末问题，票号规定大掌柜退休后还可享受几个账期的分红，有些做出特殊贡献的大掌柜，即便去世了其家属仍可享受一到三个账期的分红。如此一来，大掌柜就不会上了年纪仍然恋栈不走，或者只培养选用自己的亲信，而是愿意举荐最能干的人接替自己的位置，因为这样做才符合自身的最大利益。但如果大掌柜举荐的接班人不称职，则大掌柜的身股红利也要相应减少。

此外，每年决算时，总号会依据利润的多少分给各分号掌柜一定金额的损失赔偿准备金，俗称花红。此项花红要积存在总号中，并计算一定利息，等到分号掌柜出号时才给付，即通过延期支付的方式来增强分号掌柜的风险意识，并通过参与约束达到留住骨干人才的目的。

票号身股数与银股数的比例，一般开始时为二八、三七，但随着票号规模不断壮大，顶身股的伙友越来越多，后来各票号的身股数普遍超过了银股数。例如大德通票号，1889 年银股为 20 股，身股为 9.7 股，身股为银股的 48.5%，有 23 个伙友享有顶身股；到 1908 年，银股仍为 20 股，而身股增加到了 23.95 股，身股为银股的 119.75%，享有顶身股的伙友增加到 57 人。通过这种身股制的方法，财东将一部分甚至一半以上的利润，让渡给越来越多的为票号业务发展做出贡献的伙友。这种利润分享机制使得票号生意好坏、利润多少，与伙友的个人利益完全捆绑起来。

每厘身股一个账期内的分红数量，取决于票号的经营业绩。高的票号可达几千两银子，低者也有几百两。以大德通票号为例，从 1888～1908 年的 6 个账期中，可分别分得 85 两、304 两、315 两、402 两、685 两、1700 两红利，平均每个账期 580 多两。这样，大掌柜每 4 年差不多平均可分得 5800 两银子，二掌柜、三掌柜可分得 4000～4600 两，各地分号掌柜 3000 多两，其他顶身股的伙计 1000～2000 两。这还仅仅是分红，并不包括每年的工资收入。当时一个七品县官全部收入为每年 1000 多两银子，4 年也就 4000 多两。丰厚的待遇使得伙友都把票号视为己事，莫不尽力经营。这种机制对那些还未有顶身股的伙计来说也是一种激励，驱使他们更加勤学苦练、任劳任怨地工作，争取早日加入到顶身股的行列。

对财东而言，尽管银股的比例变小了，但由于伙友们的同心协力使得蛋糕做大了，实际分到的利润还是大大增加了。仍以大德通票号为例，1889 年盈利约为 2.5 万两银子，每股分红约 850 两，银股和身股（20∶9.7）分得红利分别为 1.7 万两和 0.8 万两；1908 年盈利达到 74 万两，每股分红约 1.7 万两，此时银股和身股（20：23.95）分别分得 34 万两和 40 万两。尽管红利的一半以上分给了伙友，但财东所得是 20 年前的 20 倍。[⊖]由此可见，实行身股制本质上并不是在分财东的银两，而是通过这样一种"分蛋糕"的激励机制，充分调动伙友的积极性，激励伙友更加努力工作从而创造更多利润，共同分享不断做大的蛋糕，实际上分的是市场的钱。

从道光三年（1823 年）第一家票号日升昌诞生，到辛亥革命票号衰落的近百年间，票号经手汇兑的银两高达十几亿两，尽管众多分号散布在全国各地，但其间竟然没有发生过一次内部人卷款逃跑、重大贪污或内外勾结等舞弊事件，有效防范了委托 – 代理条件下因信息不对称和隐藏行动可能导致的道德风险。这种奇迹的产生不仅在于票号义、信、利的诚信理念和严厉的号规制度，身股制这种激励相容的共享机制也在其中发挥了非常重要的作用。

15.3.2 宝钢股份的股权激励计划

作为机制设计理论的具体应用，实施股权激励计划，对于完善现代企业治理结构，构建股东、企业与员工之间利益共享与约束机制，确保企业长期稳定发展具有重要的作用。为此，宝钢股份于 2014 年开始启动股权激励计划试点工作。当时我在宝钢股份担任独立董事，并兼任薪酬委员会主任。我们采用的激励工具为限制性股票激励计划。这里的限制性股票是指上市公司将一定数量的股票通过折价方式授予激励对象，这部分股票会受到规定期限和解锁条件的限制，只有当公司和个人达成股权激励计划规定的业绩目标并满足解锁条件后，才可转让并使激励对象从差价中获益。

首个周期激励计划，授予公司董事、高级管理人员、对公司整体业绩和持续发展有直接影响的管理骨干和核心技术人员，以及公司认为应当激励的其他关键员工共 136 人，合计限制性股票 4744.61 万股，占公司总股本的 0.288%。授予价格为市场定价基准的 50%，即 1.91 元 / 股，股票来源为二级市场回购。

⊖ 黄鉴晖 . 山西票号史（修订本）[M]. 太原：山西出版集团，山西经济出版社，2002.

首期禁售期 2 年，其间获授的限制性股票将被锁定，不得转让。解锁期 3 年，对应业绩年份分别为 2015、2016 和 2017 年。解锁期内任一年度，若达到解锁条件，激励对象可按所持限制性股票匀速解锁的比例进行解锁和转让，对于公司业绩或个人绩效考核结果未达到解锁条件的限制性股票，公司按规定购回。首个周期三次解锁的年度公司业绩考核需达到以下条件。

第一次解锁：2015 年度利润总额达到同期国内对标钢铁企业平均利润总额的 2.5 倍，且吨钢经营利润位列境外对标钢铁企业前三名，并完成国务院国资委下达宝钢集团分解至宝钢股份的 EVA 考核目标；营业总收入较授予目标值同比增长率 2%，达到 1848 亿元，且不低于同期国内同行业 A 股上市公司营业总收入增长率的加权平均值；EOS（EBITDA / 营业总收入）不低于 10%，且不低于同期国内同行业 A 股上市公司 EOS 的 75 分位值。

第二次解锁：2016 年度利润总额达到同期国内对标钢铁企业平均利润总额的 2.8 倍，且吨钢经营利润位列境外对标钢铁企业前三名，并完成国务院国资委下达宝钢集团分解至宝钢股份的 EVA 考核目标；营业总收入较授予目标值同比增长率 3%，达到 1866 亿元，且不低于同期国内同行业 A 股上市公司营业总收入增长率的加权平均值；EOS 不低于 10%，且不低于同期国内同行业 A 股上市公司 EOS 的 75 分位值。

第三次解锁：2017 年度利润总额达到同期国内对标钢铁企业平均利润总额的 3.0 倍，且吨钢经营利润位列境外对标钢铁企业前三名，并完成国务院国资委下达宝钢集团分解至宝钢股份的 EVA 考核目标；营业总收入较授予目标值同比增长率 5%，达到 1903 亿元，且不低于同期国内同行业 A 股上市公司营业总收入增长率的加权平均值；EOS 不低于 10%，且不低于同期国内同行业 A 股上市公司 EOS 的 75 分位值。

宝钢股份的上述业绩指标中，除了 EVA 是国务院国资委要求达成的绝对业绩指标外，我们特意设定了两项能在相当程度上用以排除铁矿石价格、市场钢铁价格波动等诸多外部环境影响，从而可以较好体现代理人实际业绩的相对绩效指标：宝钢股份的利润总额需要对标营业收入排名前 8 名的国内同行业 A 股上市公司，第一年要达到这前八大钢企⊖平均利润额的 2.5 倍，第二年 2.8 倍，第三年 3 倍，实现逐年递增；同时，吨钢经营利润必须在六大境外对标企业⊖中排名前三位。前者主要要求宝钢股份要达到超群的盈利能力，后者则与宝钢股份要通过科技创新成为全球最具竞争力的钢铁企业的战略目标相吻合。

每个激励对象的限制性股票解锁数量与其个人业绩指标挂钩，上市公司按照激励对象所适用的业绩考核办法，根据激励对象在最近一个年度的考核结果，对符合解锁条件的限制性股票解锁数量按表 15-1 所展示的比例解锁。

表 15-1　个人绩效评价与解锁比例

个人绩效评价结果		解锁比例
董事、高级管理人员	其他激励对象	
A	AAA、AA	100%
B	A	100%
C	B	80%
D	C	0%

当时选定的股票价格，按照孰高原则确定为计划草案公布前 1 个交易日公司标的股票收盘价 3.81 元 / 股；授予价格按照定价基准的 50% 确定，即 1.91 元 / 股。同时，限制性股票解锁时需满足股票市场价格不低于授予价格定价基准 3.81 元 / 股的附加条件。

2015 年受钢铁市场整体下滑等诸多因素影响，宝钢股份解锁条件中的部分业绩指标未能达标，第一个解锁期 1/3 限制性股票未能解锁，由公司按授予价格回购注销。2016～2017 年，公司围绕解锁需要达成的业绩指标，通过一手抓市场、一手抓现场，在产品研发、市场拓展、生产制造、宝武整合等诸多

⊖　包括河北钢铁、太钢不锈、武钢股份、鞍钢股份、马钢股份、山东钢铁、酒钢宏兴、华菱钢铁。
⊖　包括韩国浦项、日本新日铁住金、日本 JFE、美国钢铁、卢森堡安赛乐米塔尔、中国台湾中钢。

方面深化改革，锐意进取，获得了丰硕成果。特别是在成本削减方面还专门成立了"成本变革委员会"，提出"一切成本皆可降"的归零思维，开展强有力、全方位的降本增效工作，累计削减成本 191.65 亿元，取得了超出预期的效果。公司经营业绩节节攀升（见图 15-1），2016 年度利润总额 115.2 亿元，为业界最优；2017 年度利润总额达到 240.4 亿元，创历史新高，同比增加 102%，经营现金流 330.8 亿元，同比增加 48%。第二、第三个解锁期的业绩条件全部达标，限制性股票均如期解锁。按照解锁时对应股价测算，第一个周期激励对象累计收益约为出资额的 150%。

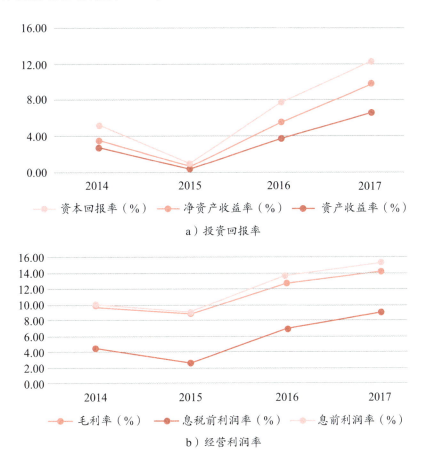

a）投资回报率

b）经营利润率

图 15-1　宝钢股份首期限制性股票激励计划实施期间的业绩状况

由于首期限制性股票激励计划的实施取得了很好的激励效果，随后宝钢股份又开展了第二周期、第三周期的激励计划。

宝钢股份的实践证明，限制性股票激励计划作为激励与约束并重、风险与机遇并存的中长期激励机制的一种有益尝试，能够较好地将国家、企业和员工三者利益统一起来，形成激励相容的利益共同体，提高核心骨干人员的认同感、成就感和获得感，激发他们的工作激情和创新活力，而且有利于吸引和留住优秀人才。同时，员工绩效考核结果还直接与股票授予、解锁挂钩，一旦考核不达标或离职，授予的股票将被收回。通过这种参与约束与激励相容约束，有助于使公司上下拧成一股绳，发挥更大合力。

随着中国资本市场的不断发展，实施股权激励计划已经成为上市公司完善公司治理结构、实现公司可持续健康发展的重要抓手。尤其是对于国有控股上市公司而言，如何充分发挥激励机制的作用，是更好推进混合所有制改革、增强公司活力的核心问题。在这方面，宝钢股份的股权激励实践具有较好的借鉴意义。

15.3.3　自然垄断行业的激励性规制

机制设计理论在自然垄断行业的政府规制方面也得到了广泛应用。所谓政府规制（government regulation），是指在市场经济体制下，政府以矫正和改善市场失灵而干预经济主体的行为。政府规制分为社会性规制（social regulation）和经济性规制（economic regulation）。前者主要包括安全性规制、健康规制和环境规制，"是以保障劳动者和消费者的安全、健康、卫生以及保护环境和防止灾害为目的，对物品和服务的质量以及伴随着提供它们而产生的各种活动制定一定标准，并禁止、限制特定行为的规制"；后者则主要针对自然垄断（natural monopoly）和信息不对称问题，是指"在存在着自然垄断和信息不对称问题的部门，以防止无效率的资源配置的发生和确保需要者的公平利用为主要目的，政府通过被认可和许可的各种手段，对企业的进入、退出、价格、服务的质量以及投资、财务、会计等方面的活动所进行的规制"。[一]

　㊀　植草益.微观规制经济学 [M].北京：中国发展出版社，1992.

当一个产业存在着成本劣加性（cost subadditivity），即由单一企业供应整个市场的成本，低于两个或两个以上企业的生产成本之和时，那么这个产业就被认作是自然垄断产业。常见的自然垄断产业包括电力输配、自来水、城市燃气、电信、机场和铁路运输等产业。这些基础设施产业的输配网络性、范围经济（economies of scope）和巨大的沉没成本等特征，决定了其自然垄断属性，使得这类产业在一国或者某一特定区域，由一家或极少数几家企业提供特定的产品或服务，能够使成本最小化。我们也可以想象，如果这些公用事业可以自由进入开展竞争的话，那么整个城市可能就有太多的管道和高压线路，显然这不合意。因此，一般国家都会对自然垄断产业实施进入规制，通过赋予特定企业垄断供给权并限制其他企业进入，来维持垄断性结构。

此外，由于这些垄断企业的产品或服务的价格和有效供给量不是市场竞争的结果，因此很容易凭借其垄断地位谋取垄断利益，给消费者和社会福利造成损害。为此，作为规制者的政府在实施进入规制的同时，还会根据不同自然垄断产业的具体情况，采取价格规制、数量规制、提供服务规制和设备规制等一系列规制政策。其中，价格规制是经济性规制的核心。

在自然垄断产业的规制实践中，公正报酬率规制曾经是居于主导地位并长期实施的价格规制手段。这是一种平均成本定价方式，也被称为成本加成规制。其实质就是在消除垄断利润的同时，使得被规制企业的收入足以支付其营运成本，而且还通过承诺资本的公正回报，确保自然垄断产业发展所必需的长期投资。公正报酬率定价模型可简单表述为：

$$R(P, Q) = C + rV$$

式中，R 为垄断企业的收入函数，它决定于产品的价格 P 和数量 Q；C 为营运成本；r 为公正报酬率；V 为事业资产。其中，公正报酬率（fair rate of return）即资本的机会成本，其计算公式如下：

$$r = \left(\frac{D}{V}\right)i + \left(\frac{E}{V}\right)s$$

式中，r 为公正报酬率；V 为事业资产；D 为负债资本；E 为自有资本；i 为负债资本利率，主要依据长期资金的借入利率确定；s 为自有资本利润率，一般按长期资金的存款利率确定。

有了公正报酬率，就可以根据上述公正报酬率定价模型倒算出规制价格。长期以来，公正报酬率规制一直被认为是计算简便、公平合理的规制方式，在美国等发达国家已实施多年。但后来人们发现，公正报酬率规制是建立在规制者具有完全信息这一假设基础上的，而现实中规制者与被规制企业之间存在着显著的信息不对称。作为委托人的规制者处于信息劣势，而作为代理人的被规制企业处于信息优势。由于被规制企业拥有规制者所不知道的私人信息，使得公正报酬率规制在实施过程中暴露出很多缺陷和弊端。

首先，会造成投资过度。因为被规制企业的经营利润是建立在总资本投资基础上的，这就会刺激企业加大资本投入以提高利润，由此产生所谓的 A-J 效应（Averch-Johnson effect）。这里的 A-J 效应是指由于允许的收益直接与资本挂钩，导致被规制企业倾向于以过度投入资本来替代其他要素，使得企业在任何产出水平上，资本 – 劳动比率要大于一个追求成本最小化的企业所选择的值，导致产品生产成本高、效率低的现象。其次，在公正报酬率定价中，即使企业通过各种努力降低了成本，也不能因此增加盈利，所以企业缺乏降低成本的压力和应用节约资本的技术的内在动力。最后，由于存在信息不对称，企业可能会通过虚增成本，或者把不合理的支出列入成本，甚至直接俘获规制者，来获取不合理的利润。

20 世纪 80 年代以来，为了缓解规制过程中的逆向选择和道德风险问题，一些发达国家纷纷开展了对自然垄断产业的规制改革。在这一过程中，原有规制理论的一些前提假设被予以修正，基于机制设计理论的激励性规制理论得到了长足的发展。

激励性规制（incentive regulation）的核心就是在委托 – 代理关系的一般框架下，通过机制设计实现激励相容约束，激励被规制企业主动降低成本、提高效率，以实现合意的社会福利目标。激励性规制主要包括以下几种方式。

首先是基于最高限价的激励性规制，也称为价格上限规制（price cap regulation）。

价格上限规制是由斯蒂芬·李特查尔德（Stephen Littlechild）在 1983 年

提交给英国政府的电信产业规制报告中提出来的。这一规制方式由规制者首先设定最高限价，企业可以在不突破上限的基础上自主制定实际执行价格。在价格上限规制中，最高限价按通货膨胀率与生产效率的变化予以动态调整，允许企业在锁定时期内（一般调整周期为 3～5 年，最高 8 年）将由成本下降所得到的收益转变为利润。其定价公式为：

$$PCI = RPI - X$$

式中，PCI 为价格上限系数；RPI 为零售价格指数；X 为一定时期内生产效率增长率，一般根据科技进步等因素做周期性调整。

与公正报酬率规制相比，价格上限规制具有明显的效果：一是由于在价格上限下定价，使得经营活动中所节约的每分钱都归企业所有，因此企业有很强的动力去改善生产运营效率和提高资本使用效率；二是企业要想获取剩余利润，就要努力将生产效率提高到行业生产率之上；三是能够有效抑制企业过度投资的冲动，防止 A-J 效应；四是减少了对被规制企业的信息需求，能够弱化道德风险问题，降低规制成本。正因如此，价格上限规制是在规制改革实践中应用比较多且效果比较好的一种激励性规制方式。

其次是基于区域间比较竞争的激励性规制，也称为标尺竞争（yardstick competition）。

在自然垄断产业中，大多数企业属于区域性垄断。在存在多家区域性垄断企业的情况下，企业之间如果不进行直接竞争，就无法直接将某家企业的经营成本作为制定规制价格的标准，但是，规制者可以采取相近若干家企业的平均经营成本作为定价时的标尺。

1989 年，英国在对区域性垄断的自来水产业进行规制改革时，就采用了这种标尺竞争规制。由于每家企业的价格独立于自身的成本，当不存在合谋行为时，企业都有通过降低成本来获取相对高的利润的动机。而当每家企业都降低成本时，又会降低其他企业的定价标准。这就带来了区域性垄断企业间的间接竞争，最终促使整个自然垄断产业的经营效率得以提升。

最后是基于成果的激励性规制。

随着信息技术的快速发展以及新能源和低碳环保技术的大力推广，价格上限规制已不适应新的形势。以电力为例，政府规制机构不仅要求输配电企业降成本、降电价，还对其提出优先采用减碳措施、接纳分布式电源、发展智能电网、开展区域协调等诸多要求。规制内容的多样化，给价格上限规制以巨大挑战，引发一些国家政府对激励性规制政策的重大变革，于是基于成果的规制（performance-based regulation）应运而生。

在世界范围内，英国是第一个对自然垄断产业进行基于成果的规制理论进行研究与实践的国家。基于成果的规制是对价格上限规制的改进和发展，是包含了价格上限规制在内的一种多目标激励性规制，其模型为：

收入（revenue）= 激励（incentives）+ 创新（innovation）+ 产出（outputs）

基于成果的规制除了依旧包含一个价格上限，还设立了服务标准和量化的目标体系，对超过标准或目标的部分给予奖励，对低于标准或目标的部分予以惩罚。也就是说，设定被规制企业的收入以达到预期的激励、创新和产出目标，目的在于通过鼓励创新和有效投资来落实新能源政策，并解决基础设施老化的问题。与其他规制方式相比，这是一种设计操作比较复杂、但更符合时代要求的先进的激励性规制方式，目前在英国已经开始实施。

除了上述几种规制方式外，拍卖机制也可以看作是激励性规制的一种重要方式。比如一些国家在城市燃气、自来水行业开展的特许经营权的竞标等。尤其是 20 世纪 90 年代以后，拍卖机制被广泛应用在电信业无线通信频谱等公共资源的分配方面。有关这方面内容我们将在下一章中予以介绍。

本章小结

机制设计理论以信息和激励为关键着眼点，主要研究在信息不对称及决策分散化条件下，给定一个想要达到的既定目标，能否并且怎样设计出一套博弈规则或者制度机制，使得具有私人信息的参与者为追求自身利益所采取的行动，客观上也能同时达到设计者的既定目标。机制设计理论可以分析比较不同的制度安排和机制，是如何影响人们的相互行为和资源配置效果的。其研究对象大到对整个经济制度的一般均衡设计，小到对某项交易活动激励机制的具体设计。目标可以是社会的公平、效率，也可以是解决委托－代理关系中的道德风险问题。

机制设计理论与传统经济学在研究方法论上的不同在于，传统经济学通常把市场机制作为已知，研究在市场机制作用下，在不同的约束条件下会导致什么样的资源配置效率；机制设计则把希望达成的目标作为已知，通过设计博弈的具体形式，使参与者在自利行为下采取的策略与目标相一致。机制的设计通常采用逆向归纳法，首先要明确希望达成什么目标和取得什么结果，然后思考什么样的机制可以实现这些目标，再倒推应该怎样设计这些机制。

任何机制设计要实现其目标，委托人都要实现对代理人的两个约束：参与约束和激励相容约束。参与约束就是代理人从接受合约中得到的期望收益，不能小于不接受合约时能得到的最大期望收益。效率工资就是满足参与约束的一种有效手段。效率工资是指企业支付给员工高于市场平均水平的工资，以吸引素质高且不愿意离职的员工，并弱化员工的偷懒动机从而使企业增加收益。激励相容约束是指代理人实现自身利益最大化的目标，与委托人的既定目标相一致，代理人会自觉按照委托人所期望的策略采取行动，使得个体理性与集体理性相一致。

本章重要术语 ✅

机制设计　边际成本定价　显示原理　实施理论　信息效率　参与约束

效率工资　激励相容约束　身股制　限制性股票激励计划　自然垄断

政府规制　社会性规制　经济性规制　成本劣加性　公正报酬率

A-J 效应　激励性规制　价格上限规制　标尺竞争　基于成果的规制

拍卖

第16章

拍卖是在信息不对称的条件下，拍卖人通过竞价将特定物品转让给最高出价者的一种交易方式。作为一种有效的经济资源配置方式，拍卖是世界上最为重要的经济机制之一。拍卖为不完全信息博弈论提供了一类现实应用场景。而且，一些看上去并不像拍卖的经济问题，也可以用拍卖的理论和技术来分析。因此，学习、了解拍卖的基本理论，对于培养我们的经济学直觉、拓宽解决问题的思路颇有裨益。在这一章中，我们将对拍卖理论和实践做简单介绍。

16.1　拍卖的发展与拍卖方式

拍卖有很多方式。拍卖方式不同，决定了拍卖规则的不同。本节我们将首先简要介绍拍卖与拍卖理论的发展过程，然后重点讨论四种常见的标准拍卖（standard auctions）方式，并对其中的第二价格密封拍卖，为什么"说真话"是投标人的最优策略做一分析。

16.1.1　拍卖与拍卖理论的发展

人类以拍卖方式交易商品的历史非常悠久，最早可追溯到古巴比伦时代。古希腊历史学家希罗多德在其著作《历史》中，记载了公元前五世纪古巴比伦城举行的一年一度适婚女子的拍卖：最吸引男人的女人，最先出售给叫价最高并支付此价格的男人。其中一部分价格需要用于补偿不受追捧的女子的嫁妆，而为了得到这些嫁妆补偿的男人，就可能与最不受追捧的女子相配。而且只有当所有拍卖都成交后，竞拍者才能领回各自拍得的女子。之后古埃及、古希腊都有奴隶、土地、矿井等拍卖活动的记载，并且在收税权拍卖中还出现了合谋。

到了古罗马时期，拍卖已经比较盛行。古罗马人用拍卖来交易战利品、债务人财产甚至皇位等。公元 193 年，古罗马禁卫军发动兵变，杀害了古罗马皇帝，并公开拍卖皇位，最终被古罗马元老院中最富有的议员马库斯·尤利安努斯（Marcus Julianus），以向每位禁卫军士兵支付 2.5 万赛斯特提罗马货币而拍得。不过，尤利安努斯仅当了 66 天皇帝，就在又一次兵变中被斩首。古罗马帝国衰落之后，拍卖这种交易方式日渐式微，直到 17、18 世纪的近代欧洲，才重新恢复和兴旺起来。

到今天，拍卖作为有效的商品交易机制，已经深入到经济活动的方方面面。由于拍卖不仅有利于提高交易速度，而且还能够很好地解决许多信息方面的问题，因此我们日常生活中的艺术品、房产、农产品等有形资产以及土地使用权、矿产开采权、汽车牌照等无形资产的交易，很多都是通过拍卖方式进行的。政府用拍卖方式来销售政府债券、国有资产，企业通常也通过拍卖（招标）方式来分包工程和购买服务。特别是过去一二十年间，互联网拍卖已变得无处不在，大量的商品、服务、财产和金融商品都是通过网上拍卖来进行交易的。不少网络平台通过拍卖来促成 B2B、B2C 以及 C2C 等各类交易，谷歌等搜索引擎则利用拍卖来出售关键词排名和广告。全球最大的线上拍卖市场阿里拍卖 2018 年全年交易额高达 5000 多亿元，每日服务活跃会员数超过 200 万。新的拍卖市场也不断被设计出来，应用于诸如无线电频谱、电力和排污权等方面的交易。

作为具有一定适用范围和规则的一种市场交易方式，拍卖本质上是一种用于提高资源配置效率的手段，既让商品能被具有最高估价的人拍得，又能够使双方总利益最大化，它反映的是市场经济价格均衡机制及资源配置的内在机理。

与拍卖悠久的历史不同，对拍卖理论的研究开始于 20 世纪 60 年代。诺贝尔经济学奖得主维克里最早研究拍卖中的博弈问题，并在 1961 年的《反投机、拍卖和竞争性密封投标》经典论文中，讨论了在单物品拍卖中的四种标准拍卖方式，得出了对拍卖理论发展具有里程碑意义的"收益等价定理"，为拍卖理论的建立完成了开创性的工作。另一位诺贝尔经济学奖得主迈尔森在 1981 年发表的论文《最优拍卖设计》中，研究了拍卖机制的最优设计，进一步在理论上深化了维克里的拍卖理论。在随后的几十年里，作为不完全信息博弈的一种具体表现形式，拍卖的理论和应用研究吸引了越来越多的注意力，是经济学分支中最成功的领域之一。一些经济学家从拍卖机制（拍卖方式）和拍卖品价值形态等角度，对投标人（买方）的最优出价策略和拍卖人（卖方）的期望收益进行了深入研究，丰富和完善了拍卖理论，并据此为无线电频谱、电力市场等更为复杂的多物品交易场景设计出了一些新的拍卖机制。其中斯坦福大学教授米尔格罗姆和威尔逊因"对拍卖理论的改进和发明了新拍卖形式"，而荣获2020年度诺贝尔经济学奖。

16.1.2 标准拍卖方式

广泛运用和分析的拍卖方式主要是以下四种标准拍卖方式。

第一种是英式拍卖（English auctions），也称升价拍卖。这是我们最为熟悉的一种拍卖方式，日常生活中看到的艺术品拍卖、罚没品拍卖通常采用的就是这种公开叫价的竞拍方式。

英式拍卖通常从一个保留价格，即拍卖人为拍卖物品设定的最低接受价格开始，每个投标人都知道这个初始的价格，然后开始升序式竞价。在英式拍卖中，投标人可以连续不断地观察到其他投标人的报价，再决定是否应该提高自己的报价。报价提升的增量通常是出价的较小百分数。投标人有多次出价机会，当投标人认为拍卖品的价值比目前的投标价格高时，就会提高他们的出价。这样投标的价格就一直往上升，直到再没有更高的出价时拍卖结束，拍卖品卖给出价最高的投标人。

这种拍卖方式往往并不能按照投标人心中最高估价卖出。举个例子，假设在一场拍卖会上，拍卖品是一套底价为450万元的房产，有三个投标人参加竞拍。其中，投标人A对这套房产的估价为500万元，投标人B的估价为550万元，投标人C的估价为600万元。拍卖开始后，三个投标人都将把出价抬高到500万元。一旦出价略高于500万元，由于A对房产估价500万元，所以A就会退出。当出价达到550万元时，B也会退出。因此，C将以550万元的价格获得这套房产，即该拍卖的中标者实际上并不是按照自己心中的最高估价600万元，而是以对该拍卖品第二高的出价550万元（或以略高于第二高出价的价格）得到了这套房产。

第二种是荷式拍卖（Dutch auctions），也称降价拍卖。在荷式拍卖中，出价为降序形式。拍卖人开始会出一个很高的要价，然后逐步降低这个要价，直到某个投标人愿以当时的要价成交为止。物品对保鲜度和时尚性的要求，通常是采取这种价格从高到低的拍卖方式的主要原因之一。例如容易腐烂变质或难以储存的花卉、鲜鱼等，它们需要非常快捷的交易速度。另外，欧洲等地时装店夏季和冬季的两次折扣季，一些超市夜晚八点后生鲜打折、限时出清等，实际上都可以看作荷式拍卖的变相表现形式。

荷式拍卖这种拍卖方式尽管历史悠久，但其名称的由来起源于荷兰的鲜花交易市场。荷兰花卉产量位居世界第一，年出口量约占全球市场的 60%。位于荷兰阿姆斯特丹史基浦机场附近的阿斯米尔鲜花拍卖市场，是全球规模最大的鲜花拍卖市场，每天约有 2000 万朵鲜花在这里交易。每天早上 7 点拍卖开盘时，拍卖师会报出一个最高价，前方的电子拍卖钟会显示出相应的刻度，并开始持续逆时针旋转，这时价格就会从初始的最高价往下降，直到座席上有投标人按动电钮表示购买，指针停止，这一轮拍卖结束。如果有 2 名或更多投标人同时中标，价格又会反向上涨，直到留下最后一名投标人。整个市场共有 39 个拍卖钟，交易过程和物流运输非常高效。第二天当地时间早上 7 点，这些鲜花就会出现在巴黎、纽约等全世界主要城市的花店里。

亚洲第一、世界第二的我国昆明斗南花卉市场，也学习采用了这种荷式电子拍卖交易模式。在全球成交量最大的平台阿里拍卖上，荷式拍卖的运用也相当普遍。另外，我国央行发行央票，通常也是以荷式拍卖方式确定利率价格水平的。

荷式拍卖和我们在英式拍卖中看到的一样，也是出最高价的投标人获得拍卖物。不同的是，一个投标人若要赢得拍卖，必须在还没有人愿意购买时就出价，因此直到拍卖结束，投标人也不知道其他投标人的出价信息。这种信息特征可能会影响投标人的投标行为，并因此影响拍卖人所能得到的拍卖价格。

第三种是第一价格密封拍卖（first price sealed bid auctions），也称一级价格密封拍卖。这是一种同步进行的拍卖方式。在第一价格密封拍卖中，投标人是在不知道其他投标人出价的情况下，将投标价格以书面形式密封后递交给拍卖人。在这个过程中，投标人只有一次投标机会，统一拆封后，由出价最高者中标，并向拍卖人支付其报价金额。由于成交金额是所有出价中的最高价格，所以称为第一价格。一些国家的政府债券拍卖以及石油开采权拍卖通常采用第一价格密封拍卖。

政府招标也常用这种拍卖方式，投标人密封提交各自的价格，报价最低者以其所报价格获得政府合同。

第四种是第二价格密封拍卖（second price sealed bid auctions），也称二级价格密封拍卖。第二价格密封拍卖也是同步进行的拍卖，其基本程序与第一价格密封拍卖完全相同，也是投标人在不知道其他投标人出价的情况下，同时递交密封的标书，统一拆封后由出价最高者中标。但不同之处在于，在第二价格密封拍卖中，中标者只需支付第二高的投标价格，无须支付自己的报价。仍以前面的房产拍卖为例，假设密封标书中投标人 A 的投标价格为 500 万元，投标人 B 的投标价格为 550 万元，而投标人 C 的投标价格为 600 万元。如果按第二价格密封拍卖方式进行拍卖，那么出价 600 万元的投标人 C 作为最高出价者中标，但他只需要支付第二高价格投标人 B 的出价 550 万元。

在这里读者或许会有疑问，既然投标人 C 以最高出价中标，那么就应该支付那个最高出价，为什么只要他支付第二价格呢？下面我们来分析这个问题。

16.1.3 说真话的拍卖机制

尽管有资料表明，第二价格密封拍卖早在 1797 年歌德向公众出售他的手稿时就被使用过，19 世纪又被一些集邮爱好者所使用，但是维克里最早从理论上研究了这种拍卖方式，因此第二价格密封拍卖通常也被称为维克里拍卖（Vickrey auctions）。维克里证明通过第二价格密封拍卖，可以让每个投标人诚实地报出自己心中的真实价格。通过这样一种机制设计，说真话成了每个人的最优策略，从而解决了信息不对称问题。

假设你是一个紫砂壶的收藏爱好者，在某个拍卖会上，你看中了一把年代较为久远的紫砂壶，你对这个紫砂壶的估价为 8000 元。也就是说，在你心目中，这把紫砂壶和 8000 元是等值的，如果拍卖结果报价低于 8000 元，你就希望得到这把紫砂壶，如果高于 8000 元，你就会放弃。你的估价是你的私人信息，你自己清楚，但别人并不知道。假定你对这把紫砂壶的估价与其他投标人的估价无关，即每个投标人的心理价位是相互独立的。[⊖]

下面分析将表明，在第二价格密封拍卖中，投标人的最优出价策略是报出自己真实的心理价。

我们知道，在第二价格密封拍卖中，最高出价者将赢得拍卖，但只要支付第二高的价格。你的投标成功与否不仅取决于你自己的出价，也取决于其他投标人的出价。在这种情况下，如果采取高报价策略，比如你对紫砂壶的估价是 8000 元，报 9000 元，这时会有三种情况：首先，当其他投标人最高出价超过 9000 元时，你将出局，但这时不管你是报 9000 元还是 8000 元，结果都一样；其次，如果其他投标人出价都低于 8000 元，比如第二价格为 7000 元，这时无论你报 9000 元还是 8000 元，也是没有区别的，你都将赢得拍卖且实际支付 7000 元；最后，如果第二价格为 8500 元，你赢得拍卖，支付 8500 元，但你对这把紫砂壶的估价是 8000 元，净收益为 –500 元。显然，高报价不是你的最优出价策略。

那么，如果采取低报价策略又会怎么样呢？比如你报 7000 元，这时也会有三种情况：首先，当其他投标人的最高出价高于 8000 元时，无论是你报 7000 元还是 8000 元，结局没有区别，你都将出局；其次，如果其他投标人的出价都低于 7000 元，比如第二价格为 6000 元时，这时无论你报 7000 元还是 8000 元结果都一样，你中标支付 6000 元，净收益都是 2000 元；最后，如果第二价格为 7500 元，这时你将失去这次拍卖，尽管如果你按真实估价出价，你本来是可以赢得这次拍卖并获得 500 元净收益的。由此可见，低报价也非最优出价策略。

⊖ 我们把这种每个投标人对拍卖品的估价不依赖于其他投标人对该标的物的估价情况，称为独立私人价值拍卖（independent private values auction）。在独立私人价值拍卖中，投标人对拍卖品的估价是其私人信息，而拍卖人可以通过设计合理的拍卖机制来发现投标人的类型。

上述分析表明，在第二价格密封拍卖中，如果你的报价高于估价，你可能赢得拍卖，但获得的物品对你来说实际价值并没有那么高。同样，由于你最终并不支付自己的报价，因而报价低于估价只会降低你胜出的机会。无论高报还是低报，都不如按照自己真实估价报价好。所以，最优出价策略是报出真实的心理价位，这是个占优策略。

维克里通过第二价格密封拍卖这一机制设计，可以让每个人老老实实报出自己心中的价格，即说真话成了每个人最好的选择。正因为如此，第二价格密封拍卖也被人们称为维克里说真话机制（Vickrey's truth serum）。尽管这种拍卖方式在实际中应用并不多，但它具有很重要的理论价值。

16.2　独立私人价值拍卖：出价策略与期望收益

上一节我们分析了第二价格密封拍卖中投标人"说真话"的出价策略，这一节我们将分析在独立私人价值拍卖中，其他三种拍卖形式下投标人的最优出价策略，以及拍卖人的期望收益和著名的收益等价定理。

16.2.1　独立私人价值拍卖的最优出价策略

我们已经知道，在第二价格密封拍卖中，投标人的最优出价策略是报出其真实估价。接下来我们仍以紫砂壶拍卖为例，说明为什么在其他三种拍卖方式下，投标人是不会真实披露其心理估价的。

首先我们来看英式拍卖。在这种公开叫价的拍卖形式下，拍卖品从一个较低价格起拍，然后逐渐升价。由于你能观察到其他投标人的出价，因此你的最优策略是不断加价，直至叫价超过你的心理价位为止。如果叫价到 7000 元时就只剩下你一个投标人了，你断然不会说你愿意出 8000 元，因为报 7000 元你可以得到 1000 元净收益，而出 8000 元净收益为零。因此，在叫价超出你的估价以前，说真话对你不利。

同样地，在荷式拍卖中，即使价格降到 8000 元，你可能也不会举牌。因为你很清楚，尽管举牌可以赢得拍卖，但付出 8000 元，净收益为零，即输赢对你毫无差别。如果再等会儿举牌，比如让价格降到 7000 元时再举牌，你就可以得到 1000 元净收益。你等待的时间越长，如果中标你的收益就越大，当然你中标的可能性也会越小。但无论如何，你都有动力以低于你的估价举牌，所以在荷式拍卖中，你也不会披露你的真实估价。

对于第一价格密封拍卖，你不知道其他投标人的出价，因此和荷式拍卖在最优出价策略上是等价的。你如果报价 8000 元，中标的净收益为零。如果报价 7000 元，而其他投标人报价都较低，你就得到 1000 元净收益。如果有其他投标人报价较高，你的净收益则为零。所以在第一价格密封拍卖中，说真话对你没有好处，你自然也就没有积极性披露你的真实估价。由于第一价格密封拍卖与荷式拍卖在策略上是等价的，所以荷式拍卖也被称为第一价格公开拍卖。在这两种拍卖中，投标人对具有独立私人价值物品拍卖的最优出价策略是以低于其估价的价格投标。由于投标价低于真实估价，投标人的中标可能性会降低，因此，投标人是基于中标所获得的收益，通过与中标可能性降低所带来的损失之间的权衡来设定投标价格的。

16.2.2　收益等价定理

以上我们讨论了在具有独立私人价值物品的拍卖中，四种不同拍卖形式下投标人的最优出价策略。我们把独立私人价值定义为这样一种价值形态：投标人知道自己对该拍卖品的心理价位，但是不知道其他投标人的估价，投标人的心理价位与其他投标人的估价无关，即每个投标人的估价是相互独立的。

现在我们换个角度，分析一下在同样的独立私人价值拍卖中，对于拍卖人而言，哪种拍卖方式可以产生最高期望收益。

首先我们看英式拍卖。如前所述，在英式拍卖中，估价最高的投标人胜出，但最后支付的并不是自己心中的最高估价，而是最后一个竞争对手退出拍卖时的价格——实际上这就等于（或者略高于）第二高的价格。这与第二价格密封拍卖中，投标人按自己的真实估价进行投标，胜出后支付第二高价格的情况基本一样。这也是为什么英式拍卖通常也被称为第二价格公开拍卖。因此，在具有独立私人价值的情况下，拍卖人在英式拍卖和第二价格密封拍卖中所能获得的期望收益是等价的，而且两者都是让估价最高的投标人以第二高的价格得到拍卖品。

接下来我们再看第一价格密封拍卖。我们在前面分析过，在第一价格密封拍卖中，投标人若按真实估价投标，中标的收益为零，所以投标人就有激励报出低于自身真实价值的价格。每个投标人都会估计自己的估价与第二高估价的差距，并尽可能使自己的出价略高于第二高估价。在这种情况下，当出价最高的投标人赢得拍卖时，最终支付的金额相当于第二高估价。因此在独立私人价值拍卖中，拍卖人在第一价格密封拍卖获得的期望收益，和在英式拍卖、第二价格密封拍卖中所获得的期望收益基本是相同的。如我们前面分析那样，荷式拍卖与第一价格密封拍卖是策略等价的，那么拍卖人在这两种拍卖方式中所能获得的期望收益也是相同的。

由此可见，在这四种拍卖方式中，胜出者一定是估价最高的投标人，或者说赢家是实际价值最高者。这表明拍卖结果都是有效率的，而且对拍卖人产生相同的期望收益，或者说是所有投标者的估价中的第二高价格的期望值。这就是拍卖理论中非常重要的收益等价定理（revenue equivalence theorem），也是维克里获得诺贝尔经济学奖的主要贡献之一。

我们可以将收益等价定理简单表述为：在符合独立私人价值、风险中性等假设条件下，无论采用上述四种拍卖方式中的哪一种，对于拍卖人来说，具有相同的期望收益，它们都是最优的拍卖机制。当然，这并不是说在这四种拍卖形式中，每件拍卖品对拍卖人都能产生相同的收益，而是说平均而言会产生同样的收益水平。

16.3　关联价值、共同价值与赢者诅咒

维克里在 20 世纪 60 年代开创的拍卖理论有一个基本假设，即投标人对拍卖品具有独立私人价值，并据此得出了收益等价定理。但是在现实中，投标人

大多并不拥有这种独立私人价值，这种完全的独立私人价值更多只是理论上的抽象。在接下来的一节中，我们将简单介绍另外两种拍卖价值形态：关联价值与共同价值。

16.3.1 关联价值与共同价值

实际上在大多数拍卖中，投标人不仅不知道其他投标人对拍卖品的估价，也不完全清楚自己的估价。与此同时，投标人的估价往往并不是独立的，他的估价不仅取决于自身，还受到所有其他拍卖人对该拍卖品估价的影响——某投标人的估价越高，其他投标人对该拍卖品估价高的可能性就越大。这种价值形态下的拍卖被称为关联价值拍卖（associated value auction），是由米尔格罗姆等提出来的一种与现实更贴近的拍卖品价值形态。

除了独立私人价值和关联价值以外，还有一种是共同价值拍卖（common value auction），这是由威尔逊最早提出的概念。在这种拍卖价值形态中，拍卖品对所有投标人而言，其潜在价值是相同的，但投标人都并不知道该共同价值，每个投标人只能依据自己所得到的信息对该拍卖品的真实价值进行估计。

在现实的拍卖环境中，更多拍卖品通常会同时兼具私人价值和关联价值或共同价值。

比如，你是个集邮爱好者，拥有一套珍贵的邮票，但缺了其中一枚，现在集邮市场上正好有这枚邮票要拍卖。你清楚这枚邮票对你的特殊价值，你有自己的估价，这是你的私人价值。但如果你知道其他集邮爱好者的估价远低于你的估价，那你一般就很自然会调低出价，这又属于关联价值。

又如，你准备竞拍一处房产，这套房子所在的小区正好紧挨着你孩子就读的学校，上学、回家都非常便利，因此这处房产对你有特殊的价值，这属于私人价值。当然你也同时会考虑等到孩子将来毕业后，将这处房产售出。至于到时候这套房产是涨了还是跌了，能卖多少钱，对所有竞标者来说都是相同的，这又属于共同价值。因此在竞拍出价时，你既会考虑私人价值，也会考虑共同价值。

共同价值拍卖经常用到的例子是政府对石油、天然气或其他矿产资源开采权的拍卖。

假设有 10 家公司对某块矿产资源的开采权拍卖进行竞价投标，蕴藏在矿区中矿产的实际可开采量、开采难度，对投标人都是未知的，但这些开采权的真实价值对所有投标人都是相同的。每家公司可能会利用地震、遥感探测的数据或其他技术方法对矿藏储量进行评估，从而形成各自的专业评价。在这种共同价值拍卖中，由于每个投标人对拍卖品价值信息的掌握程度不同，因此对拍卖品的估价也会有不同，有些投标人比较乐观，估价会比较高，有些则相对较低。每个投标人都可能试图从其他投标人的投标行为中推断这些信息，并据此来修正自己的信念，以使自己的估价更接近拍卖品的真实价值。同时也会意识到，自己的投标行为也同样会将私人信息暴露给其他投标人。

16.3.2 赢者诅咒

在共同价值拍卖中，投标人需要避免遭遇所谓的赢者诅咒（winner's curse）。在上述矿产开采权的拍卖中，如果你赢得了拍卖，意味着你是 10 个投标人中出价最高的，而其他 9 个投标人都认为该矿产开采权的价值要低于你的出价，这表明你很可能过高地估计了该矿产开采权的价值，从而遭遇了赢者诅咒。赢者诅咒指的是向赢得拍卖的投标人传递了一个"坏消息"，即该中标者对拍卖品的估价大于其他投标人，从而可能支付了超过拍卖品真实价值的价格。也就是说，你虽然赢得了拍卖，却遭受了损失。

赢者诅咒最早被发现广泛存在于石油开采权的拍卖市场中。1971 年，美国石油公司的三位工程师研究发现，在墨西哥湾油田拍卖之后，中标者最终在财务上出现了亏损或实际收益严重低于预期的现象。根据他们收集的案例数据，这种拍卖的竞价分布区间非常广，最高出价往往是最低出价的 5～10 倍，最高甚至达到 100 倍。在 77% 的案例中，中标价超过第二高价格至少 2 倍；在 26% 的案例中，中标价超过第二高价格 4 倍以上。而且，赢者诅咒的严重程度，会随投标人数量的增加而加剧。

赢者诅咒也常常会发生在企业购并市场中。当一家公司要购并某家目标公司时，往往会引起其他竞争对手对该家目标公司的兴趣，导致多家公司相继加入竞购行列。正如我们将在第 17 章"案例讨论：MCI 购并案"中所看到的那样，特别是当行业处于上升周期时，购并方充裕的现金流、对购并整合所产生的协同效应以及对行业发展前景的乐观估计，会让购并公司自信满满、志在必得，彼此的竞购出价被不断抬高，有时甚至到了白热化的程度。最终，胜出的购并方将付出最高的收购价格，而这一价格可能大大超出了目标公司的实际价值，致使购并方遭遇赢者诅咒，从而在收购完成后发现自己无法实现当初交易时的乐观估计，并因此付出沉重代价。麦肯锡咨询公司曾对《财富》世界 500 强和《金融时报》世界 250 强公司进行的 116 项购并调查显示，只有 23% 的公司购并获得了成功，61% 的公司失败，还有 16% 的公司购并成败未定。购并价格过高往往被认为是购并失败的一个主要原因。

在我们日常生活中也有很多赢者诅咒现象，中央电视台曾经的广告"标王"竞拍就是其中的一个例子。1994 年，央视广告部举办第一届央视黄金时段广告招标会。央视是影响力最广、公信力最强的媒体，央视广告黄金时段（《新闻联播》《天气预报》前的 65 秒时段）的公开竞标吸引了无数企业。在近乎狂热的竞标中，孔府宴酒以 3079 万元一举中标，成为央视广告第一届"标王"，被当时央视招标会组织人惊为天价。随后秦池酒业又以 6666 万元、3.21 亿元夺得第二届、第三届"标王"。由于这些企业过高地估计了"标王"的价值，但是作为企业核心竞争力的产品质量、技术研发和经营能力却没能跟上，因此随后相继陷入困境。曾经的孔府宴酒、秦池酒业，包括后来的爱多 VCD、熊猫手机等都先后陷入赢者诅咒，最终走向没落。

又如，2010 年中化集团从挪威国家石油公司（Statoil ASA，现 Equinox 公司）手中收购了巴西 Peregrino 油田 40% 的股份。Peregrino 油田位于巴西东部海岸，是巴西最大的离岸油田之一，并由 Statoil ASA 运营。由于当时全球油价相对较高，深水油田也被视为未来油气生产的重要增长点，因此吸引了包括中石化和中海油在内的多家中国公司竞标。最终中化集团以 30.7 亿美元的最高出价击败了其他竞争者而赢得了这次竞购。但随着全球油价的下滑，

Peregrino 油田的市场价值开始缩水。中化集团的投资回报远低于预期，使得公司在财务上面临压力。2024 年中化集团最终决定以 19.2 亿美元的价格将这笔资产出售给巴西国家石油公司。

由此可见，谁对拍卖品的价值有着最乐观的估价，谁就会赢得拍卖，但很可能是赢了今天，却输了未来。因此，理性的投标人为了规避赢者诅咒，就要把在拍卖中的实际投标价格减少到低于单纯依据独立私人价值所确定的投标价格。这时，你也可以通过逆向思维来评估你的实际出价，即你可以假设，如果你提前知道所有其他投标人的投标价格都低于你，在你已经获胜的情况下，你还会不会出这个价格。

此外，从策略互动的角度来看，赢者诅咒这一现象的发生也可能会对拍卖人不利。因为投标人为避免遭遇赢者诅咒，就会压低投标价格。正如我们在前面所分析的那样，赢者诅咒产生的主要原因是投标人缺乏信息而导致对拍卖品的真实价值的错误估计。这也表明，在拍卖前拍卖人对拍卖品的信息披露越多，或者说拍卖人越"诚实"，最终成交价就可能对拍卖人越有利。特别是当拍卖人拥有共同价值拍卖中拍卖品的私人信息时，他应该尽可能如实披露信息，以提升投标人对拍卖品的估价。如果拍卖人拥有私人信息却不予以披露，投标人很可能会认为这是"坏消息"，就会更大幅度地降低他们的投标价格。投标人对信息掌握越充分，对其估价就越是有信心，在拍卖中实际投标价格降低的幅度就会越小。因此在共同价值拍卖中，诚实是拍卖人的最优选择。因为充分披露拍卖人的私人信息可以减少不确定性，有助于缓解赢者诅咒情况，由此鼓励投标人更积极地报价，给拍卖人带来更高的收益。正因如此，在一些重要的拍卖场合，拍卖人一般会在拍卖前尽可能对拍卖品进行详细信息披露，例如向潜在投标人提供拍卖文物的鉴定材料、拍卖企业的评估报告以及采矿权拍卖前的勘探结果等。

在有关联价值的英式拍卖中，每个投标人的初始出价以及随后是不断依次出价还是退出拍卖这一过程本身，就揭示了其各自的估价信息，使得每个投标人都可以根据这些信息来不断修正自己的估价。由于这种策略性估价可以适当减轻因赢者诅咒所蒙受损失的程度，因此英式拍卖与其他拍卖形式相比，投标人会较少地降低他们的投标价格，进而对拍卖人而言，往往就能拍出更高的价格。这也许可以用以解释，为什么在现实中英式拍卖往往被更多采用。

在第一价格密封拍卖和荷式拍卖中，赢者诅咒的表现则会比较明显。因为在整个拍卖过程中，投标人都不知道其他投标人的估价信息，等到拍卖结束知道时，为时已晚。为了避免因过高估价赢得拍卖却遭遇赢者诅咒，第一价格密封拍卖和荷式拍卖的投标人都会较多地降低他们的投标价格。第二价格密封拍卖虽然和第一价格密封拍卖一样，在整个拍卖过程也得不到其他投标人的估价信息，但由于中标者只要支付第二高出价，而这第二高出价是另一个投标人依据其所掌握的拍卖品的信息给出的，这会适当减轻中标者遭遇赢者诅咒的程度，因此与第一价格密封拍卖相比，第二价格密封拍卖的投标人会较少降低他们的投标价格。其结果在关联价值拍卖中，独立私人价值拍卖中的收益等价定理不再成立，拍卖人在英式拍卖中会得到略高于第二价格密封拍卖的期望收益，而第二价格密封拍卖中的期望收益又略高于第一价格密封拍卖和荷式拍卖。

16.4 欧美的无线电频谱拍卖实践

进入 20 世纪 90 年代以后，作为机制设计理论的一类应用，拍卖机制被越来越多地运用于国有资产转让、电力市场和排污权交易等领域，其研究重点也开始从原来的单物品拍卖转向多物品拍卖，并出现了一些具有实用价值的新拍卖形式。特别是，作为激励性规制的重要手段，新的拍卖形式在无线电频谱等公共资源的有效配置中被越来越多地予以设计和应用。其中，米尔格罗姆、威尔逊与麦卡菲合作，为美国联邦通信委员会（FCC）设计的同步升价拍卖（simultaneous ascending auction，SAA），可以说是拍卖理论的最经典应用之一。这也是米尔格罗姆和威尔逊获得 2020 年诺贝尔经济学奖的重要原因。

16.4.1 美国的同步升价频谱拍卖

无线电频谱资源（radio spectrum resources）相对于电信运营商而言，其重要性犹如土地之于房地产商。随着互联网和移动通信的迅猛发展，频谱资源变得越来越稀缺。如何有效分配频谱牌照，提高稀缺公共资源的配置效率，越来越成为各国电信监管当局面临的重大挑战。

尽管早在 1959 年，科斯就提出了拍卖无线电频谱牌照的建议，但直到 1990 年，无线电频谱牌照的拍卖才首次在新西兰得以实现。新西兰政府在经济学家的建议下，采用维克里拍卖方式，对一系列可应用于电视广播的无线电频谱牌照进行拍卖。但是，那场拍卖总共只获得了 3600 万美元的收入，还不到预计收入 2.5 亿美元的 15%。甚至在其中一个牌照的拍卖中，最高出价为 10 万美元，作为成交价的次高价仅为 6 美元，新西兰的这场拍卖也因此成为笑柄。由此可见，采用什么样的拍卖机制，对于频谱牌照拍卖成功与否至关重要。

1994 年，FCC 经由国会许可，开始采用拍卖机制配置无线电频谱牌照。

FCC 最开始采用听证会方式来分发频谱牌照。在这种通过听证分配频谱牌照的方式中，运营商们都需要做好充足准备来接受质询，并证明为什么由它获得频谱牌照最有利于美国民众。这种方式导致了激烈的游说活动，而且冗长的听证程序致使效率低下。

美国后来又采用过基于随机抽取的分配方式。在这种抽签方式面前，各家参与者机会均等，招致大量申请者蜂拥而来，使得不少频谱牌照落在并不属于电信业的公司手里。它们把得到的牌照高价转卖给那些抽签落选的电信运营商，导致频谱牌照的二手交易市场变得非常火爆，美国联邦政府却没挣到钱。一个典型例子就是，一家通过抽签得到蜂窝电话牌照的获胜者，转手将牌照以 4150 万美元卖给了西南贝尔公司（SCB）。如果采用拍卖机制，可以通过竞价将牌照分配给最高出价者，因而也是最有能力使用这些稀缺的频谱资源的电信运营商，还能给联邦政府带来可观的财政收入。

考虑到每段频谱可售出多项牌照，每项牌照覆盖一定的区域，而买方对某项牌照的估价与它所拥有的其他牌照有关，因此米尔格罗姆和威尔逊等设计的 SAA，将价值相互关联的多个频谱牌照同时进行竞价，整个拍卖过程由多轮密封递价组成。在拍卖开始前，投标人需缴纳拍卖押金，押金金额与投标人获许竞拍的牌照数量成正比。每项牌照将设置较低的底价，以保证所有牌照都有多个投标人竞拍。第一轮拍卖开始后，每个投标人都可以同时对不同牌照分别进行密封报价，该轮结束后将公开每项牌照的报价信息，并给予投标人充足的时间考虑这些价格信息，然后再进入下一轮报价。在每轮竞拍中，投标人可以对任何牌照提交自己调整后的报价，报价按规定的比例递增。同时允许拍卖人撤回部分或全部牌照的报价，但存在次数限制。每一轮竞价的结果信息，在下一轮竞价开始之前全部公开。最后拍卖将会在没有新报价的轮次结束，每项牌照出价最高的投标人胜出，并支付其报价。

SAA 比序贯或者密封竞价拍卖效果好，主要原因在于价格发现（price discovery）。SAA 的同步多轮竞价和公开加价，使得投标人能够依据各项牌照的价格变化，在可以相互替代的牌照之间进行转换，因而创造市场价值。当某项特定牌照报价高于自己的估价时，这些运营商就会放弃对该牌照的报价，而转向与自己估价和需求匹配的相对便宜的牌照。这种有弹性的多轮调整不仅可以让投标人更加灵活地进行可替代牌照的选择优化，促成可替代牌照的价值趋同，还可以实现那些具有互补性的牌照的有效聚集，使得每项牌照都能较好地配置到可以发挥最优价值的投标人手中，提高了无线电频谱资源的配置效率。同时，这种同步多轮拍卖中，投标人在每一轮都需要对不少于一定数量的牌照出价，否则允许该投标人竞拍的牌照上限会相应降低，以避免投标人前期"潜水"而不参与提供私人信息、临近结束才举牌的现象。这样，随着牌照报价递增，更多的信息被揭示，所有投标人都很难隐匿自己的私人信息，每一轮竞价结束后的报价披露揭示了彼此对牌照估价的信息。在关联价值的拍卖中，这种信息披露可以显著降低赢者诅咒效应，因而有助于提高拍卖价格，增加政府的财政收入。

1994 年 6 月 25 日，经过 5 天 47 轮的拍卖，FCC 的同步升价频谱拍卖获得成功，6 家运营商拍得了 10 项无线电频谱牌照，拍卖为美国政府带来了 6.17 亿美元的财政收入。同年 12 月，FCC 再拍出 99 项宽频个人通信服务牌照，收入达 70 亿美元。自 1993 年以来的 30 年里，FCC 的频谱拍卖总共为美国政府带来了超过 2300 亿美元的财政收入。

16.4.2　欧洲的 3G 牌照拍卖

继美国之后，英国、荷兰、德国、意大利、瑞士、丹麦等欧洲国家也相继以拍卖的方式分配无线电频谱牌照，并在越来越多的应用场景中演化出更多不同的拍卖形式。[⊖]

英国是欧洲第一个进行第三代无线电频谱 3G 牌照拍卖的国家。在此之前，英国政府的好几项拍卖都失败了：在一个电视转播权的拍卖中，一些地区的成交价格只有其他地区的万分之一；英国的电力拍卖中出现了价格合谋。

为了确保 3G 牌照的拍卖取得成功，英国从 1997 年就开始谋划，组织专家学者用了三年时间对拍卖方案的选择进行了深入细致的研究，其间还专门招募伦敦大学生代替运营商管理层进行拍卖方案的模拟实验。

2000 年 3 月，拍卖正式启动实施。开始的计划是拍卖四张 3G 牌照。由于当时英国市场上有四家在位电信运营商，这些运营商不仅拥有 2G 牌照和用户，而且具有可以利用 2G 基础设施降低建设 3G 网络成本的优势，所以如果直接采用英式升价拍卖，很可能会阻止处于劣势的新进入者参与激烈竞价，甚至根本不进入。因此，如何设计拍卖方案以吸引新进入者参与，就成为政府的主要政策考量。

英国政府最初选择了著名拍卖专家、牛津大学教授保罗·柯伦柏（Paul Klemperer）建议的方案。这个方案是一种升价拍卖和密封拍卖的混合，被称为英荷混合拍卖（Anglo-Dutch auctions）。首先进行升价拍卖，直到只剩五个买方为止；然后五个买方在该阶段的最后报价基础上，各自密封报价，竞争四张牌照。

英荷混合拍卖的基本思路是通过升价拍卖，减少纯密封拍卖可能导致的效率损失；在密封拍卖阶段谁能成为赢家的不确定性，可以吸引更多新进入者，同时密封拍卖也会使得买方间的默契合谋变得困难。

但随后英国政府提出可以拍卖五张牌照，这时选择简单的英式升价拍卖方案就变得更具有优势。由于没有买方可以赢得一张以上的牌照，且牌照不能被

⊖　柯伦柏 . 拍卖：理论与实践 [M]. 钟鸿钧，译 . 北京：中国人民大学出版社，2006.

分开，这就使得买方之间很难形成合谋。同时至少有一个新进入者将拍得一张牌照，且没有人知道哪个新进入者会赢得牌照，这就有可能吸引尽可能多的新进入者，还能更好地避免在拍卖过程中合谋和进入阻止现象的发生。

在 A、B、C、D、E 五张 3G 牌照中，A 牌照的频谱带宽最大，拍卖规则规定只能由新进入者拍得，在位运营商只能竞标其他四张牌照。这样设计的目的是希望通过新进入者针对 A 牌照的激励竞争来抬高其他四张牌照的报价。每当 A 牌照的报价高于其他牌照时，新进入者就会转移目光，去挑战在位运营商想占有的其他四张牌照，而当在位运营商抬高报价后，新进入者又回去竞争 A 牌照。通过牌照价格之间的这种相互影响，可以真正实现竞争性的价格。

拍卖从 2000 年的 3 月 6 日开始到 4 月 27 日结束，共有九个新进入者和四个在位运营商展开了激烈竞价。报价进行到第 150 轮时，终于没有竞标者再加价了，拍卖结束。这次拍卖非常成功，英国政府共获得 385 亿欧元的拍卖所得，超过预期 4 倍，折合人均 653 欧元，被认为是从公元 195 年古罗马近卫军拍卖整个罗马帝国之后，全球最大规模的一次拍卖。

英国的成功让更多国家看到了希望，欧洲各国也都相继行动。2000 年 7 月，德国开启了 3G 牌照的拍卖。德国政府选择了一个比较复杂的拍卖方案，12 组频率通过同步升价拍卖出售，每个买方只能竞得一张牌照，它可以是由 2 组频率组成的小牌照，也可以是 3 组频率组成的大牌照。可能是因为升价拍卖多少影响了进入，德国的拍卖只有七个买家参与。尽管如此，这次拍卖还是取得了成功，最终四个在位运营商和两个新进入者竞得牌照，而且都是由 2 组频率组成的小牌照。德国政府的这次拍卖取得了和英国一样好的效果，收入高达 505 亿欧元，折合人均 615 欧元。

荷兰则照搬了英国的升价拍卖方案。荷兰有五张牌照和五个在位运营商，由于牌照数量和在位运营商数量相同，而政府又没有设计出鼓励新进入者的激励机制，因此一些潜在进入者在意识到自身处于弱势地位的情况下，选择与本地运营商合作，结果只有一个新进入者参与了拍卖。但是在拍卖过程中，一家在位运营商威胁新进入者如果继续竞价，它将采取法律措施要求补偿。尽管新进入者向政府报告了这一情况，但考虑到取消这家在位运营商的竞拍资格，可能会导致拍卖在较低报价时就提前结束，因此政府没有采取任何行动。结果这场拍卖只拍得 27 亿欧元，折合人均 169 欧元，远远低于预期。6 个月后，荷兰国会开始了对整个拍卖过程的调查。

意大利也选择了和英国基本相同的计价拍卖方案。它吸取了荷兰的教训，额外规定，如果买方数量不多于牌照的数量，那么牌照数可以减少。但是，在意大利于 2000 年 10 月举行拍卖时，市场和 6 个月前英国拍卖时面临的环境已经有了巨大变化。随着不少科技公司的泡沫破灭，NASDAQ 股票指数迅速跌落，电信运营商的股价也纷纷下调，这自然影响了 3G 牌照的拍卖价格。再加上买方从前期英国、德国和荷兰的拍卖中汲取了经验，在升价拍卖中要么不参与，要么联合参与，从而使得竞拍企业数量减少。结果是六家运营商竞争五张牌照，而且由英国电信运营商与意大利合作伙伴组成的竞标联合体在拍卖中途又退出了，以致出现五家运营商竞争五张牌照的尴尬局面。最终意大利政府从这次拍卖中只获得 122 亿欧元的收入，折合人均 240 欧元。

2000 年 11 月，瑞士政府采用升价拍卖出售四张 3G 牌照。尽管最初有相当多的潜在进入者对牌照表示出很强的兴趣，但在得知在既定升价拍卖规则下很难胜出后，纷纷放弃了。另外，瑞士政府在拍卖规则制定上也犯了严重错误，允许竞拍者在拍卖结束前联合出价，这相当于纵容公开合谋。因此在拍卖举行的前一周，竞拍企业从九家迅速降到了四家，而牌照数也刚好是四张。政府意识到错误试图延期并修改规则，却遭到了企业的联合抵制。结果这场拍卖以失败告终，牌照的出售价格等于政府设定的保留价格，只获得了 0.8 亿欧元的收入，折合人均 20 欧元，只有政府事先预估的 1/50。

2001 年 9 月，丹麦举行了西欧最后一场 3G 牌照拍卖。当时，牌照的价值已经比较低，而且政府计划拍卖的牌照数量与在位运营商数量相同，都是四个。再加上丹麦 3G 牌照拍卖进行得较晚这一事实，使得拍卖中的进入和合谋问题变得更加突出。丹麦政府经过审慎研判，最终选择了密封出价拍卖，并事先承诺对买方的数量保密。设计者希望这样做可以使弱势的新进入者有胜出的机会，从而吸引到新进入者，并迫使在位运营商为确保获得牌照而选择更高出价。这一拍卖方案最后获得了成功，三个在位运营商和一个新进入者竞得牌照。那家输掉的在位运营商则可以通过租赁牌照所有者的网络，成为虚拟网络运营商来提供 3G 服务。这次拍卖共获得 5 亿欧元的收入，折合人均 90 欧元，几乎是最初期望收入的两倍。

柯伦柏教授在分析欧洲电信 3G 牌照拍卖案例时强调，传统产业组织理论中的进入阻止和合谋问题，实际上比高深的拍卖理论中所讨论的一些问题更为重要。拍卖方案的设计是否有利于吸引进入、防止合谋以确保拍卖的竞争性，对于拍卖成功与否至关重要。在英国非常成功的升价拍卖方案，在荷兰、意大利和瑞士却遭遇失败。如果这些国家能够在事前认识到进入和合谋的问题，事先设计能够鼓励进入的激励机制，并且给予弱势进入者以胜出的机会，就可以吸引更多新进入者参与竞价，拍卖结果可能就会好得多。

当然，没有一个好的拍卖方案是可以放之四海而皆准的。就如柯伦柏教授所言："欧洲其他国家如果不模仿英国拍卖无线电频谱，那将是非常愚蠢的；但如果其他国家简单地照搬英国的拍卖方案，而不考虑自己的特定环境，那也是同样愚蠢的！"买方大都聘有专业的竞标咨询顾问为其出谋划策，特别是在这种各个国家依次进行的拍卖中，后期拍卖的买方会通过学习前期拍卖的经验教训而变得更加聪明。它们会利用规则中的漏洞来阻止进入，或者可能进行合谋，以避免相互抬高价格。这也是为什么一个前期很成功的拍卖方式，运用到后期一个新的拍卖场景时往往会遭遇失败。在九个举行 3G 牌照拍卖的西欧国家中，尽管拍卖的牌照非常相似，但是拍卖结果大相径庭。这告诉我们，一个好的拍卖方案的设计需要具体问题具体分析，必须在汲取前期拍卖经验教训的基础上，根据变化了的具体环境精心进行度身定制。[○]

2000～2001 年欧洲的 3G 牌照拍卖，不仅获得了超千亿欧元的收入，而且为拍卖理论的研究和实用拍卖方案的设计提供了非常有价值的第一手资料。但也有不少观点认为，如此昂贵的牌照拍卖，让欧洲运营商承受了巨大的财务压力，导致电信基础设施投资减少，从而对欧洲移动通信业的发展产生了不利影响。尽管这一争论最终并没有形成共识，但在之后的 4G 和 5G 频谱拍卖中，再也没有出现过这样的高价。

○ 柯伦柏. 拍卖：理论与实践 [M]. 钟鸿钧，译. 北京：中国人民大学出版社，2006.

本章小结 ✅

拍卖是一种以竞价形式将物品转让给最高出价者的交易方式，主要有四种标准拍卖方式：英式拍卖，即从某个底价开始升序式竞价，投标人可以观察到其他人的报价，并有多次出价机会；荷式拍卖，即从最高价开始询价，价格逐步降低直至有投标人愿意成交；第一价格密封拍卖，投标人同步书面递交自己的密封报价，出价最高者中标，并支付自己中标的价格；第二价格密封拍卖，拍卖程序与第一价格密封拍卖相同，但出价最高的中标者只需支付第二高价格，这种拍卖机制可以使得每个投标人诚实地报出自己的心理价位，即说真话是他们的占优策略。

不同的拍卖品价值形态会对拍卖产生影响。在独立私人价值拍卖中，投标人知道自己对拍卖品的心理价位，各投标人的心理价位是相互独立的。在关联价值拍卖中，投标人既不知道自己对拍卖品的心理价位，也不知道其他投标人的估价，投标人根据自己拥有的信息进行策略性估价。在共同价值拍卖中，拍卖品的真实潜在价值对所有投标人都是相同的，但投标人并不知道，每个投标人只能依据自己所获得的信息来评估。此外，在共同价值拍卖中，中标者往往会遭遇赢者诅咒，即赢家通常是对拍卖品估价最为乐观的投标人，因支付了超过该拍卖品实际价值的价格而蒙受损失。

在独立私人价值拍卖中，英式拍卖中投标人的最优出价策略是不断出价，直至价格超出心理价位。第二价格密封拍卖的最优策略是报出心中真实估价。第一价格密封拍卖和荷式拍卖中投标人的可利用信息几乎是一样的，因而是策略等价的，其最优出价策略是以低于其估价的价格投标，并需要对中标获得的收益和中标可能性降低所带来的损失进行权衡。在满足一定条件下，这四种拍卖方式对拍卖人的期望收益是相同的，对投标人也是无差别的，这就是著名的收益等价定理。

在关联价值拍卖中，英式拍卖的投标人可以用拍卖中的信息随时修正自己的估价，因此与其他拍卖方式相比会较少降低他们的估价。而第一价格密封拍卖与荷式拍卖的投标人为避免出价过高而遭遇赢者诅咒，会较大幅度地降低他们投标价格。第二价格密封拍卖与第一价格密封拍卖在可利用信息方面相同，但由于中标后支付的是第二高价格，因此投标人会相对较少地降低他们的投标价格。其结果是拍卖人在英式拍卖中的期望收益略高于第二价格密封拍卖，而第二价格密封拍卖中的期望收益又略高于第一价格密封拍卖和荷式拍卖。

　　作为实施激励性规制的手段之一，拍卖越来越多地被应用于稀缺的公共资源的分配中。从欧美各国无线电频谱拍卖实践看，拍卖形式的创新具有巨大的实际应用价值。一个好的拍卖方案的设计，必须具体问题具体分析，拍卖方案如何吸引进入和防止合谋，是拍卖能否成功的一个重要因素。

本章重要术语

　　标准拍卖　英式拍卖　荷式拍卖　第一价格密封拍卖　第二价格密封拍卖
　　维克里说真话机制　独立私人价值拍卖　收益等价定理　关联价值
　　共同价值　赢者诅咒　同步升价拍卖　英荷混合拍卖

第17章

案例讨论：
MCI 购并案

2005 年 2 月的一天，MCI 通信公司（以下简称"MCI"）的董事会会议室烟雾缭绕，董事们反复权衡威瑞森电信公司（Verizon，以下简称"威瑞森"）和奎斯特电信公司（Qwest，以下简称"奎斯特"）收购 MCI 的提案，对股东、客户、员工和他们自己利益的影响。董事会倾向于威瑞森，因为无论是经营规模还是资产质量，威瑞森都要比奎斯特强得多。但是股东们欢迎奎斯特的更高报价。对董事们来说，如果能够促使威瑞森提高报价就好了！

他们该怎么做呢？

17.1　背景资料

MCI 通信公司是美国第二大长途电话业务运营商，拥有稳定的大公司、政府及商务客户，数量仅次于 AT&T。MCI 有大约 6 万家大型客户和 100 万家中小企业注册客户，并拥有 1300 万个家庭电话用户。同时，它还拥有全球最大的 IP 骨干网和全球数据网络，这个网络将北美、欧洲、亚洲、拉美、中东、非洲和澳大利亚等地的大城市和各个区域连成了一体。MCI 所开发的整合通信产品与服务，奠定了当今市场上商业及通信业的基础。

MCI 的前身是互联网繁荣时期的股市明星世通公司（WorldCom）。世通公司 1983 年成立于美国密西西比州首府杰克逊市，最初取名为 LDDS 公司，意为长途话费优惠服务公司。1989 年 8 月，世通公司在收购 Advantage 公司后上市。1995 年，公司更名为 LDDS 世通，随后简化为世通。20 世纪 90 年代，通过一系列的收购，公司规模迅速膨胀。1997 年 11 月 10 日，世通购并了成立于 1963 年的长途电话公司 MCI 通信公司，创出当时美国收购交易的历史记录。1998 年 9 月 15 日，新公司 MCI 世通（MCI WorldCom）正式营业，随后再次改名为世通。

在 20 世纪 90 年代互联网泡沫急剧膨胀时期，世通是极具扩张力的电信企业。借助美国互联网高科技的风口，世通举债 410 亿美元，大肆购并电信资产和扩建网络，先后购并了 60 余家中小型通信公司，从一家小型地方电信企业，迅速扩张为仅次于 AT&T 的美国第二大长途电话公司，成为华尔街追捧的明星电信企业。当时的世通拥有世界第一大全球数据网络，为 100 多个国家和地区提供互联网接入服务，运营机构遍布 65 个国家和地区，营业收入在世界 500 强中名列前茅，其市值最高时更是高达 1900 亿美元。

世通对 MCI 的购并是在一场激烈的竞购战后才完成的，当时对 MCI 感兴趣的还有英国电信公司和美国本地电话公司巨头 GTE。英国电信公司早在 1994 年的一次交易中就持有了 MCI 20% 的股份，为了巩固在 MCI 中的地位，又在 1996 年 11 月 4 日提出了总价值 240 亿美元的现金加股票的竞购意向，GTE 也提出了 280 亿美元的报价。最终世通在这场激烈的竞购战中胜出，向 MCI 股东支付了高达 370 亿美元的对价。

然而，世通的这次购并使其遭遇了赢者诅咒。在世通收购 MCI 后不久，美国通信业开始步入低迷期，由于业务较为单一，主营业务长途电话服务的营收欠佳，再加上盲目扩张造成财务状况恶化，导致股票价格下滑。世通高管铤而走险，通过做假账来掩饰其持续恶化的财务状况和巨额亏损，拉动股票价格上升，然后卖出自己持有的股票期权以谋取利益。2002 年 6 月 26 日，世通涉嫌 110 亿美元的财务欺诈丑闻曝光。同年 7 月 21 日，在被指控进行一系列会计欺诈行为之后，世通申请破产保护，这是美国历史上最大的企业破产案。世通及其在美国的所有子公司的业务继续运行，并作为债务持有人继续管理有关财产。世通 CEO 伯纳德·埃贝斯随后被判处 25 年监禁，并没收几乎所有个人财产。在经历了 21 个月的重组后，世通摆脱了 350 亿美元债务，员工由原来的 7 万名裁减为 5 万名，同时对原有管理团队进行了仔细审查，解雇了直接或间接卷入财务丑闻的 100 名管理人员，并于 2004 年 4 月 20 日正式重新更名为 MCI，重组后公司总部也从密西西比州迁至弗吉尼亚州。

走出破产困境的 MCI 采取了压缩公司运营架构、大幅削减开支的措施。然而，长途电话业务已经成为套在 MCI 脖子上的一个沉重负担。手机和移动新技术的兴起，固话公司介入长话市场，宽带网络的迅速壮大，都使 MCI 这样的传统长话公司感受到了前所未有的巨大压力。MCI 在 2004 年的销售额约为 207 亿美元，较上年减少 40 亿美元，亏损 40 亿美元，总市值从早先世通公司最高时的 1900 亿美元降为 64 亿美元左右。因此，尽管 MCI 刚刚走出破产阴影，但是在新的大环境下，似乎也只有与一家好的电信公司合并重组的生路。因此在过去数月中，它一直在寻求合适的买家。特别是美国第二大固话公司西南贝尔公司宣布正就购并美国第一大长话公司 AT&T 一事进行谈判的消息发布后，MCI 更是加快了寻找买家的步伐。

MCI 的经历也反映了美国电信业半个世纪以来的演变过程。20 世纪 70 年代，MCI 为了挑战当时称霸美国的电信巨头 AT&T 的垄断，与后者打了 10 年的官司，终于在 1980 年取得了垄断诉讼案的胜利，推动了美国反垄断的立法进程，并直接导致了垄断美国长话、固话和电信设备市场 100 年之久的 AT&T，在 1984 年被 FCC 强行拆分为 8 家公司。其中本地固话业务脱离母公司，分为 7 家小贝尔公司，而独立出来的 AT&T 只允许经营长途电话业务。这 7 家地区性小贝尔公司后来变成了 4 家美国最大的固话公司，也就是占据东部市场的威瑞森，西南部、西海岸和中西部的西南贝尔，南部的贝尔南方和西部的奎斯特。

自 1984 年 AT&T 被拆分起，美国电话市场也随之一分为二，即本地固话业务与长话业务。从这以后，美国普通家庭的一条电话线上至少连接两家公司，一家本地固话，一家长话，用户分别向两家公司缴纳电话费。正因为美国电信监管部门长期实施打破垄断和鼓励竞争的政策，一批新兴的运营商得以借势而起，迅速发展起来。以环球电讯和世通为代表的一批明星企业借助收购、兼并和大规模固定资产投入，实施高速扩张战略，也由此将美国电信业带入高风险的泡沫边缘。2002 年，世通申请破产保护和环球电讯的"光速"破产，引发了全球性的电信业危机，更多的电信企业陷于破产的边缘。在这种情况下，美国电信运营商迫切需要通过兼并重组来携手共渡难关。

1996 年，美国电信监管部门开始允许长途运营商与固话运营商互跨对方业务，这对于长途运营商来说是一个重大打击。由于固话公司"最后一公里"的自然垄断属性，使得固话运营商跨入长话业务比长话运营商跨入本地固话业务容易得多。再加上新兴无线通信技术的兴起和宽带网络的不断壮大，使得受到前后夹击的长话公司在激烈的市场竞争中节节败退，市场业绩出现连年下滑的局面，最后不得不成为令人羞愧的被吞并者。

不过，这些长话公司仍然拥有大量的大型企业客户，固话公司也非常希望获得这些客户以扩展业务。此外，电信业的危机让美国电信监管部门重新审

视过往的长短分离、拆分大型运营商以及鼓励新兴运营商发展的监管政策。自
2000 年以来，FCC 不断寻求替电信运营商松绑的政策，希望能帮助它们摆脱
巨大的财务压力。FCC 新的领导人开始相信，打破垄断后雨后春笋般冒出来
的小规模运营商带来了无序竞争，使美国电信业遭遇了前所未有的寒流，因此
大规模的纵向和横向购并有益于电信业的发展。整合客户的无线、有线、本地
固话、长话甚至宽带的所有需要，向全业务提供商转型，成为美国大型电信企
业走出困境的基本战略。

　　图 17-1 展示了 2001～2004 年 MCI 的总营收与利润率。

单位：百万美元

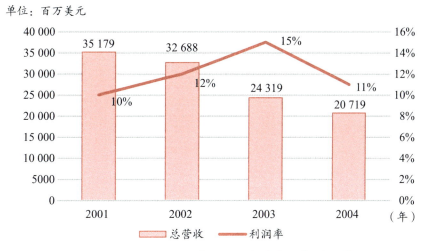

图 17-1　2001～2004 年 MCI 的总营收与利润率

资料来源：MCI（2005-02）。

　　威瑞森是由美国两家地区性贝尔运营公司——大西洋贝尔和 Nynex 合并
建立 BellAtlantic 后，又在 2000 年 6 月 30 日与独立电话公司 GTE 合并而成
的。合并后的威瑞森是美国最大的固话运营商，在美国住宅用户市场上拥有三
分之一的占有率，并且在美国第二大无线运营公司占有大部分股份，是北美第
一个在传统电话网中引入分组技术的固话运营商。2001 年，威瑞森开始 NGN
商用试验。2004 年 3 月，威瑞森完成了全美范围内的宽带网络建设，并立即
开始面向大型商业用户、政府和教育机构强势推出新的数据和语音服务。威瑞

森在全美主要城市的光纤总长度达 970 万公里，居美国同行之首，并拥有 1660 万长途线、230 万宽带 DSL 用户以及 3750 万户无线用户。公司位于纽约，员工 21 万人，2004 年营业收入 710 亿美元，利润 78 亿美元，市值约 1100 亿美元。

奎斯特是美国第四大固话运营商，业务覆盖美国西部的二十多个州。公司也拥有全美范围的长话网络，对消费者、企业和其他运营商提供本地固话和长话服务收益超过公司总收益的三分之二，公司还拥有 75 万无线用户和 130 万高速互联网连接客户。

奎斯特曾经是电信业界的"宠儿"，它也是经过一系列购并后迅速扩张而发展起来的。1998 年，奎斯特以 2700 万美元收购了凤凰网络，以 44 亿美元收购了长途服务供应商 LCI International，将公司规模扩大了一倍。2000 年 6 月 30 日，奎斯特又以 560 亿美元收购了 US West。但随着美国电信市场的下滑，遭遇赢者诅咒的奎斯特财务状况就一直不好。2002 年夏天，奎斯特被曝于 2000 年和 2001 年两年内虚报营业收入 22 亿美元，美国证券委员会（SEC）与司法部随即对其展开调查。此消息一出，本已债台高筑、危机四伏的奎斯特在声誉和业务两方面遭受重创。市场分析人士认为奎斯特很快就会申请破产保护，股价缩水一度高达 92%。尽管后来靠出售黄页业务所得的约 70 亿美元躲过了破产危机，但高达 170 亿美元的债务，加上缺乏无线业务，让奎斯特的前景一片黯淡。2004 年 9 月 10 日，奎斯特宣布同 SEC 和解，同意支付 2.5 亿美元来平息关于针对它的财务欺诈行为的指控。同年，奎斯特实现营业收入 138 亿美元，亏损 17.9 亿美元，总市值约 80 亿美元。此后，奎斯特力图提供额外的服务来保留本地固话客户，以减缓营业收入下降的趋势，同时大幅削减开支，裁减了约 5500 名员工。对奎斯特来说，与 MCI 这样的公司合并，或许倒是提振市场信心、维系生存的一个绝好机会。

17.2　博弈过程

17.2.1　序曲

2005 年 1 月 31 日，西南贝尔公司宣布将以 160 亿美元购并 AT&T 之后，电信公司所面临的整合压力与日俱增。MCI 和奎斯特正在进行谈判，双方可能达成合并协议。奎斯特希望以接近后者市值的价格收购 MCI。不过谈判仍存在很大变数，不排除谈判破裂的可能。

奎斯特的收购计划随时可能因竞争对手威瑞森的加入而搁浅。后者也在与 MCI 进行试探性的接触，但还没有最终决定是否参与收购。熟悉威瑞森收购计划的人说，MCI 如果竞拍的话，威瑞森将有可能放弃收购。因为它不希望因盲目竞购而遭遇赢者诅咒，它感兴趣的是以一个合理的价格得到 MCI，并且已经为此做了大量的工作。

分析人士表示，威瑞森和奎斯特要想继续在西南贝尔 –AT&T 公司所主导的商务服务领域一争长短的话，购并 MCI 可能是一个比较好的选择。但是相对于奎斯特来说，威瑞森的财务状况良好，发展潜力更大。奎斯特用于收购的股票则被认为更具风险性，因为该公司资本实力比威瑞森要弱得多，在发展前景上面临着严重障碍。

2005 年 2 月 3 日，奎斯特首先提出了收购方案，以接近 MCI 当时市值的价格即约 63 亿美元收购 MCI，随后又将这一出价提高到 70 亿美元。对于奎斯特而言，MCI 现在可以称得上是它的救命稻草。MCI 虽然收益不高，但负债很少。对于负债累累的奎斯特而言，购并 MCI 可以极大地缓解其所面临的债务困扰。奎斯特的负债约为 EBIDTA（息税折旧及摊销前利润）的 3.8 倍，这是相当高的负债比率。如果收购了 MCI，奎斯特的营业收入和现金流将增加，负债额也将相应降低至 EBIDTA 的 2.7 倍，这可以使奎斯特接近投资等级的水准线。而且这桩交易还有助于奎斯特削减重叠交叉的通信网络和人员岗位，奎斯特甚至认为在合并后可以实现裁员 1.5 万人，节省费用开支几十亿美元。

然而，对于 MCI 董事会而言，与奎斯特合并将是一桩令人沮丧的交易。大家都清楚，无论是 MCI 还是奎斯特都没有明确的未来。MCI 和奎斯特都是电信产业泡沫中侥幸存活下来的电信运营商，它们都经历了财务丑闻，都深陷财务困境。即使两家合并，新公司依然会笼罩在不久前宣布合并的西南贝尔 –AT&T 公司的阴影中。因为西南贝尔的本地电话网络比奎斯特的网络要大，且利润更多。在大型企业用户电信市场，AT&T 收入也远超 MCI。这也就是 MCI 的管理层和一些投资者希望让更具实力的威瑞森来购并 MCI 的原因所在。

面对奎斯特的收购提案，MCI 董事会决定寻找白衣骑士[⊖]。MCI 董事会联系了威瑞森。2005 年 2 月 11 日，威瑞森非正式地向 MCI 提出了收购方案，总价格为 67.5 亿美元（每股 20.75 美元），其中 19 亿美元为现金。威瑞森提供的 MCI 收购价为每股 6 美元现金（含 MCI3 月 15 日支付的每股 0.40 美元的股息）加上 0.4062 股的威瑞森股票。闻知这一消息后，2 月 12 日，奎斯特随即把报价提高到了 80 亿美元，即每股 24.60 美元的收购价格。奎斯特的报价将为每股 MCI 股票支付 7.5 美元现金和 1.6 美元季度分红以及 3.735 股奎斯特股票（相当于 15.50 美元）。如果奎斯特成功收购 MCI，MCI 股东将在合并后的公司中占据 40% 的股份，而如果由威瑞森来购并 MCI，MCI 股东在新公司中的股份将只有 6% 左右。因此奎斯特认为还是前一种安排能使 MCI 股东从协同效应中获益更多。

面对两家公司的报价，MCI 的一些股东都表示支持与出价高的奎斯特合并。MCI 当时的股东主要是机构投资者，占比为 75%。另外还有两位较大的个人投资者卡洛斯·赫鲁和萨缪尔·里曼，分别持有 13% 和 9% 的股份。公众持有公司股份不到 3%，MCI 的"内部人士"持有大约 0.5% 的股份。

2005 年 2 月 14 日，MCI 董事会经过讨论后还是决定接受威瑞森的低价方案。CEO 迈克尔·卡佩拉斯（Michael Capellas）表示："与威瑞森雄厚的资金实力和良好的运营能力结合，我们将加快推出下一代服务的步伐，拓展我们的产品范围，更好地为客户服务。"威瑞森 CEO 伊万·塞登伯格（Ivan Seidenberg）则表示："这是在适当时候进行的适当交易。"有分析师指出，MCI 肯接受威瑞森较低出价的一个很重要的原因，是考虑到了威瑞森强大的发展潜力和良好的资产负债表。奎斯特要收购负债相对较少的 MCI，其目的是改善自己糟糕的资产负债表，而威瑞森以往的业绩能够证明这是一桩可以为

⊖ 是指企业面临收购时，为了维护股东和公司利益，寻找自己合意的第三方企业来参与竞购。

股东、客户和员工创造价值的交易。威瑞森比奎斯特更有能力提升 MCI 的价值。对威瑞森来说，收购 MCI，不仅令威瑞森的线路网络增加 9.8 万英里，同时还可以拥有包括 75 个联邦机构和惠普公司在内的企业大客户。

威瑞森与 MCI 的合并协议还商定，如果 MCI 最终选择其他买家而终止与威瑞森的协议，那么 MCI 需要向威瑞森支付终止赔偿费 2 亿美元。

当然，不是所有的 MCI 大股东都赞成董事会的决定。一些大股东抱怨威瑞森的报价低估了 MCI 的价值，对 MCI 董事会愿意接受较低竞价的决定感到很惊讶，认为董事会的责任是让股东的利益最大化，与威瑞森签署合并协议却拒绝奎斯特的报价，就是"将十多亿美元放在桌子上却不拿"，因此敦促公司重新考虑与奎斯特的交易。一位套利者甚至直白地说："我们想要出价最高的，但是交易一结束我们就各走各路。"消息发布之后，威瑞森的股价上升了 55 美分至每股 36.86 美元。与此同时，MCI 股价下滑了 1.17 美元至 19.58 美元，奎斯特的股价则是下滑 25 美分至每股 3.90 美元。

17.2.2 发展

2005 年 2 月 17 日，奎斯特 CEO 理查德·诺特巴特（Richard Notebaert）针对 MCI 董事会接受威瑞森公司 67.5 亿美元购并协议发起反击。他致信 MCI 董事会，指责其对奎斯特的最后竞价没有做出及时的回应，也未向他提供 MCI 的有关信息。然后，在 2 月 18 日的《华尔街日报》上，诺特巴特指出 MCI 和威瑞森合并以及西南贝尔和 AT&T 合并，将催生出两家巨头垄断电信市场的局面。"垄断必会导致官僚主义的滋生，导致价格竞争的消失，限制创新，妨碍电信政策的制定。"诺特巴特呼吁美国联邦电信监管部门阻止威瑞森和 MCI 合并。他指出，合并后的威瑞森 -MCI 公司和西南贝尔 -AT&T 公司将一手遮天，它们将占据 79% 的企业和政府市场，这是通信市场利润最高的领域；合并后的新公司可以利用自己的规模以及价格战等手段打击竞争对手，其他对手根本无法获得更多市场份额；两大巨头必会挤压其他竞争对手，使它们无生存之地，而奎斯特也将是其中一员。

由于诺特巴特在致 MCI 董事会的信中表示，在研究了威瑞森的报价后，奎斯特可能会提出新的报价，市场普遍预期奎斯特与威瑞森的 MCI 竞购战会进一步升级，MCI 和奎斯特两家公司的股价双双走高。2 月 18 日，MCI 股价上涨 8%，以每股 22.31 美元收盘。这个价格已经超过了威瑞森的收购价格，并且也是 MCI 股票自 2004 年 4 月以来的最高价位。奎斯特股价上涨幅度接近 3%，以每股 3.95 美元收盘。威瑞森股价下跌 1%，以每股 35.31 美元收盘。

MCI 董事会接受威瑞森 67.5 亿美元的购并协议后，MCI 的一些大股东对威瑞森的出价表示疑惑。其中有股东已针对 MCI 提起诉讼，以求阻止该公司被威瑞森购并。据《金融时报》报道，MCI 的股东之一 Joseph Pojanowshi 在特拉华州提起诉讼，称 MCI 及其董事会剥夺了 MCI 股民享有的追求利益最大化的权利，违背了股民对他们的信托责任，所以是一种违法行为。他认为，就 MCI 的真实价值及未来增长预期而言，威瑞森的报价是相当不合理、不公平和不准确的。该起诉也请求给予集体起诉的地位，并要求 MCI 董事会举行拍卖会，与有诚意的买家进行公开谈判。

但威瑞森并不愿意大幅提高对 MCI 的报价。威瑞森认为，除了它提出的 67.5 亿美元的收购价，收购后为了重振 MCI，它还需要向 MCI 的业务追加投资 35 亿美元。

迫于股东的压力，在获得威瑞森同意后，MCI 董事会又重新启动了与奎斯特的接触。奎斯特因此获得了两周时间来与 MCI 继续谈判。奎斯特声称它正在考虑一个更高的出价，并聘请了 6 家投资银行为其竞购 MCI 筹资。至此，MCI 购并战的第二个回合悄然拉开帷幕。

威瑞森对奎斯特这种不顾一切的竞购行为表示了强烈不满。威瑞森 CEO 伊万·塞登伯格在给 MCI 董事会的一封信中表示，奎斯特与前世通公司相似的财务丑闻，推动其做出不现实的收购承诺。"难怪奎斯特拼了命也要收购 MCI"，威瑞森在信中称，"可以理解，在未来解释兑现不了浮夸的诺言总比现在承受它当前财务的荒凉前景要好得多。"塞登伯格还质询，面对业务下滑和相当于自身市值两倍的债务，奎斯特对未来合并后的公司有什么切实可行的盈利和发展计划？

塞登伯拉公开表示，MCI 中希望快速致富的投资者想通过奎斯特为诱饵从威瑞森获取更多金钱，他不愿意陷入这种境地。他甚至表示，威瑞森现在可能会退出竞购，等合并后的 MCI–奎斯特破产后再来收购。

3 月 17 日，奎斯特发布了其修改后的收购方案，总价格提升为 84.5 亿美元，即每股 MCI 股票出价 26 美元，包括 10.5 美元现金和 3.735 股奎斯特股票，较其原来每股 24.6 美元的出价提高了 5.7%。MCI 随即表示，它正在对奎斯特提高后的收购出价进行评估，并将在两周内公布评估结果。

3 月 28 日，奎斯特发出最后通牒，宣布把 MCI 决定是否接受其 84.5 亿美元出价的最后日期定为 4 月 5 日，否则它就退出角逐。3 月 29 日，MCI 和威瑞森公布了修订后的双方购并协议。根据新协议，威瑞森的报价为 76 亿美元，每股 MCI 股票至少可获得 23.50 美元的现金和股权（含 MCI 3 月 15 日每股 0.40 美元分红），包括 8.75 美元现金和以下两者之价值较高者：①每股 MCI 普通股折算为 0.4062 股的威瑞森股票；②与 14.75 美元现金等值的威瑞森股票。其中，8.75 美元的现金价值比前一个协议增加了 2.75 美元，有 5.60 美元将在 MCI 股东批准交易后支付。根据修订后的双方协议，若该购并协议最终被终止，MCI 需要向威瑞森支付一笔终结赔偿费。鉴于具体情况，终结费已从 2 亿美元增加到 2.4 亿美元，另外 MCI 还要向威瑞森支付 1000 万美元的费用。

17.2.3 高潮

3 月 31 日，奎斯特决定发动第三次攻击，再次修改对 MCI 的收购方案，将价格提高到 89 亿美元，即每股 27.5 美元，其中现金部分提高到 13.1 美元。奎斯特 CEO 诺特巴特同时还发表了一封言辞激烈的信，宣称 MCI 董事会出于对奎斯特财务状况的不信任，已经两次拒绝了奎斯特的更高的竞标价，MCI 董事会这种明显倾向于威瑞森的行为将损害 MCI 股东的利益。

信发出后，在午后的纳斯达克市场，MCI 股价上涨了将近 3%，成交于 25.29 美元；在纽约证券交易市场，威瑞森的股价下跌了 15 美分，成交于 35.28 美元；奎斯特股价下跌了将近 2%。

面对奎斯特的压力，MCI 发言人表示，公司董事会将重新审视奎斯特的最新收购方案。

4 月 5 日，在致 MCI 董事会的一份信函中，威瑞森 CEO 伊万·塞登博格对奎斯特提高出价进行了抨击，认为奎斯特这是在"打击它的资产负债表，并将收购看作它财政上的救生艇"。塞登博格表示，如果 MCI 董事会认为奎斯特的报价更具优势，这将显示出"决策过程受到投资者短期的利益支配，而不是出于对该公司长期发展的考虑……如果发生这种情况，我们将不会再对与这样的公司联手感兴趣"。威瑞森将在 5 月特殊股东会议前要求 MCI 投资者进行投票。看来似乎每股 23.5 美元已经是威瑞森的最高报价了。

威瑞森在信中再次强调了 MCI 选择它可以获得的好处：满足 MCI 的核心工厂和网络架构急需的投资；威瑞森的全国移动网络和 MCI 的全球数据网络整合起来将有更大的经济价值；为 MCI 的企业和政府客户提供更大的信心；威瑞森会在自己的打包计划中捆绑 MCI 的业务，威瑞森将继续投资 MCI 的全球网络资源。

4 月 5 日，几度提高出价的奎斯特要求 MCI 午夜前必须对其收购计划做出表态，并暗示，如果 MCI 董事会再度拒绝其出价，它将退出竞购转而寻求其他收购途径。

4 月 6 日，MCI 董事会再次选择了出价较低的威瑞森的方案——76 亿美元，以财务前景不明拒绝了奎斯特的 89 亿美元的收购要约。这个决定激怒了 MCI 的很多股东，他们质疑董事会到底把谁的利益放在首位。为了解释其决定，MCI 董事会发表了一项声明，以它的客户对被奎斯特收购表露出"消极情绪"作为理由。当然也许 MCI 董事会知道他们在做什么。MCI 董事会认为，既然奎斯特还未表示它已经给出了最好的价格，这就足以说明可能还会有提价的空间。

为了寻找合作博弈者，奎斯特和威瑞森都曾向拉美亿万富翁、MCI 最大个人股东赫鲁示好。与此同时，各方似乎都在等待 MCI 股东委托投票大战（proxy fight）。从奎斯特方面传来的消息是，在对 MCI 股东的民意测验中发现，有一大半的 MCI 股东对其提出的 89 亿美元收购价更感兴趣，超过了赞同威瑞森 76 亿美元报价的人数。鉴于很多 MCI 的股东可能会反对董事会的决定，威瑞森决定自己先得到尽可能多的 MCI 的股票。4 月 9 日，威瑞森以 25.72 美元（高于自己十多天前同意支付给 MCI 其他股东的 23.50 美元收购价）的价格收购了赫鲁的 4340 万股（约占总股本 13.4%）MCI 股份，收购价为 11 亿美元。同时威瑞森还承诺，如果威瑞森的股票一年内超过了每股 35.25 美元，将向赫鲁再支付一定数量的奖金。这位先前对威瑞森和奎斯特都表示反感的墨西哥巨富，终究没能抵挡住高价的诱惑。

交易之后的威瑞森成了 MCI 的最大股东。这次交易的成功使优势的天平稍稍倾向威瑞森，使得威瑞森在与奎斯特的竞购对抗中去掉了一块分量极重的绊脚石。不过，此举再次激怒了 MCI 的其他一些股东，他们更加支持奎斯特。

奎斯特指出，"威瑞森和这位富翁达成交易，就把 MCI 股东分成了两类。MCI 其他股东会质疑威瑞森的低价是不是一个公平合理的价格"。对此，威瑞森 CEO 伊万·塞登伯格则回应说，公司将对收购局势做进一步评估，同时也会考虑 MCI 股东的各种意见。他还表示，对 MCI 其他股东提高股票收购价的这种可能性也完全存在。奎斯特则声称将不为其行为所左右，对 MCI 的收购会坚决进行到底。一些市场人士认为，奎斯特可能会采取恶意收购。但是因为 MCI 的"毒丸计划"防止任何单个股东获得 15% 以上的股份，使得奎斯特无法拉拢更多的股东。

就在这个时候，MCI 董事会放出风声，如果奎斯特提出每股 30 美元的竞价，MCI 可能会宣布奎斯特的出价更有优势。MCI 董事会似乎很清楚，威瑞森会依然出价收购 MCI，但这并不是必需的。因为即使不收购 MCI，威瑞森还是有足够的实力可以生存下去，而奎斯特就不同了，它迫切需要 MCI，因为这关系到它未来的命运。

4 月 22 日，纽约证券交易市场开盘前，奎斯特宣布将收购 MCI 的总价格提升至 97 亿美元（每股 30 美元），比收购战开始时出价几乎高了 50%。它包括 MCI 每股 16 美元现金（MCI 3 月 15 日的每股 0.40 美元分红除外）和折价为 3.373 股的奎斯特股票。奎斯特宣称最新竞标价为"最好的也是最终的"。如果在美国东区时间星期六下午 3 点前，MCI 仍选择威瑞森，奎斯特此次竞购要约将失效。同时，新的要约还包括额外 10 亿美元融资，以承诺合并后的公司具备资金实力在电信服务市场竞争。奎斯特也表示愿意向威瑞森以每股 30 美元的价格收购其从赫鲁处以每股 25.72 元得到的全部股票。所以即使威瑞森收购失败，它单从这项交易中就可获得一笔可观的利润——1.8 亿美元！

奎斯特的承诺似乎起作用了。4 月 23 日，与以往严加拒绝的态度不同，这次 MCI 董事会表示奎斯特的新方案优于威瑞森的购并协议。威瑞森还有一周时间来考虑是提高出价还是退出并获取 2.4 亿美元的终结赔偿。此外，威瑞森还有权要求 MCI 投资者对当前收购进行投票。看来，如果威瑞森不提高收购价格，就只好离开或者等待股东投票表决了。

不过，威瑞森经过认真讨论，最终还是提出了将总价从 76 亿美元提高为 84 亿美元的新收购条件：威瑞森至少提供 MCI 每股 26 美元的价格，包括 5.60 美元现金（MCI 股东同意交易后支付）和以下两者之价值较高者：①每股 MCI 普通股折为 0.5743 股的威瑞森股票；②与 20.40 美元现金等值的威瑞森股票。如此一来，MCI 股东不但可以受惠于 20.40 美元的"底价"，同时还可受惠于威瑞森股价的上涨潜力。

17.2.4　结局

2005 年 5 月 2 日，MCI 宣布，该公司董事会讨论后一致认为，威瑞森修正后的出价优于奎斯特 4 月 21 日的出价。奎斯特 97 亿美元这一"最好的也是最终的"出价，又一次成了 MCI 董事会讨价还价的筹码。随后，奎斯特收回每股 30 美元的收购条件，并谴责 MCI 董事会忽视股东的利益。奎斯特在声明中称，"对于公司股东、客户和员工来说，继续这种似乎总是对公司不利的过程不是最好的选择，不幸的是在一连串的一再被确认的 MCI 的决定中我们发现：MCI 永远不会与我们进行友好协商，也无法实现公司股东利益的最大化"。

消息发布当天，MCI 收盘价下跌了 83 美分，至每股 25.7 美元，约降 3.1%。威瑞森收盘价下跌了 83 美分，至每股 34.97 美元，约降 2.3%。奎斯特收盘价上涨了 5 美分，至每股 3.47 美元，约涨 1.5%。

在整个竞购战的决策过程中，MCI 董事会严密细致地对奎斯特和威瑞森提出的购并提案进行了比较与评估，具体内容包括：威瑞森/MCI 或奎斯特/MCI 合并分别对电信业竞争本质的影响及预期竞争地位的比较；对经营规模扩大的影响；协同效应及成本削减的潜在价值；奎斯特负债规模及其相关风险；奎斯特净营运损失可能带来的节税价值；威瑞森和奎斯特资本结构的相对实力；威瑞森和奎斯特的投资能力和承诺；能否持续确保客户信心，尤其是MCI 的大型企业及政府客户信心，等等。最终，MCI 董事长表示："MCI 董事会认真评估了竞购方最近的发展情况，我们从威瑞森的报价中可以看到切实的增长，它拥有雄厚的竞争实力与优势，近期财务状况良好，所以其提案对股东、客户及员工都非常具有吸引力。"

此外，MCI 也注意到，MCI 的许多重要客户表示，它们比较乐于见到MCI 与威瑞森交易，尤其是那些合约即将到期将要续约的客户。有些客户表示，一旦 MCI 与奎斯特合并，它们会要求终止与 MCI 继续合作的权利。MCI 董事会认为，这些客户担心的是，依照奎斯特的出价，奎斯特与 MCI 合并可能对股权价值造成负面冲击，进而导致 MCI 股东暴露于此项交易相关的风险之中。MCI 董事会认为："从风险与报酬比较的观点来看，威瑞森修正后的出价确实为 MCI 提供了更坚实有利的选择。股东的权益价值增加，并获得更大保证，这项交易将为股东创造额外的价值。"

2006 年 1 月 6 日，在获得 FCC 批准后，威瑞森宣布以 86 亿美元收购MCI，终将奎斯特挤出局。此时，MCI 原 CEO 迈克尔·卡佩拉斯已经离开公司，原 MCI 业务部门与威瑞森相关业务部门合并成立"Verizon Business"业务单元，主要负责向企业及政府用户提供信息化服务。合并后的新威瑞森的业务单元将划分为 Verizon Wireless、Verizon Landline 及 Verizon Business 三大块，前两者仍专注于语音及语音增值服务，后者则完全负责综合信息服务市场。

17.3 问题讨论

购并是一个复杂的不完全信息动态博弈的过程，受到多种因素的影响。在购并谈判过程中，参与者会通过陈述事实、讨价还价、威胁、诱惑、承诺行动等多种手段，达成对自己比较有利的结果。这些手段都是建立在策略互动基础上的理性行为，最终可能产生一个有效的结果，也可能导致谈判失败。对买家而言，要根据对手的数量和自己的保留价格，合理调整自己的出价，以避免出现尽管最终胜出，但收购价格可能大大超过了目标公司的实际价值，致使在收购完成后的整合过程中无法实现当初报价时的乐观估计，因遭受赢者诅咒而付出沉重代价。这种情况的发生在行业景气时尤其多。

对目标公司而言，在实践中如果有可能的话，合理运用拍卖机制往往可以达到更好的效果。你让所有对你感兴趣的买家不断地报价，然后用这个螺旋上升的价格作为参照系与你真正感兴趣的买家谈判，最终达到一个你所想要的满意结果。

MCI 董事会的策略的确给其股东和公司带来了极大的好处。要是他们早就机械地接受报价，那么价格就停留在每股 24.6 美元（奎斯特的最初报价）上。独立分析师杰夫·卡根（Jeff Kagan）认为，MCI 购并案是"多年来最有趣的收购战之一"。这种有趣，一方面是因为正是二十多年前 MCI 的诉讼，使威瑞森的母体公司 AT&T 被强行拆分，而今天威瑞森又购并了 MCI，这似乎暗示着企业发展演进中的某种轮回；另一方面更在于整个购并过程中，MCI 董事会所表现出来的那种运用博弈策略的智慧和技巧。

卡佩拉斯在担任 MCI 的 CEO 之前是康柏公司的 CEO，在他的运作下，因前任连续购并而导致业绩下滑的康柏公司，被以 236 亿美元的高价卖给了惠普公司。卡佩拉斯很清楚，威瑞森比奎斯特更有能力提升 MCI 的价值。威瑞森收购 MCI 固然可以发挥整合效应，但这并不是必需的。因为即使不收购 MCI，威瑞森还是有足够的实力可以继续生存和发展。威瑞森强大的发展潜力和可靠的资产负债表表明，被其收购是一桩可以为 MCI 的股东、客户和员工创造价值的交易。但问题是，威瑞森为了避免遭遇赢者诅咒，在购并竞价中出价一直非常谨慎，而且在双方的协议中还设置了 2.4 亿美元的终止赔偿条款，使得购并协议即使最终被终止，威瑞森仍然可以获利。再加上它还可以通过出让早先购买赫鲁的那部分 MCI 股票获利 1.8 亿美元。奎斯特就不同了，奎斯特的目的是通过收购负债相对较少的 MCI，改善自己糟糕的资产负债表。因此，奎斯特迫切需要 MCI，因为这关系到它的生存。

实际上 MCI 董事会正是利用了这一点。看起来 MCI 董事会似乎从未真正对奎斯特有兴趣，因为他们知道，无论是 MCI 还是奎斯特都没有明确的未来，他们只是对奎斯特的不断提高出价有兴趣。MCI 董事会恰到好处地使用了拍卖机制，有意识地让奎斯特和威瑞森都提出各自最高价格，然后把成交价逼近到理想价格，并为自己找到了一个合适的买家，他们的确是非常优秀的博弈者。

思考题

1. MCI 董事会是如何运用拍卖机制来达到自己满意的结果的？
2. 相对于奎斯特高达 97 亿美元的收购价格，MCI 董事会为何会选择出价只有 86 亿美元的威瑞森？MCI 董事会的这种行为是否损害了其股东的利益？
3. 威瑞森在竞购过程中采取了哪些策略以避免遭遇赢者诅咒？
4. MCI 购并案对我们有什么启示？

附录 A

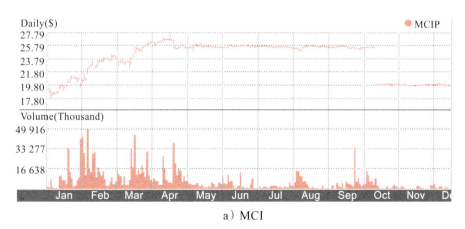

a）MCI

图 17A-1 MCI、威瑞森和奎斯特 2005 年股价图

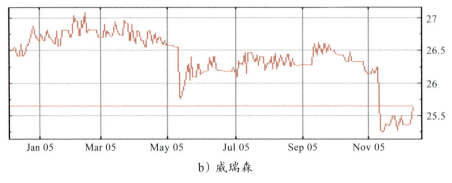

b）威瑞森

c）奎斯特

图 17A-1　MCI、威瑞森和奎斯特 2005 年股价图（续）

表 17A-1　几家公司的数据对比，2004 年 12 月 31 日

（单位：百万美元）

	MCI	奎斯特	SBC	SPRINT	威瑞森
销售额	20 658.0	13 809.0	40 787.0	27 428.0	71 283.0
经营利润	209.0	573.0	5 901.0	3 414.0	13 941.0
利息支出	430.0	1 543.0	1 054.0	1 339.0	2 561.0
净利润	（4 002.0）	（1 794.0）	5 887.0	（1 012.0）	7 831.0
流通股数	319.6	1 816.4	3 300.9	1 474.8	2 769.7
每股收益	（12.6）	（1.0）	1.5	（0.7）	2.6
每股红利	0.8	—	1.3	0.5	1.5

（续）

	MCI	奎斯特	SBC	SPRINT	威瑞森
资本支出	982.0	1 731.0	5 099.0	3 980.0	13 259.0
折旧	1 924.0	2 626.0	7 564.0	4 720.0	13 910.0
流动资产	9 093.0	4 218.0	8 541.0	9 975.0	19 479.0
现金加短期投资	5 504.0	1 770.0	859.0	4 621.0	4 547.0
总资产	17 060.0	24 324.0	108 844.0	41 321.0	165 958.0
流动负债	6 203.0	4 286.0	18 934.0	6 902.0	23 129.0
总负债	12 830.0	26 936.0	68 340.0	27 553.0	128 398.0
短期债务	24.0	596.0	5 734.0	1 288.0	3 593.0
长期债务	5 909.0	16 690.0	21 231.0	15 916.0	35 674.0
净值	4 230.0	（2 612.0）	40 504.0	13 768.0	37 560.0
资本总额	10 163.0	14 674.0	67 469.0	30 972.0	76 827.0
期末市盈率	n/m	n/m	17.2	n/m	15.5
期末股价	20.2	4.4	25.8	24.9	40.5
期末市值	6 408.5	8 062.6	85 438.2	34 422.8	112 170.5
市价与账面值比率	1.52	（3.09）	2.11	2.55	2.99
贝塔值（以五年数据为基础）	1.87	2.69	0.79	1.27	1.00
负债比（以五年数据为基础）	46%	54%	15%	19%	27%
销售收益率	−19%	−13%	14%	−4%	11%
总资本收益率	−39%	−13%	10%	−3%	8%
股本回报率	−62%	−22%	7%	−3%	7%
流动比率	1.47	0.98	0.45	1.45	0.84
债务比率（以账面价值为基础）	58.5	122.8	43.7	58.0	40.0
利息偿付率	−8.37	−0.16	5.72	0.24	3.84
债务比率（以市值为基础）	48%	68%	24%	33%	26%

表 17A-2　购并大事表

2005 年	
2 月 3 日	奎斯特以接近 MCI 当时市值的价格，提出 63 亿美元的购并初始报价，随后又将这一出价提高到 70 亿美元
2 月 11 日	威瑞森提出总价格为 67.5 亿美元的收购方案，即每股 20.75 美元，其中 6 美元为现金
2 月 12 日	奎斯特把报价提高到 80 亿美元，即每股 24.60 美元，其中现金部分为 9.1 美元
2 月 14 日	MCI 董事会决定接受威瑞森的报价
3 月 17 日	奎斯特发布了修改后的收购方案，总价格提高到 84.5 亿美元，即每股 26 美元，其中 10.5 美元为现金
3 月 29 日	MCI 和威瑞森公布了修订后的双方并购协议，总价格为 76 亿美元，每股 23.5 美元，其中现金 8.75 美元
3 月 31 日	奎斯特提高购并价格至 89 亿美元，每股 27.5 亿美元，现金部分提高到 13.1 美元
4 月 6 日	MCI 董事会再次选择了威瑞森的方案，并以财务前景不明拒绝了奎斯特的出价
4 月 9 日	威瑞森以 25.72 美元的价格收购了赫鲁 4340 万股 MCI 股份，收购价为 11 亿美元
4 月 22 日	奎斯特宣布再次修改出价，总价提高到 97 亿美元，每股 30 美元，其中现金 16 美元
4 月 23 日	MCI 董事会表示奎斯特的新方案优于威瑞森的并购协议
5 月 2 日	威瑞森提高出价到 84 亿美元，即每股 26 美元。MCI 董事会一致认为其修正后的出价优于奎斯特，并与其正式签订合并协议。奎斯特宣布放弃购并 MCI
2006 年	
1 月 6 日	在获得 FCC 批准后，威瑞森完成对 MCI 的收购

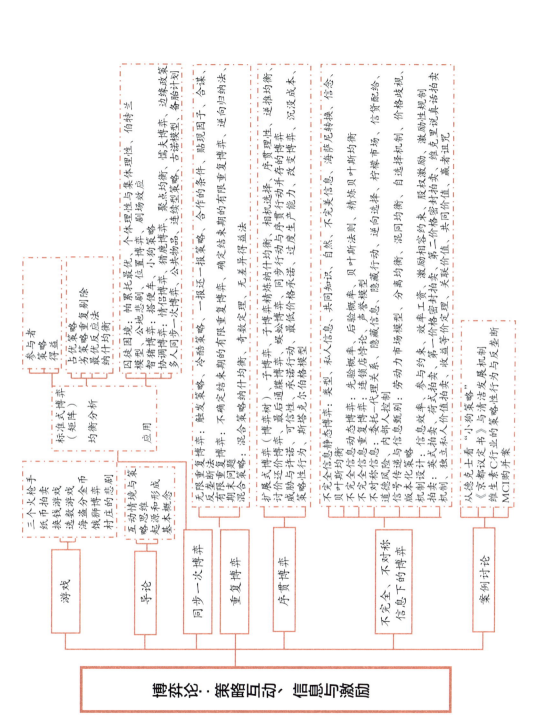

博弈论:策略互动、信息与激励

游戏
- 三个火枪手
- 纸币拍卖
- 换钱游戏
- 选数游戏
- 海盗分金币
- 饿狮博弈
- 村庄的悲剧

导论
- 互动情境与策略思维
- 策略
- 起源和形成
- 基本概念

标准式博弈(矩阵)
均衡分析
- 参与者
- 策略
- 得益
- 占优策略、劣势策略重复剔除法
- 最优策略
- 最优反应均衡
- 纳什均衡

应用
- 囚徒困局模型:帕累托最优、个体理性与集体理性、伯特兰
- 公地悲剧、位置博弈、剧场效应
- 智猪博弈:搭便车、小狗策略
- 协调博弈:情侣博弈、猎鹿博弈、聚点均衡、懦夫博弈、古堡策略
- 多人同步一次博弈:公共物品、连续型策略、边缘政策、备胎计划、合谋

同步一次博弈
- 触发策略
- 不确定结束期的有限重复博弈:奇数定理
- 混合策略:混合策略纳什均衡、一报还一报策略、确定结束期的有限重复博弈、无差异得益法

重复博弈
- 无限重复博弈:反复无期
- 有限重复博弈:有期末问题
- 混合策略

序贯博弈
- 扩展式博弈(博弈树):子博弈、子博弈精炼纳什均衡、相机选择、序贯理性、序贯博弈
- 讨论还价博弈、最后通牒博弈、蜈蚣博弈、同步行动与序贯行动、过度生产能力、改变博弈
- 威胁策略行为、可信性、承诺与价格承诺、最后依赖能力
- 策略克斯塔克伯格模型、斯塔克伯格模型、逆向归纳法、逆推均衡、逆向选择

不完全、不对称信息下的博弈
- 不完全信息静态博弈:类型、先验信息、后验信息、共同知识、私人信息
- 贝叶斯均衡、贝叶斯纳什均衡、先验概率、后验概率、自然、不完美信息、海萨尼转换
- 不完全信息动态博弈:连锁店博弈、声誉模型、精炼贝叶斯均衡、信念
- 不完全信息:委托-代理关系、隐藏信息、隐藏行动、逆向选择、信号配给
- 道德风险、信号传递与信息甄别:劳动力市场模型、分离均衡、混同均衡、柠檬市场、自选择机制、价格歧视
- 版本化策略、信息效率、参与约束、效率工资、激励相容约束、股权激励、激励性规制
- 机制设计:拍卖、荷式拍卖、第一价格密封拍卖、第二价格密封拍卖、维克里拍卖、价值拍卖
- 拍卖机制、独立私人价值拍卖、收益等价定理、关联价值、共同价值、赢者诅咒、沉没成本

案例讨论
- 从成本上看"小狗策略"
- 《京都议定书》与清洁发展机制
- 维生素C行业的策略性行为与反垄断
- MCI购并案

游戏答案

游戏 3 换钱游戏

从策略互动角度来思考：如果同学 A 的红包是 160 元，他肯定不会换；如果同学 B 的红包是 80 元时，他也不该换。因为 B 知道若 A 的红包是 160 元时肯定不会换，只有 40 元时才可能换，当然 B 是不会换。

进一步，如果 B 拿到 80 元时不会换，那么 A 拿到 40 元时会不会换？A 知道 B 拿到 80 元的话肯定不会换，B 只会拿到 20 元时才有可能换，所以 A 同样也不会换。

这样一直分析下去我们会知道，只有拿 5 元的人才有明确交换的意愿。

这个游戏告诉我们：要站在对方的立场去思考，如果我是他的话我会怎么做，然后反过来考虑我该如何做，即在策略互动的环境中去做决策。

游戏 4 选数游戏

这个游戏的要点是你在进行博弈时，要推测其他游戏参与者的想法和理性程度。

首先，在这个游戏中，没有人会选择 67 以上的数字，因为即便所有人都选择 100，平均数的三分之二是 67，理性人是不会选择超过 67 的数字的，他们的选数区间应该是在 1～67。

假设所有人的选数是均匀分布的，那么平均数是 34，34 的 2/3 约为 23，所以你应该选择 23。但问题是大家也会这么想，也会选择 23，所以你应该选择 15。依此类推，最后你会选择 1。

由此可见，选择其他数字都不稳定，只有到了 1 才是稳定的，大家都选择 1 是这个游戏的纳什均衡。

但是在现实中做这个游戏，最终的结果都不会是 1！尽管每次都有一些人选择了 1，表现出他们的思考深度和推理能力，但他们从来都不是游戏的赢家。这是因为要让最后结果为 1 需要满足很多条件，不仅需要所有参与者都是完全理性的，而且所有参与者都知道所有人都是理性的。但现实中人们并不是完全理性的，有的人考虑得比较深，会推理到 1 这个层面，但也有人考虑比较简单，到 23 这个层面就结束了，甚至差不多每次游戏都会有个别人选择大于 67 的数字。这样的结果必定会拔高平均数三分之二的那个数字。

从上百次课堂游戏的结果看，最后这个数字一般在 13～25。通常，班级学员的学历层次越高，这个数字就越小。由此可见，你若要成为这场游戏的赢家，必须在预见到理性结果的基础上，同时考虑到你的对手有多聪明，从而对最终可能的结果进行合理估计和预期。这也表明，博弈理论是有前提假设的，在实际应用中必须具体情况具体分析。

游戏 5　海盗分金币

这个游戏要运用逆向归纳法，并假定所有的海盗都是完全理性的。我们先向前展望，在最后一轮，假设只剩下海盗 5，他会怎么分？当然给自己分 100 枚金币。然后我们倒后推理，在第四轮，剩下两个海盗，分别是海盗 4 和海盗 5，由海盗 4 提方案，海盗 4 能不能提出分金币的要求？显然不能，即便他只想分 1 枚，海盗 5 都不会同意，就会把海盗 4 扔到海里。所以海盗 4 为保命，只能提出分自己 0 枚，分 100 枚给海盗 5。再看第三轮，这时候剩下的是海盗 3、海盗 4 和海盗 5 三个海盗，由海盗 3 提方案。海盗 3 知道，除非将金币都给海盗 5，否则给多少他都不会同意。因为海盗 5 希望海盗 3 的方案不通过，这样到了第四轮他就可以得到所有的金币。但是海盗 4 不一样，给他 1 枚他也会同意，如果不同意就只能落得 1 枚也拿不到的下场，有 1 枚总比没有好，所以海盗 4 一定会同意海盗 3 的方案。因此在第三轮，海盗 3 会给自己分 99 枚，给海盗 4 分 1 枚，给海盗 5 分 0 枚。

由于知道到了第三轮海盗 3 的方案一定会被通过，那么第二轮也就容易了。第二轮由海盗 2 提方案，他知道四个海盗需要三个海盗同意，他必须让海盗 4 和海盗 5 获得的金币都比第三轮要多，这样才会得到他们的支持。所以他会给海盗 4 分 2 枚，给海盗 5 分 1 枚，给海盗 3 分 0 枚，自己拿 97 枚。由于海盗 5 知道博弈到了第三轮（也就是海盗 3 提方案的时候），自己什么也分不到，所以拿 1 枚也是好的，他会同意这个方案。海盗 4 比第三轮多分 1 枚，他也会同意。这样就倒推到了第一轮，海盗 1 的方案也就清晰了。为了得到除他之外另外两个海盗的支持，他的分配方案只需要让两个海盗的处境比第二轮变得更好，且花费最少的金币即可。所以海盗 1 可以给海盗 3 分 1 枚，给海盗 5 分 2 枚，这时候海盗 3 和海盗 5 的处境都会更好，所以也会支持这个方案通过。海盗 2 和海盗 4 则分不到金币，而海盗 1 可以拿到 97 枚金币。

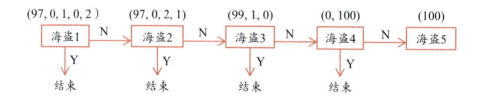

游戏 6　饿狮博弈

这是一个序贯博弈，用逆向归纳法思路求解。

首先分析第 5 头狮子。因为是最后一头狮子，不存在被吃掉的问题，所以如果第 4 头狮子犯困睡着的话，第 5 头狮子就会趁机吃掉它。第 4 头狮子知道自己睡着就会被吃掉，不敢吃第 3 头狮子。第 3 头狮子知道自己不会被吃，就敢吃睡着的第 2 头狮子，这样，第 2 头狮子就不敢吃睡着的头狮。头狮知道即便睡着也不会被吃，因此它的最优策略是吃掉羚羊。

现在如果有 6 头狮子，均衡结果就不一样了。因为第 6 头狮子会选择吃，第 5 头狮子选择不吃，第 4 头狮子吃，第 3 头狮子不吃，第 2 头狮子吃。这样一来，头狮的最优策略就变成了不吃。由此我们可以发现，头狮选择吃还是不吃，取决于狮群中狮子总数的奇偶性。总数为奇数时，头狮的最优策略是吃；总数为偶数时，头狮最优策略是不吃。

游戏 7 村庄的悲剧

这是一个有关共同知识的例子，我们可以这样来分析。在老妇人说出"你们中间至少有一个男人对你们不忠"这句话以前，尽管女人们都知道有男人对女人不忠，但这不是她们的共同知识，女人并不知道也无法推理出自己男人对自己不忠的事实。然而当老妇人说完以后，女人们的信息结构发生了变化，这句话就成了她们的共同知识。我们知道共同知识是指：你知道这件事，我知道这件事，你知道我知道这件事，你知道我知道你知道这件事……如此无限往复。一旦"至少有一个男人对你们不忠"成了共同知识，推理和行动就开始了。

如果村庄里只有一个男人对女人不忠，那么这个女人在老妇人说完后，就应该知道这个人是自己的男人。因为如果其他男人不忠的话，她应该事先知道。既然她不知道，那么这个不忠的男人应该就是自己的丈夫。所以当老妇人说完后，第一天这个男人就会被杀。

如果村庄里有两个男人对女人不忠，那么这两个男人的女人在第一天都不会怀疑到自己的男人，因为她知道有另外一个男人对他的女人不忠。但是当第一天过去后发现那个不忠的男人没有被杀，她就能推理出肯定有两个男人不忠，否则的话她所知道的那个不忠的男人会被他的女人在第一天杀死了。既然有两个男人不忠，而她只知道一个，那么另一个不忠的男人应该就是她的丈夫。所以第二天这两个不忠的男人都会被杀。

同样的推理会持续到第 100 天。在前 99 天，因为每个女人都知道另外 99 个男人对其女人不忠，都没有怀疑到自己的男人。但等到第 100 天时，所有的女人都确信自己的男人对她不忠，于是村庄的悲剧发生了。

参考文献

[1] 拉斯缪森.博弈与信息:博弈论概论 [M].王晖,白金辉,吴任昊,译.北京:北京大学出版社,生活·读书·新知三联书店,2003.

[2] 迪克西特,奈尔伯夫.妙趣横生博弈论:事业与人生的成功之道 [M].珍藏版.董志强,王尔山,李文霞,译.北京:机械工业出版社,2015.

[3] 迪克西特,斯克斯,赖利.策略博弈:第 4 版 [M].王新荣,马牧野,译.北京:中国人民大学出版社,2020.

[4] 迪克西特,奈尔伯夫.策略思维:商界、政界及日常生活中的策略竞争 [M].王尔山,译.北京:中国人民大学出版社,2023.

[5] 白让让.中国垄断产业的规制放松与重建 [M].上海:格致出版社,上海三联书店,上海人民出版社,2016.

[6] 奈尔伯夫.多赢谈判:用博弈论做大蛋糕、分好蛋糕 [M].熊浩,郜嘉奇,译.北京:中信出版集团股份有限公司,2023.

[7] 史密斯.定价策略 [M].周庭锐,译.北京:中国人民大学出版社,2015.

[8] 陈钊.信息与激励经济学 [M].4 版,上海:格致出版社,上海三联书店,上海人民出版社,2018.

[9] 陈志武.金融的逻辑 2 [M].上海:上海三联书店,2018.

[10] 董志强.身边的博弈 [M].北京:机械工业出版社,2007.

[11] 克雷普斯.高级微观经济学教程 [M].李井奎,王维维,汪晓辉,等译.上海:格致出版社,上海三联书店,上海人民出版社,2017.

[12] 范如国.博弈论 [M].武汉:武汉大学出版社,2019.

[13] 甘勇.维生素 C 反垄断案中的外国法查明问题及对中国的启示 [J].国际法研究,2019(4).

[14] 艾利森,泽利科.决策的本质:还原古巴导弹危机的真相 [M].王伟光,王云萍,译.北京:商务印书馆,2015.

[15] 顾君华 . 维生素传 [M]. 北京：中国农业出版社，2019.

[16] 葛泽慧，于艾琳，赵瑞，等 . 博弈论入门 [M]. 北京：清华大学出版社，2018.

[17] 黄鉴晖 . 山西票号史（修订本）[M]. 太原：山西出版集团，山西经济出版社，2002.

[18] 哈林顿 . 哈林顿博弈论 [M]. 韩玲，李强，译 . 北京：中国人民大学出版社，2009.

[19] 蒋殿春 . 高级微观经济学 [M]. 北京：北京大学出版社，2017.

[20] 柯伦柏 . 拍卖：理论与实践 [M]. 钟鸿钧，译 . 北京：中国人民大学出版社，2006.

[21] 李恕权 . 挑战你的信仰 [M]. 台北：扬智文化事业公司，2000.

[22] 刘斌，杨金月，田笑丛，等 . 维生素 C 的历史：从征服"海上凶神"到诺贝尔奖 [J]. 大学化学，2019, 34, (8).

[23] 阿克塞尔罗德 . 合作的进化 [M]. 吴坚忠，译 . 上海：上海世纪出版社，2007.

[24] 道奇 . 哈佛大学的博弈论课 [M]. 李莎，胡婧，洪漫，译 . 北京：新华出版社，2013.

[25] 泰勒 . 赢者的诅咒：经济生活中的悖论与反常现象 [M]. 陈宇峰，曲亮，等译 . 北京：中国人民大学出版社，2007.

[26] 麦凯恩 . 博弈论：策略分析入门 [M]. 林谦，译 . 北京：机械工业出版社，2023.

[27] 罗云辉 . 地区间招商引资优惠政策竞争与先发优势：基于声誉模型的解释 [J]. 经济科学，2009(5).

[28] 菲斯曼，沙利文 . 柠檬、拍卖和互联网算法 [M]. 莫方，译 . 南昌：江西人民出版社，2019.

[29] 奥斯本 . 博弈入门 [M]. 施锡铨，陆秋君，钟明，译 . 上海：上海财经大学出版社，2010.

[30] 贝叶 . 管理经济学与商务战略 [M]. 张志勇，等译 . 北京：社会科学文献出版社，2003.

[31] 曼昆 . 经济学原理：微观经济学分册：第 4 版 [M]. 梁小民，译 . 北京：北京大学出版社，2006.

[32] 沃森 . 策略：博弈论导论 [M]. 费方域，赖丹馨，等译 . 上海：格致出版社，上海三联书店，上海人民出版社，2010.

[33] 宋晓 . 外国管制性法律的查明：以"维生素 C 反垄断诉讼案"为中心 [J]. 法律科学（西北政法大学学报），2021(4).

[34] 马丁 . 高级产业经济学 [M]. 史东辉，等译 . 上海：上海财经大学出版社，2003.

[35] 泰勒尔 . 产业组织理论 [M]. 马捷，等译 . 北京：中国人民大学出版社，1997.

[36] 田国强 . 高级微观经济学 [M]. 北京：中国人民大学出版社，2016.

[37] 伯格斯 . 机制设计理论 [M]. 李娜，译 . 上海：格致出版社，上海三联书店，上海人民出版社，2018.

[38] 谢林 . 承诺的策略 [M]. 王永钦，薛峰，译 . 上海：上海世纪出版社，2009.

[39] 卫聚贤 . 山西票号史 [M]. 太原：山西出版传媒集团，三晋出版社，2017.

[40] 王春水 . 博弈论的诡计：日常生活中的博弈策略 [M]. 北京：中国发展出版社，
2008.

[41] 巫和懋，夏珍 . 赛局高手 [M]. 台北：时报文化出版企业股份有限公司，2002.

[42] 庞德斯通 . 囚徒的困境：冯·诺伊曼、博弈论和原子弹之谜 [M]. 吴鹤龄，译 . 北
京：北京理工大学出版社，2005.

[43] 徐豫西 . 论维 C 案中美国反垄断法域外适用的主权抗辩 [J]. 东南大学学报（哲学
社会科学版），2021(2).

[44] 夏大慰 . 产业组织：竞争与规制 [M]. 上海：上海财经大学出版社，2002.

[45] 夏大慰，史东辉 . 政府规制：理论、经验与中国的改革 [M]. 北京：经济科学出
版社，2003.

[46] 谢康，肖静华 . 信息经济学 [M]. 北京：高等教育出版社，2019.

[47] 谢识予 . 经济博弈论 [M]. 上海：复旦大学出版社，2021.

[48] 杨小卿 . 64 位诺贝尔经济学奖获得者学术贡献评介 [M]. 北京：社会科学文献出
版社，2012.

[49] 中国科学院微生物研究所 . 中科院微生物研究所与维生素 C 的故事 [EB/OL].
(2021-07-27). https://im.cas.cn/kxcb/kysj/202107/t20210727_6148678.html.

[50] 弗登博格，梯若尔 . 博弈论 [M]. 黄涛，等译 . 北京：中国人民大学出版社，2010.

[51] 张力 . 福特家族 [M]. 北京：社会科学文献出版社，1996.

[52] 张成科，宾宁，朱怀念 . 博弈论与信息经济学：PBL 教程 [M]. 北京：人民邮电
出版社，2015.

[53] 张科生 . 维生素 C 发现之旅 [M]. 南京：东南大学出版社，2021.

[54] 张维迎 . 博弈论与信息经济学 [M]. 上海：上海三联书店，上海人民出版社，
1996.

[55] 张维迎 . 博弈与社会讲义 [M]. 上海：格致出版社，上海三联书店，上海人民出版
社，2023.

[56] 霍尔特 . 市场、博弈和策略行为 [M]. 费方域，刘明，孙娟，译 . 上海：格致出版
社，上海三联书店，上海人民出版社，2014.

[57] 植草益 . 微观规制经济学 [M]. 朱邵文，胡欣欣，等译 . 北京：中国发展出版社，
1992.

[58] 米勒 . 活学活用博弈论 [M]. 戴至中，译 . 北京：机械工业出版社，2019.

[59] AKERLOF G. The market for "lemons": quality uncertainty and the market

mechanism [J]. Quarterly journal of economics, 1970, 84:488-500.

[60] HARSANYI J. Games with incomplete information played by "bayesian" players part I: the basic model[J]. management science, 1967, 14:159-182.

[61] HARSANYI J. Games with incomplete information played by bayesian players part II: bayesian equilibrium points[J]. Management science, 1968, 14:320-334.

[62] HARSANYI J. Games with incomplete information played by bayesian players part III: the basic probability distribution of the game[J]. Management science, 1968, 14:486-502.

[63] KREPS D, WILSON R. Reputation and Imperfect Information[J]. Journal of economic theory, 1982, 27:253-279.

[64] MILGROM P, ROBERTS J. Predation, reputation, and entry deterrence[J]. Journal of economic theory, 1982, 27:280-312.

[65] NASH J. Non-cooperative games[J]. Annals of mathematics, 1951, 54:286-295.

[66] NORTH D C, WEINGAST B. Constitutions and commitment: the evolution of institutions governing public choices in seventeenth-century england [J]. Journal of economic history, 1989, 49:803-832.

[67] ROTHSCHILD M, STIGLITZ J. Equilibrium in competitive insurance markets: an essay on the economics of imperfect information [J]. Quarterly journal of economics, 1976, 90:629-649.

[68] SELTEN R. A re-examination of the perfectness concept for equilibrium points in extensive games [J]. International journal of game theory 4, 1965, 25–55.

[69] SPENCE M. Job Market Signaling[J]. Quarterly journal of economics, 1973, 87:355-374.

[70] STIGLITZ J, WEISS A. Credit rationing in markets with imperfect information[J]. American economic review, 1981, 71:393-419.

[71] VICKREY W. Counterspeculation, auctions and competitive sealed tenders[J]. The journal of finance, 1961, 16:8-37.